BEAUTY

回到美自身的领域

对当代中国美学的反思

ITSELF

RETURNING TO THE DOMAIN
OF BEAUTY ITSELF

Reflecting on
Contemporary Chinese Aesthetics

梁光焰 著

社会科学文献出版社
SOCIAL SCIENCES ACADEMIC PRESS (CHINA)

湖南文理学院重点（建设）学科建设项目资助

序

20世纪中国美学走过一条不平凡的道路，其特殊性在于现代中国美学形态的确立处于中国社会变革、思想意识形态重塑的艰难时期，不可避免地带有中华民族求生存、求发展的政治印记。美学在遵循自身发展规律的同时，也受到了一些非美学自身因素的影响。一方面，这迫使中国美学在某些必然的政治命题下深度开掘，发展出具有中国本土价值、能够反映中国人生存经验、解决中国人美学问题的现代东方美学体系；另一方面，也存在一些偏离美学学科核心、遮蔽美学本根问题的现象，限制了中国现代美学的多元化发展。

没有反思，就不能总结过去；没有批判，就不能更好地发展。批判和反思是学术体制开放的表现，也是学术思想发展的途径。因而，从尊重历史事实和思想生产需要的角度来说，对20世纪中国美学的发展线索、发生机制、理论指向以及问题缺陷等进行梳理和总结显得尤为重要。近几年来，20世纪中国美学史的研究成果丰硕，有的以著名美学家为对象，通过介绍其美学思想，反映中国现代美学概况；有的以时间为线索，描述中国现代美学各形态的发展状况；也有的以美学论争、美学批判为红线，概括中国现代美学的主题变迁；等等。这些研究，运用多种视角，采取多种方法，全面展示了20世纪中国美学的发展成就，同时也不回避美学自身的发展困境，对当下中国美学发展极具启发意义。

但是，如果回到美学学科上来，从"美自身"的视角去审视这百年来的中国美学，则会呈现另一番思想景象。"美自身"首先不是"美本身"，不是柏拉图所说的那种"加在任何一件事物上，都会使这件事物变成美的那个东西"，不是那种具有普遍意义、超越现实存在的理念性东西，也不是已经被西方美学追问了一千多年的美本质的问题，而是美自身的领域，即我们在审美时，人的专注、情感、经验、心理、主观性、想象力、形象、物我关系以及审美中的道德、欲望、魅力、刺激等一些在审美经验中可以感知的东西。这些东西在当代中国美学中有些被遗忘，有些被我们选择性回避，甚至有时罔顾事实，为了机械屈就某个政治概念或某个思想需要而牵强附会。比如出于对马克思主义哲学唯物论的简单理解，把哲学中的唯物、唯心思想与人的阶级立场、政治立场相对应，在讨论美学问题时，否定了审美中的主观情感等因素。

这就导致当代中国美学的先天性不足，即习惯于从美的某种不证自明的属性出发，把该属性上升到本质的高度，再依据经典理论，对之进行逻辑架构，建构起系统的、完善的理论体系，然后再回过头解释具体的审美现象，或解释中国传统美学思想。就好像我们研究汽车，首先不是从人的需要出发，而是从大地的表面结构入手，从地形特点出发，认为陆地有山地丘陵，道路有高低崎岖，所以汽车要装配减震，于是最终把减震作为汽车的根本特性，再依此去解释汽车的其他现象，如汽车颠簸时的样式、人坐在汽车里的舒适感受，等等。看起来逻辑天衣无缝，实际上忘却了人的存在，忽视了人的安全需求、享乐需要等。

美具有社会性和历史性。这个属性可以在美学学科中展开说明，形成美学话语，但这不是美学学科的全部任务，不需要再倾尽全部精力，进行单独的体系架构和逻辑论证。因为人本身就是社会历史的产物；生活中的一切，从物质产品到精神思想，再到我们的生活方式，哪个又不是社会历史的产物呢？而当代中国美学，不管是客观派、社会派，还是主客观统一派，都要从马克思主义哲学中找到依据去论证美的客观性和社会历史性，然后再由美的社会性、历史性来解释审美过程中的一切问题，致使当代中国美学缺乏解决美自身问题的意识，把美学当成唯物主义哲学中的唯物、辩证、社会、历史等理论、方法的一种印证事例，美学学科观念相当孱弱。当代美学因此显得宏大有余，针对性不强。

当代中国美学的这种缺陷，一些学者也曾撰文剖析，但没有做系统的清理工作，因而有必要深入美学发展内部，寻找各美学形态建构的内在逻辑，指出他们之间的区别、联系及转换动力。事实上，中国当代美学从认识论到实践论再到本体论，每一种形态都是对前一形态的批判与反驳，都在努力消除一些非美因素的制约，都在努力地向美回归，这是中国美学的活力与价值所在，也是我们高扬"回到美自身的领域"大旗的历史依据。

另外，西方美学发展规律也给我们以极大的启发。西方近现代美学之所以思潮汹涌、精彩纷呈，原因在于康德对审美先验规律的提示，在于美学家们从康德美学，或者说从美自身出发，结合社会时代需要，结合当时的哲学思潮，围绕人的生存发展而展开，显示出强大的生命力。如实用主义美学、现象学美学、分析美学等，都是从康德美学中获取营养、滋润成长的。由此，当代中国美学应该在认识论美学、实践论美学所提供的强大的历史资源基础上，以当前生命本体论美学、"后实践美学"、"新实践美学"的转向、修正为契机，真正地实现向美自身领域的回归，向人的审美需要、主观想象、生活情感和艺术本体形式回归。

那么回归之后的美学应当如何出发？这当然不是一篇论文或者某本专著能够解决的问题，因为它不是一个具体的问题，而是历史展开的问题。但是我们也应该注意当代美学发展的两个现象。第一，原先的那种以逻辑推演来实现的本质主义美学在黑格尔之后已成颓势，到今天已走向终结，美学由形而上向形而下位移，由原来关注宏观的宇宙和人的本质问题，转向关注具体的现实生存问题。如马克思主义美学、现象学美学，以及海德格尔、克罗齐等，都是以艺术问题来讨论人的问题，而不像本质主义美学那样先回答人或宇宙的本质是什么，再由此落实到艺术是什么的问题。第二，当代艺术由原来的模仿走向表现，由注重形式、技术走向观念和创造，努力实现由形而下向形而上的位移。如蒙克、康定斯基、达利、毕加索、波洛克等的绘画艺术，突破传统绘画以呈现为目的，而走向心灵性的反思；就艺术形态来看，杜尚倡导的现存物艺术、安迪·沃霍尔的波普艺术、波伊斯的行为艺术等，都是在日常生活中寻找哲学，把庸常变成非常，由平凡进入非凡。这样一来，美学与艺术哲学、艺术美学相交汇，携手走入生活。

在此语境下，传统中国美学隐含了当代价值。传统中国美学是立足于中国人的生存经验、最具生活化和人情味的美学。中国诗学扎根于真实的生活，讨论艺术美或生活美的问题，把人伦道德、社会规范、个性修养、品位修炼融入其中，为建构当代中国现代的生活美学或者生存美学提供了强大的资源。因此，我们必须树立文化自信，以一种开放的胸怀，立足于中国人的审美智慧，吸收西方美学科学精神，建构起具有民族气派的本土美学。同时，文化自信不是盲目自大，而是建立在文化自觉基础上的清醒的自信。因为传统美学也存在着超越性和理想性不足的缺陷，在话语方式上多是点评式、感悟式的警语碎片，必须在美学学科意识的指导下将其科学化和系统化，这是对传统美学最有效的继承，也是让传统美学进入当代生活，进入当代艺术批评，解决当代艺术问题的最佳方式——这就是文化自觉意识下的自信，是文化自信后的自觉。唯此，当代中国美学才能够在反思自我的基础上成为世界美学的一个组成部分，才能够与世界接轨，进而影响世界美学。

目 录

绪　论

一　问题提出

社会经济的迅猛发展在提高人们生活水平的同时，也转变了人们的生活方式，不仅休闲娱乐、健身旅游成为日常生活不可或缺的部分，而且以往那种倾向于单一实用功能的住房和城市也都更加侧重于凸显自身多样独特的"审美"意义。雄伟的建筑形态各异，宽阔的马路林木葱郁，奢华的购物广场光影交错，巨大的电子广告屏动感十足，还有步行街上的巨型雕塑，公共空间里舒缓的音乐，无不为流连街市的人们带来视觉冲击和心灵震撼。人们徜徉在街心公园，垂钓在溪流岸边，尽情地享受生活。"美"似乎悄无声息地来到我们身边，在我们的世界里触手可及，遍地皆是。

面对这种审美现实，21世纪初，中国美学界从西方美学的汪洋大海中找出"审美日常化和日常生活审美化"的话题，进而引发了一场热烈地讨论。这个话题要表达的是一个理想还是一种现实？如果是一个理想，那么是不是意味着审美和日常存在着某种对立？如果描述的是一种现实的话，那么是不是说城市中的那些楼房马路、雕塑音乐必然会为行色匆匆的人们带来审美愉悦？这些其实都隐含着深刻的美学命题。"审美"和"日常"为什么会引起当代中国美学界的讨论？它背后的实质又是什么？这场讨论反映出当代中国美学研究存在着一种怎样的矛盾困惑？笔者在这里有必要先做一些简单的回顾分析。

（一）

根据逄增玉的描述，"日常生活审美化"这一命题最先是由陶东风在2000年扬州会议上提出的，整理后的会议发言以"日常生活的审美化与文化研究的兴起——兼论文艺学的学科反思"为题发表在《浙江社会科学》2002 年第 1 期①。陶东风在这篇文章中说，今天的审美活动已经超出文学艺术的范围，渗透到大众的日常生活之中。由以往的小说、诗歌、散文、戏剧、绘画、雕塑等门类形态渗透到广告、流行歌曲、时装、电视连续剧乃至环境设计、城市规划、居室装修等大众生活之中；艺术活动场所也由艺术馆、电影院拓展到城市广场、购物中心、超级市场、街心花园等日常生活空间。文艺学应该正视审美泛化的事实，及时调整并拓宽自己的研究对象与研究方法②。该文当时并未引起显著反响。到了 2003 年，首都师大文艺学学科在《文艺争鸣》刊发一组总题为"新世纪文艺理论的生活论话题"的论文，随后又与《文艺研究》杂志社共同举办了"日常生活的审美化与文艺学的学科反思"讨论会，引发了对这一命题的热烈讨论。北师大文艺学中心也于 2004 年 5 月召开了"文艺学的边界"学术会议，将"日常生活审美化"问题和文艺学学科边界问题的讨论推向高潮。陶东风最先思考的是怎样修补文艺学与现实生活间的积极有效联系，随着讨论的广泛开展和深入进行，话题不可避免地波及"日常生活审美化"自身的美学问题。

美学为找到日常生活这个富矿而欢呼。王德胜认为，康德所坚持的"审美仅仅与人的心灵存在、超越性的精神努力相联系，而与单纯感官性质的世俗享乐生活无涉"的理想已经被今天的日常生活所颠覆，美由"'用心体会'之精神努力"转向感官享受的直接快感，在"极端视觉化了的美学现实中"，"'视像'的生产与消费，便成为我们时代日常生活的美学核心"③。陶东风则从主体上解构了传统的美学精神。他说，在日常生活审美化与审美活动的日常生活化这场"深刻的生活革命"中，文化产业将取代文化事业，那些"供职于文化艺术业、广播电视业、音像业、新闻出版业、信息网络服务业、教育业、文化旅游业、广告业、会展业、咨询业、娱乐业等行业与部门"的人将取代传统的人文知识分子，成为"新型知识分子"，"他们显得热爱时尚生活、特别热衷于'生活方式'的塑造与生活品位的追求"，"更知道利用自己手中掌握的媒体力量，向社会推销审美的生

---

① 逢增玉、李跃庭：《理论与实践——"日常生活审美化"研究述评》，《社会科学战线》2006 年第 4 期。
② 陶东风：《日常生活的审美化与文化研究的兴起——兼论文艺学的学科反思》，《浙江社会科学》2002 年第 1 期。
③ 王德胜：《视像与快感——我们时代日常生活的美学现实》，《文艺争鸣》2003 年第 6 期。

活方式并把它市场化"，因此成为我们时代生活的设计师与领路人①。在他们看来，美学就是现代技术如何广泛深入生活，美学家就是实用生活的技术性指导者。

这些观点其实是对费舍斯通②和韦尔施③思想的简单移植和误导性改造。当时也出现了一些反对声音，如批评日常生活审美化的提法忽略了中国经济社会发展现实，忘却了那些偏远地区仍处于贫困边缘无力美化自己"日常生活"的弱势群体，可能导致人们对当代现实的片面、错误理解，成为消费主义和享乐主义的理论借口④。这种批评落入对手的圈套，不关痛痒。鲁枢元则抓住要害，坚持认为审美是一种诗性智慧，是"本真澄明的生存之境"，希望建立起人类精神与自然生态相互和谐的审美原则⑤。但他的清醒批判显然被众声狂热所淹没，没能形成主流。

"日常生活审美化"试图关注后现代文化下的审美现实，让美学对现实做出响应，当然是一个积极而又重大的课题。美学切入现实，但不是屈服于现实。美学要对日常生活审美现象做出清晰的划定和科学的分析，要思

---

① 陶东风：《日常生活审美化与新文化媒介人的兴起》，《文艺争鸣》2003 年第 6 期。
② 参阅费舍斯通《消费文化与后现代主义》，刘精明译，上海译林出版社，2000。费舍斯通认为日常生活审美呈现包含三层意义：一是 20 世纪初期的达达主义、历史先锋及超现实主义运动所产生的"艺术的亚文化"，包括反传统艺术手段的艺术，如行为艺术；反传统艺术形式的艺术，如装饰艺术、通俗文化里低级的艺术消费品等。二是将生活转化为艺术品，以"无可争辩的示范性的生活方式的建构"，来强调自己的特殊优越地位"，以此来炫耀自己。三是当代社会充斥日常生活的符号与影像。面对这些日常生活中出现的审美事实，费舍斯通指出："我们不应该将生活的审美当作一个给定的东西……相反，我们要研究的是它的形成过程。"（第 103 页）比如，居住山区的山民不把群山当作审美对象，而随着登山和旅游业的发展，群山才会作为审美的标志。另外他还指出，大城市中的闲荡者时刻被各种新景观所刺激，审美中与审美客观保持审美距离是必要的吗？或者相反，身临各种具象中，是不是会必然出现审美取向，这都是美学所面临的问题（第 104 页）。可见费舍斯通只根据社会生活中出现的新现象，要求美学对这些现象作出理论反应，并不是认为这些都必然是审美现象。但我们的讨论却把审美日常化当作现实性来接受，反过来说以前那些精致的美学理论过时了，要求美学尊重这种现实进行重构。这多少有些误解的成分。
③ 参阅韦尔施《重构美学》，陆扬、张岩冰译，上海译文出版社，2006。韦尔施的理论也常常被倡导"日常生活审美化"者所津津乐道。韦尔施把审美分浅表审美化和深层审美化，那种城市空间的整容翻新、公共场所的美化是"从艺术当中抽取了最肤浅的成分，然后用一种粗滥的形式把它表征出来"，"美的整体充其量变成了漂亮，崇高降格成了滑稽"。韦尔施对这种审美的泛化是持批判态度的，但许多人却有意或无意地回避这一点。
④ 姜振文：《谁的"日常生活"？怎样的"审美化"？》，《文艺报》2004 年 2 月 5 日。
⑤ 鲁枢元：《评所谓"新的美学原则"的崛起——"审美日常生活化"的价值取向析疑》，《文艺争鸣》2004 年第 3 期。

考诸如"在购物中心的愉悦体验和诗歌小说的阅读体验有什么根本不同"这类命题。但当时是以一种迎合态度，表现出理论对现实批判的贫困与虚弱，其最直接的恶果是为"美学"的滥用打开了理论通道。康德那种诸如"善"与"快适"的精细区分，在"日常生活审美化"倡导者的理论中不见了，他们取消了美的边界，混淆了精神愉悦和感官享受，用"美"来囊括现实中所有能够引起愉悦和快感的东西。审美被泛化了，美学自然就会涉足"被泛化了的美"，成为"泛美论"，堕落为直接描述现实，可以任意附着的装饰性词汇。因此除了可以说"自然美学"、"社会美学"和"文艺美学"，我们还可以说"休闲美学""护理美学""性爱美学"甚至"牙齿漂白美学"等，总之凡是能够引起快感和满足欲望的事物，都可冠之以"美学"。

（二）

"日常生活审美化"把美当作现实生活中的客观存在，认为美就是"美化了的街心花园"，就是"漂亮的门把手和宽广明亮的购物中心"，就是人的休闲、娱乐和享受，美学也就成为对现实生活中"美的规律"的发现、论证和描述，这是"泛美论"最直接的典型的表现。除此之外，"泛美论"还表现为：一是把美等同于世界本体，而忽略"美自身"的特殊性，直接在某种抽象的哲学本体范畴上去生发演绎美的本质和根源；二是对美任意拔高，把它无限制地放大成人的最高本质，认为美是人生的全部意义。

由此可见，"泛美论"是指在美学不能对"美自身"做出有效决断时，美学话语越出美的领地，或者无限上升到抽象的本体高度，或者无限制地应用于现实描述，最终导致美无所不能、无处不在的话语假象。

"泛美论"的历史根源在于西方美学传统。吉尔伯特说，美学的"地位和轮廓决定于古代哲学的总体系"，在希腊思辨哲学肇始时期，关于美与艺术性质的考察就混杂在宇宙论、心理学和人类有目的性活动这三大哲学分支中①。也就是说，美学在进入学科自觉之前，是作为宇宙哲学和心灵哲学的附庸而出现的。美学没能完全形成独立自足的思想体系，美学思想和美学方法完全取决于哲学思想和哲学方法。

宇宙论哲学是希腊哲学的开端，其目的是为世界找到一个能够解释一

---

① 〔美〕凯·埃·吉尔伯特、〔联邦德国〕赫·库恩：《美学史》（上卷），夏乾丰译，上海译文出版社，1989，第11页。

切的"本体"。当毕达哥拉斯认为数是世界的本原时，就是把美的现象解释
为和谐、对称和比例；当柏拉图把理念作为先于或脱离于事物而存在的永
恒实体时，美就是"美的理念"的分享；当普罗提诺认为世界的本原是绝
对完满的"太一"时，"最完全真纯的美"毫无疑问就是来自彼岸的神性
美。把宇宙本体直接等同于美的本质，或者从世界本体来推演出美，成为
西方传统美学的显著特点，即使到 19 世纪，黑格尔仍然运用逻辑有效地定
义出"美是理念的感性显现"。他从"理念"这一本体出发，认为艺术只能
"显现"理念，宗教却能"表象"理念，更高级的哲学能够对理念做"自由
思考"，因此艺术要低于宗教、哲学。随着心灵旨趣的提高，"我们尽管可
以希望艺术还会蒸蒸日上，日趋于完善，但是艺术的形式已不复是心灵的
最高需要了"，艺术不得不让位于哲学①。黑格尔本体论美学思维方法尽管
涉及艺术（美在黑格尔那里仅局限于艺术）的许多重大问题，但为了服从
他的精密的逻辑体系需要，最后不得不宣布艺术终结。

　　希腊哲学在解释宇宙的同时，也逐步把目光转向内部，转向人类本身，
来研究人类精神问题。希腊哲学把心灵看作是自然的一部分，自然的本质
也就是人的本质，世界和人是由同一生活原则赋予生气的。因此人可以通
过灵魂的反观和领悟，回到永恒的实体。德谟克利特认为，"一个卓越而如
醉如痴的心灵，一旦领悟到神性实体的活动，便会产生充满诗意的幻想"②。
柏拉图把"善的理念"当作世界最高本原，认为灵魂同经验世界接触以前
就已有理念，只不过后来忘记了。当受到感官世界激发时，灵魂就会回想
起曾经理解过的东西。所以，一切知识都是回忆，一切学问都是一种重新
觉醒；审美也是人在迷狂状态下，与理念契合无间、浑然一体的超凡脱尘
的状态。柏拉图借第俄提玛之口说，对"美本身的观照是一个人最值得过
的生活境界，比其他一切都强"③。这样一来，能够抵达"理念"、认识本原
的审美，就逐渐地被看作生命存在的最高形式。

　　这种观点在希腊道德哲学的推波助澜下，随着时间的推移，最后发展
成理想的人格形态。苏格拉底认为美即善，"柏拉图和亚里斯多德两人在关

---

①　〔德〕黑格尔：《美学》（第一卷），朱光潜译，商务印书馆，1981，第 129～132 页。
②　〔美〕吉尔伯特、〔德〕库恩：《美学史》（上卷），夏乾丰译，上海译文出版社，1989，第
　　17 页。
③　《柏拉图文艺对话集》，朱光潜译，人民文学出版社，1963，第 273 页。

于美的艺术之性质的整个探讨中，都背着道德主义考虑的包袱"①。而道德又是西方古代哲学所要集中解决的问题，这样一来，审美和道德一同被提升到人格高度，成为道德人格的重要组成部分。到 18 世纪，经席勒的发挥，审美遂成为自由、人性和人的完美的代名词。20 世纪，马尔库塞还呼吁通过审美来造就"新感性"，以此"消除不公"，"构织'生活标准'向更高水平的进化"②。审美最终发展为人生的全部要义，走向乌托邦。

希腊哲学持"哲学和科学的完全融合"的自然哲学态度，在二元论思维下，把世界作为一个客观对象来把握，他们"没有对人类认识的可能性作任何探讨，却径直着手解决那些根本的宇宙起源问题"③。在这种独断论的哲学方法主导下，美学忽略了审美主体的主观精神状态，美被当作不以人意志为转移的客观对象。这样一来，古希腊美学在审美对象上把美等同于真，美真不分；在审美欣赏上，认为审美活动就是理性认识活动，审美判断就是认识判断④。这种客观主义美学在西方影响深远，到了启蒙时期，成为对抗神学的工具，如狄德罗坚持认为，"美不是上帝赐予，不是主观判断，而是客观事物的一种性质，美的概念就是这种性质在我们头脑中的反映或抽象物"⑤。美从原来被看作事物的客观属性转换成更为抽象的关系、生活、社会，如"美是生活""美根源于社会"等。客观主义方法论是机械唯物主义美学者难以走出的迷宫。

宇宙论哲学、心灵哲学和自然科学哲学方法互相渗透，共同成为后来西方各派美学方法的源头。但概括说来，还是古典哲学的本体论思维方式和自然科学哲学的态度影响了美学后来的思维方法和价值取向。

那么我们能不能说西方古典美学就是"泛美论"呢？这个命题的前提就不存在，因为在美学学科确立以前，美只是被看作整个自然框架下的一般现象，是哲学研究自然、物理、伦理、心灵、政治、国家等大课题里的一个特殊视点，对美的立论当然只能运用哲学方法，局限在自然、物理、伦理、心灵、国家等思想体系之内。鲍桑葵也说，希腊人关于美的理论是

① 〔英〕鲍桑葵：《美学史》，张今译，广西师范大学出版社，2001，第 15 页。
② 〔美〕马尔库塞：《审美之维》，李小兵译，广西师范大学出版社，2001，第 98 页。
③ 〔德〕策勒尔：《古希腊哲学史纲》，翁绍军译，山东人民出版社，2007，第 25 页。
④ 赵红梅：《客观主义：古希腊美学的方法论原则》，《湖北大学学报》（哲学社会科学版）1999 年第 1 期。
⑤ 转引自李醒尘《西方美学史教程》，北京大学出版社，2005，第 158 页。

基于一项"形而上学的假定"。这个假定认为：艺术没有什么特殊的，它再现的就是正常感官知觉和感受所见到的普通现实；艺术也不是什么特别现象，它与人及其目的的关系，同普通知觉对象与人及其目的的关系一样，所不同的就是艺术的存在方式没有它所再现的对象那样坚实完备①。既不特殊，也不特别，美与艺术当然不能独立，只能隶属于其他分支的理论体系，因而就没有什么"泛"与"不泛"之说。

庞大的哲学大厦里生长起来的美学花朵虽然不属于美学自身，但其丰富的思想为后来西方美学发展提供了各种可能。不过，我们也必须承认，这种哲学母体中的美学思维方式也对后来的美学研究产生了深远的影响，成为"泛美论"的历史根源。尽管在 18 世纪中期，鲍姆加登初步确立起美学的学科形态，康德也以科学的姿态为美学划定了清晰的范围界限，但由于传统的力量，再加上"美与其自身以外"本来的复杂关联性，美学研究有时仍然忽左忽右，或者让美毫无约束地僭越宇宙本体，或者把美无限地放大为生命全部，甚至不加限制地等同于实践意志和身体欲望。

（三）

以日常生活审美化为典型的"泛美论"在当代中国美学史上是不是孤立现象？20 世纪初期，王国维较为完整地介绍"美学"的相关内容②，美学才在中国成为一门自觉学科。从此，美学伴随民族复兴之路，风雨飘摇历经百年。一百多年来，涌现出一大批让我们引以为豪的美学家，他们在译介西方美学成果、开掘传统美学精神、建立中国现代美学等方面做出了巨大贡献。

需要注意的是，正由于美学是从哲学中分化而来的，而中国当代美学又是从西方引进的，因而中国当代美学"必然带有浓郁的西方哲学色彩"③。带有"西方哲学色彩"并非坏事，不管是东方还是西方，其丰富的哲学和美学思想都是现代中国美学所要广泛吸收借鉴的。但 20 世纪 80 年代以前，美学受制于主流意识形态，"浓郁的西方哲学色彩"其实是"西方某一哲学色彩"，对西方美学思想的引进和借鉴是以主流意识形态为标准，而不是根

---

① 〔英〕鲍桑葵：《美学史》，张今译，广西师范大学出版社，2001，第 13 页。
② 章启群：《百年中国美学史略》，北京大学出版社，2005，第 6 页。
③ 汝信、王德胜主编《美学的历史：20 世纪中国美学的学术进程》，安徽教育出版社，2002，第 19 页。

据美学研究的需要，因而美学研究只能用东方民族思维方式对西方自古希腊以来的传统美学思想中的哲学基础进行改造，把它替换成唯物、社会、历史、实践等哲学范畴，如法炮制，演绎出美学理论。这样，现代中国美学总体上呈现出两个特征：一是西方古典美学传统的思维方式，二是现代西方先进的哲学思想。也就是说，从方法论来看，中国当代美学采用的仍然是传统西方哲学主导下的美学框架；从内容来看，中国当代美学只是某种哲学思想在美学领域内的论证。

刘士林说："20 世纪中国美学的提问方式，主要是一种以西方哲学为本体内涵的哲学提问方式；百年来中国美学所讨论和研究的，也主要是一些哲学问题，是美学研究的哲学基础。也就是说，它们是非美学问题，或与美学本身距离比较远的问题。"[①] 这种看法比较准确。从蔡仪开始，中国当代美学的核心术语，如"典型""反映""唯物唯心""主观客观""实践"等，有多少并且在何种程度上反映的是美学自身问题？我们甚至可以用"认识反映""实践""存在""生命"等哲学范畴，准确地把中国现代美学范式流变描述成"反映论美学""实践论美学""存在论美学"等。这些概念都是全部哲学共同研究的问题，绝对不同于那种以某种独特哲学思想方法命名的美学流派，如"表现主义美学""精神分析美学""形式主义美学""现象学美学"等。

新时期以来，当代美学延续 20 世纪五六十年代的论争模式，在相互诘难和批驳中探索发展，一方面努力打破长期以来政治意识形态制约下的僵化思维模式，开拓多元发展的新局面；另一方面也出现了盲目追逐西方那些浮光掠影的思想碎片或者学科方法的现象。例如，西方流行现象学或存在主义，我们就嫁接出"身体美学""存在论美学""生命美学"等；别人在搞分析哲学，我们就有"修辞论美学""元美学"等；人家说"美是道德的象征"，我们就演绎出"美是善""美是自由""美是超越"等。更有甚者，在 80 年代初期，美学研究还兴起移植自然科学研究方法的热潮，出现了"系统论美学"、"控制论美学"和"信息论美学"。这些都表明，当代中国美学由于忽略了美自身的规范性，致使美学失去了明确的思考方向，成为跟风追潮的手段，似乎不论流行什么，我们都可以借用"美"的名义

---

① 汝信、王德胜主编《美学的历史：20 世纪中国美学的学术进程》，安徽教育出版社，2002，第 19 页。

发挥一通。美学仍然没能摆脱以前的"泛美论"话语模式。

这样看来，费舍斯通在20世纪80年代用来描述晚期资本主义特定群体消费主义下的"日常生活审美化"，被提上21世纪的中国美学研究日程，除了经济社会发展的现实激发，也与当代中国美学的逻辑演进有关，是美学缺乏美自身的规范而对美不断产生误解的结果。把美当作是客观存在物，认为那高楼大厦和堆砌假山怪石的街心公园就是必然的无条件的美；把美当成生活享受，认为那种休闲的乐趣和购物的快乐就是美的经验。其实质是当代中国认识论美学和本体论美学理论在社会现实中的表现。

二　解决途径

美学不再谈美，而是在哲学层面，甚至更为宽泛的文化层面，去谈论与美相关的东西，把美设定为实践、历史、社会、生命、存在、体验、语言、超越、自由等，忽略了美自身，美论自然而然地成为"泛美论"，美学也就成了美学文化学、美学社会学或美学哲学。这种研究路向下的理论成果，只能是某一条哲学或社会学原理的补充证明，而不能有效地揭示美的本质规律。

摆脱危机和解决问题的有效办法是回到美自身，回到美自身的领域。

对美自身的呼唤已成为许多美学研究者的自觉声音。有的从方法论角度指出当代中国美学要想克服那种过度局限于哲学方法和科学方法，"游离于哲学的、科学的、心理学的、社会学的各种方法之间"的局限与缺陷，必须"直接面对美学事实本身，找出适合美学自身存在的具有自己独立品性的研究方法"[①]。刘士林则从美学研究内容角度认为中国现代美学混淆了"人的本质"和"美的本质"，大家都在讲"人如何"而不是"美如何"，"所以当代美学理论的批判性任务，就是要使美学研究回到其本身，即从哲学话语回到美学话语，从哲学问题回到美学问题，从人的本质回到美的本质，从人的实践活动回到人的审美活动，从人的现实世界回到人的审美世界"[②]。也许人们对"美学事实本身"和"美自身"有着各不相同的理解，刘士林的"五个回到"也存在有待商榷、存疑的地方，但他们的呼吁从一

---

① 胡友峰：《中国当代美学方法论：误区与出路》，《西北师大学报》（社会科学版）2008年第3期。

② 汝信、王德胜主编《美学的历史：20世纪中国美学的学术进程》，安徽教育出版社，2002，第29页。

个侧面说明当代中国美学偏离了"美"是一个不争的事实。这说明当代中国美学必须鼓起直面事实的勇气，把"美自身"作为一种追求、一种精神指向，在牢靠坚实的"美自身"的基础上，再去探讨那些与"美"紧密相关的社会、历史和文化，而不是像先前那样正好相反，用它们来解释美。

也许有人说，西方美学已经进入分析时代，他们在后现代主义、消费文化和存在主义的大旗下，颠覆形而上学，追求形而下的身体、欲望和日常生活，而你却不顾世界文化事实，要回到美自身，这是美学上的保守和倒退。此论是只见现象不见本质，只看到西方美学倏来忽去的身影，没能领会其内在的精神实质。

可以说，西方美学的主要精神就是回归自身（哲学更是如此）。每一种具有开拓意义的关键性思潮所倡导的基本宗旨，都是力图拨开历史发展中的话语冗余，为美自身正本清源。只不过由于时代局限，每种思潮所把握的只能是某个角度、某种视域下"美"的某一侧面，但其发问的对象都是针对美而言，美自身因而会在整个西方美学视野中渐趋清晰。比如，柏拉图虽然提出了"美本身"，但那却是抽象的、普遍的、独立于事物之外的理念本体。而亚里士多德却批判了柏拉图的理念论，宣称美就存在于具体事物之中，是事物的特性，并说美能引起愉悦，具有迷人的力量。亚里士多德大胆地为快感辩护，这就是对美自身的正视，是美自身的一次回归。文艺复兴时期，美学重视现实生活，崇尚自然美和人的美，拯救堕入神学黑暗里的美学，在世俗现实中为美和艺术辩护，其实也就是对美自身的捍卫与回归。当理性主义和经验主义在"美"的问题上各执一端争执不下时，康德在先验领域里第一次为纯粹的美自身划定了清晰界线，为美学研究指明了方向。鲍桑葵评价得最好，他说康德关于美的"轮廓是牢牢地画定了"，"今后，我们就可以只限于论述美学问题以及它对普通哲学的意义了"①。也就是说，自从康德之后，美学不再像以前那样，在哲学的罗网中乱撞，它找到了自己的领地。可以说，自康德之后的所有美学思想，甚至20世纪丰富纷繁的美学思潮，往往是紧紧抓住康德美学思想中的一点或几点而加以生发、改造、综合而成。这并不是说康德有多么高瞻远瞩，而是说康德为人们进入美自身开启了大门。

就哲学来说，西方一些流派激烈地批判形而上学，并不是要摧毁形而

---

① 〔英〕鲍桑葵：《美学史》，张今译，广西师范大学出版社，2001，第230页。

上学，而是以追求知识和真理为鹄的，为哲学廓清道路，回归自身，使其成为真正的科学。康德对理性进行彻底批判、清理，为认识划定界限，其目的是为未来的、真正科学的形而上学奠定基础。现象学也是如此，胡塞尔批判当时流行的把逻辑概念和逻辑规律看作心理构成物的"心理主义"，其实就是"反对把逻辑试图划归为心理学"，"反对心理学要取代逻辑和现象学研究的放肆的自诩"①。现象学就是要让哲学返回自身，保持纯粹性，特别是它提出"回到事情本身"的口号，更是高度代表了西方哲学的自律精神。那么分析哲学呢？从西方哲学历史来看，它也是一次哲学的自身转向。希腊哲学认为真理就是对客观事物的认识，存在于宇宙、自然的本体之中。康德转向认识论，把先验主体作为真理之源。而维特根斯坦却认为真理不在于事物，也不在于主体，它存在于公共知识之中，于是"把康德的先验唯心主义从理性的平面转移到语言的平面"②。也就是说，分析哲学的根本目的还是要寻找真理，这是西方哲学的梗概。我们不能被那些所谓的抛弃形而上学或重建形而上学的表面现象弄得晕头转向，跟在别人身后去盲目高呼形而上学已过时，而要用历史的眼光在整个西方文化史中去了解那些思潮和口号的真正意图——拨开历史迷雾，回到事情的本身。

当然，回到美自身，并不是说一定要像自然科学那样，精确地绘制"美的基因图谱"，这对于人文学科来说是不可能的事。"美自身"只是美学研究的一种向度，是美学在对它的无限接近中所呈现出的历史效果。我们只有正视美，面对美自身发言，才有可能从"泛美论"的误区中走出来，才有可能真正地吸纳西方美学精义，并把它和中国传统美学思想结合起来，建立起具有民族特色的中国现代美学。唯此，我们才能和西方美学展开平等对话。相反，如果抛弃美自身的规范，我们就会不加取舍地模仿别人，当别人讲"后殖民"时，我们也来"后殖民"；当别人说"存在主义"时，我们就说"生命美学"和"存在论美学"。如果美学只是去翻译人家一两个新名词，或者根据意识形态的需要加以改造，或者根据主观需要进行臆测和发挥，美学离"美"只能是越来越远。

---

① 〔美〕梯利：《西方哲学史》，葛力译，商务印书馆，1995，第682~683页。
② 〔德〕施太格缪勒：《当代哲学主流》（下卷），王炳文等译，商务印书馆，1986，第545页。

第一章　认识论美学的发生及其误区

认识的可能性和可靠性在哪里，认识的根据与基础是什么，这就是认识论所要解决的问题。尽管人与世界的认识关系在人类活动之初就开始了，但对人类认识行为的自觉审视则是晚近的事。可见认识论带有反思的性质，以人类认识本身为研究对象，探讨认识的根源、发生、过程和结果，其根本落脚点是为人类知识的真理性、可靠性确立根据。因此它属于哲学内容的重要组成部分，是构成哲学的主要支柱。

为什么可以把一种美学范式称之认识论美学呢？显然，当一种美学把审美当作认识关系来分析探讨时，当这种美学主要借助哲学认识论的术语、架构、逻辑来解释美时，它自然属于认识论美学。认识论美学是现代中国美学的主要形态，它在 20 世纪 40 年代初具规模，旋即从众多美学论中脱颖而出，成为引领当代中国美学主潮的启明星。认识论美学何以会在现代中国发生，它的思想根基和现实条件是什么？认识论美学的基本思想是什么，它在多大程度上服从于美学需要？怎样评价它的丰富性与局限性？这就是本章要探讨的问题。

第一节　在主流意识形态的祭坛上

20 世纪初，美学作为一门学科被引进中国时，西方当时重要的哲学美学和心理学美学思想均被不同程度地介绍到中国，从康德、叔本华、尼采、柏格森到克罗齐、立普斯等，中国美学一开始就站在时代的前沿，以融贯中西的姿态对这些美学思想进行借鉴吸收。王国维吸取康德和叔本华的美学思想，化入中国庄禅之中，雍容大度、开阖自如。朱光潜的《文艺心理学》联袂西方诸家学说，兼收并蓄，对直觉说、距离说、移情说甚至西方早期优秀的哲学美学思想去粗取精，自成一家①。但是中国现代美学很快就偏离了自身的学理轨道，依附在既定的哲学体系上，为主流意识形态辩护。因为所有引进中国的西方美学成果，想要在中国文化的土壤里生根发芽，必须接受本民族传统思维方式的训导。为后文分析方便，有必要稍微由远处着笔，尽可能简略地描述中国文化的基本特质，为 20 世纪中国现代主流美学思想的发生、发展找到必然的历史根据。

一　思想传统与时代选择

一般说来，中国哲学是人生论哲学，西方哲学是知识论哲学。中国哲学以生活实践为旨归，探求人生实相，寻求现实生活准则。梁漱溟在谈到西洋、中国和印度三方的思想情势时说，西洋人无论为希腊时期或文艺复兴后，其研究哲学都是出于好知的冲动，以追求科学和知识为目的，因此，形而上学和知识论居于哲学中心地位。中国的形而上学则是用直觉，去体会玩味那些诸如阴阳等"变化"的抽象道理，最终都落实到人生实践中来，占据中国哲学全部②。中国哲学讲"天人合一"，就是要求"人合于天"。在孟子看来，天能化育万物，是有德之天，人要合于天，成为有德之人。在老庄看来，"人法地，地法天，天法道，道法自然"。"道"就是自然而然，"道"自己为自己立法，人因此要绝圣去智，回复到"天地与我并生，而万物与我为一"的初始状态。儒家哲学和道家哲学尽管有霄壤之别，但就指导人生之旨来说，是殊途同归。西方求知，中国求生。求知，追求的是理性与逻辑自身的绝对规律；求生，则是通过考量现实社会，从而对人生提出切实的规劝。

既然要对现实社会和人生发生作用，最好的办法就是能够实施并贯彻到政治生活之中。这样一来，中国哲学就有一种谋求与政治统一的潜在意识。当有人问孔子为什么不参与政治时，他说"书云：'孝乎惟孝，友于兄

---

① 有人说，朱光潜早期美学思想仅只是翻译介绍西方美学，此论有失公允。朱光潜高屋建瓴，对西方美学各派思想进行创造性综合，虽多含西方美学术语，但在移接挪用中，如出己悟，处处显露出他对西方美学的独特领悟。如果说王国维善于化西入中，以中格西，于胸中领悟后再用自己语言通俗表露的话，那么朱光潜则是在对西方各美学流派广收博采后，创造综合自成一家，他自己也曾说"我是一个整理阐发者"。见朱光潜《论直觉与表现答难——给梁宗岱先生》，《朱光潜全集》第 9 卷，安徽教育出版社，1993，第 197 页。
② 梁漱溟：《东西文化及其哲学》，商务印书馆，1997，第 76 ~ 121 页。

弟，施于有政。'是亦为政，奚其为为政？"（《论语·为政》）意思是只要他倡导的仁、礼、忠、恕等思想，能够影响当局者的政治生活就是参政了，没有必要非得本人居于政位。

成中英在《中国哲学的特性》中说，"中国并没有一派哲学或思想家认为哲学只是一种思辨的活动，而是严肃的注意到实际训练、教育或改变人（或哲学家本人），使人成为一较好的存在和具有较佳的了解"。所以，"中国哲学一般是朝向社会与政府中的行动和实践的"，"朝向道德与政治的目的"，即使是基本停留在个人本位阶段的老子道家哲学，"也讨论到政府的最佳形式问题。无为而无不为的原理既是道的宇宙论原理，也是激励统治者有关道的政治原理"。历史证明，"道家的理论也曾指示后来的政治家如何处理国家和社会的各种问题"[1]。

傅斯年曾为中国学术思想界列出七条基本谬误，其中就有一条是"中国学人，好谈致用"，喜欢"别求其用于政治之中"，以为学术之用，"必施于有政，然后谓之用"，而不知道"博物广闻、利用成器、启迪智慧、镕陶德性，学术之真用存焉"[2]。傅斯年是针对当时中国思想界喜爱政治空谈、不注重学理逻辑、急功近利的学术现象来说的，但也深刻地反映了传统思想的深层根性。

中国哲学这种求实致用、关切社会现实的品格正是西方哲学的缺陷所在。西方哲学一直以来高高地悬于社会生活之上，最多只是以抽象的方式与社会曲折地保持着联系。直到19世纪马克思主义哲学的出现，才为西方哲学输入了社会实践的内容，扭转了西方哲学脱离现实社会的局面。马克思主义哲学所具有的关怀现实、干预社会的精神刚好切合中国传统文化精神。所以，李泽厚说："如果将马克思主义与许多其他一种近现代哲学理论如新实在论、分析哲学、存在主义等等相比较，马克思主义对中国人也许是更为亲近吧？！"[3] 这样，在民族危亡的关头，中国的社会政治思潮为什么选择马克思主义也就不难理解了。就中国哲学不善思辨、喜欢跻身社会政治意识领域教化人生的传统来看，当马克思主义成为中国主流意识形态以后，中国的整个精神生活，包括学术研究也都依据马克思主义哲学所提供的思想和方法进行生产也就成为必然。从这个意义来说，20世纪中国主流

① 项维新、刘福增：《中国哲学思想论集》，台北水牛出版社，1976，第92～97页。
② 傅斯年：《中国古代思想与学术十论》，广西师范大学出版社，2006，第192页。
③ 李泽厚：《中国古代思想史论》，天津社会科学院出版社，2003，第299页。

美学的基本方法和主体思路已经被"非美学"地决定了。这是思想传统，也是宏观方面。

从微观现实性看，中国现代美学的性质和趋向还受时代思潮和艺术观念影响。在经世哲学和政治功用主义思想主导下，中国的文艺观自然也是以实用主义为旨归。刘若愚运用现代西方文艺学的观点、方法，通过中西比较，创造性地把中国文学理论分为玄学论、决定论、表现论、技巧论、审美论和实用论六种①。我们不能认为这六种文艺理论在中国文学批评史上依次或者并列展开。刘若愚是受艾布拉姆斯"四因素"方法的启发，做出一种理论可能上的划分，同时也受到艾布拉姆斯方法的局限②，致使各类型相互交叉层叠。玄学论认为，文学当表现宇宙原理，决定论则把文学看成是政治和社会现实不自觉的和不可避免的反映与显示，其实都是把文学看成是认识自然、社会和人生的工具。文艺既然具有认识作用，那么它自然就具有实际教益的功用。技巧论、表现论同审美论一样，偏重于文学的审美特质及其读者的愉悦效应。所以从根本说来，刘若愚所划出来的六种理论，还是实用论和审美论的分别。

需要说明的是，审美主义在中国主要表现为片言只语的感悟，并没能自成一家，形成独立完整的体系。陆机虽然说过"诗缘情而绮靡"，但针对性很强，是他在做文体比较时，认为诗相对于赋、碑、诔等文体而言，要有情感和美好的形式。刘若愚也说，中国的审美派文论"从来不像奥斯卡·王尔德（Oscar Wilde）那样过分地主张'为艺术而艺术'，甚至公然声言，一切艺术，不是无关道德的，就是不道德的"③。因为中国的审美主义文艺观寄居于实用主义文艺观中，直接或间接地为实用主义文艺观服务。例如，刘勰在《文心雕龙·情采》篇开章说，"圣贤书辞，总称文章，非采而何？"把那些光彩焕发的抒写内心情感，描绘器物形象的文章，归因于文采富丽。但刘勰并不是审美主义者，他提倡文采是为了更好地服务于他的儒家政治教化文艺观的需要，就像他说的那样，"是以联辞结采，将欲明

---

① 〔美〕J. 刘若愚：《中国的文学理论》，赵帆声等译，中州古籍出版社，1986，第17页。

② 艾布拉姆斯认为，艺术作品都要涉及作品、艺术家、世界、欣赏者四个要素。以作品为中心，倾向于世界的是模仿理论，倾向于艺术家的为表现理论，倾向于欣赏者的是实用理论；把作品视为一个自足体孤立起来加以研究的，则为客观论。他创造性地对西方模仿说、实用说、表现说、客观说进行了深刻而明晰的阐述。参见艾布拉姆斯《镜与灯》，郦稚牛等译，北京大学出版社，2004，第5页。

③ 〔美〕J. 刘若愚：《中国的文学理论》，第112页。

理"(《文心雕龙·情采》),明道、尊圣、宗经才是文章的正途和最终目的。李泽厚在批评《文心雕龙》时说:"《文心雕龙》带上了一层浓厚的儒家正统派的色彩,对文学的社会功能的认识不能从根本上冲破狭隘功利论的阴影,从而又大为限制了《文心雕龙》所达到的美学思想的高度。"① 从理论上说,这种批评无可厚非,但从社会传统和文化实践来看实在过于苛责,不但刘勰不可能突破,事实上自刘勰以来,也没有人能真正突破,即使拥有世界眼光的近现代中国知识分子也很难摆脱这种禁锢。

近代以来,民族的内忧外患进一步强化了"文以载道"的社会功用,形成一股强大的"功利主义文艺"思潮。但这只是问题的表面,从深层次来看,近现代以来的功利主义文艺思潮在内容上发生了根本性的变化,所载之"道"由古代的个人修养、社会道德指向,变成改变民族性格和民族文化的思想革命;由原来的社会日常人伦升格成上层建筑,直接成为国家意识形态——对于本文来说,这一点尤其应该指出。

曹丕在《典论·论文》里说文章是"经国之大业,不朽之盛事",但他并没论证文章是怎样"经国"的,而是沿着孔子"三不朽"(立德、立功、立言)的命题,充分发挥了文章的"不朽"性质,说"年寿有时而尽,荣乐止乎其身;二者必至之常期,未若文章之无穷"。其实,不仅是曹丕,在整个封建社会,文章"经国大业"的功能都限于道德层面,通过强调文章对于个人道德修养和社会人伦关系方面的意义,来间接指出文章对于整个国家社会生活的意义,也就是说文章与国家的关系是以个人为中介的。

孔子说,诗具有兴观群怨的教化作用,可以养成温柔敦厚的人格。"乐者乐也,君子乐得其道,小人乐得其欲,以道制欲,则乐而不乱"(《礼记·乐记第十九》),讲的就是通过诗教,增强个体的道德修养。《诗大序》说,诗歌能够"经夫妇,成孝敬,厚人伦,美教化,移风俗"。强调的还是诗歌具有移风易俗和维护社会稳定的作用。中唐古文运动提出"明道""志道",其目的是重建儒家道统,当然没能超越原来的"道"的内涵。到了宋代理学那里,要求文章要有益于世道人心,装载的依然是自古不变的"道德"。叶森明在评价"文以载道"的文化内涵时说,"文以载道口号的结构指向,主要是引导向后看,散文所要表达的是道,所要赞颂的是古圣人"②。

---

① 李泽厚、刘纲纪:《中国美学史——魏晋南北朝编》(下),安徽文艺出版社,1999,第584页。
② 叶森明:《试论"文以载道"的文化内涵》,《殷都学刊》1991年第4期。

也就是说，"文以载道"结构和内涵一直都停留在日常生活的道德层面。

但到了近现代，文艺的功能逐渐从载"道德之道"，变为载"革命之道"。既然能载"革命之道"，而革命又是国家政治生活中的重大事件，那么文艺自然就成为上层建筑，成为国家意识形态的一部分，这时的文章才直接与国家相关。这一结果的实现大致经历了以下三个阶段。

第一，近代启蒙思想家在"改良群治"和"再造新民"的大旗下，初步赋予"道"以现代的道德意义。梁启超的"新民"概念取自儒家经典《大学》，原本就包含道德修养和对人的革新方面的意思。但与传统道德不同的是，他以西方道德价值观为标准，突破中国传统道德体系的狭隘性，把道德分为公德和私德。他说"人人独善其身者谓之私德，人人相善其群者谓之公德"，中国自古以来，私德发达，只追求个人修养，独善其身，"无一人视国事如己事"，心中全无国家观念，因此我们应当倡导一种新的道德观，"以求所以固吾群、善吾群、进吾群之道"，"知有公德，而新道德出焉矣"，"新民"就会产生①。为了让文艺承担起推广现代化道德价值观的重任，他鼓吹"以旧风格含新意境"的"诗界革命"，倡导"小说界革命"，说"今日欲改良群治，必自小说界革命始"。可见，近代虽然还坚守"文以载道"观，但"此道"已非"彼道"了。

第二，在革命文学思潮的推动下，文学成为革命宣传工具，文艺所载之"道"由道德强化为政治革命理念。冯乃超在《艺术与社会生活》中说，"艺术是人类意识的表达，社会构成的变革的手段"②。蒋光慈也说，文学的内容只能是"以被压迫的群众做出发点"，去"认识现代的生活，而指示出一条改造社会的新路径"③。而当时改造社会的途径只能是无产阶级为主导的社会革命，因而文学艺术传播的就是无产阶级世界观，是表现"革命阶级的思想、感情、意欲的代言人"④。这样，文艺自然被看作一种社会意识形态，被当作革命的宣传工具，"一切的艺术，都是宣传。普遍地，而且不可逃避地是宣传；有时无意识地，然而常时故意的是宣传"⑤。革命文学倡导者也就自然推断出，艺术主体必须是革命者，"从事实际工作的革命党人

---

①　梁启超：《新民说》，《梁启超全集》（第三卷），北京出版社，1999，第 660～662 页。
②　冯乃超：《艺术与社会生活》，《文化批判》1928 年创刊号。
③　蒋光慈：《关于革命文学》，《太阳月刊》1928 年二月号。
④　冯乃超：《冷静的头脑》，《创造月刊》1928 年第 2 卷第 1 期。
⑤　李初梨：《怎样地建设革命文学》，《文化批判》1928 年第 2 期。

和革命文学作家的特征是没有分别的"，不但革命作家"负有政治的使命"，就是批评家也得"去创造刺激，影响读者"，否则"就丧失了劳动阶级革命文艺运动的精义了"，"所以我们的作家，是'为革命而文学'，不是'为文学而革命'，我们的作品是'由艺术的武器到武器的艺术'"①。

第三，《在延安文艺座谈会上的讲话》（下称《讲话》）以文艺宪法的形式，确立了文艺创作和文艺理论服务于国家社会的工具价值。《讲话》从政党、国家高度把文艺纳入主流意识形态之中。毛泽东抓住文艺"为谁"和"怎么为"这一核心问题，为文艺确立起"为"的本体。而"为谁"的问题自然就涉及文艺的阶级性问题。毛泽东尖锐地指出，"文艺是为地主阶级的，这是封建主义文艺"；"文艺是为资产阶级的，这是资产阶级的文艺。像鲁迅所批评的梁实秋一类人"；"文艺是为帝国主义者的，周作人、张资平这批人就是这样，这叫做汉奸文艺"。② 毛泽东用阶级分析方法来分析文艺，确立起文艺的政治方向。他接着说，一切文化或文学艺术都属于"一定的政治路线"，所谓"为艺术的艺术，超阶级的艺术，和政治并行或互相独立的艺术，实际上是不存在的。无产阶级的文学艺术是无产阶级整个革命事业的一部分，如同列宁所说，是整个革命机器中的'齿轮和螺丝钉'。因此，党的文艺工作，在党的整个革命工作中的位置，是确定了的，摆好了的；是服从党在一定革命时期内所规定的革命任务的"③。文艺具有阶级性，在革命中的位置也是摆好了的，这就决定了文艺在特定时期要服从于社会需要，服从于国家需要，从而强化了文艺的工具性。文艺就不仅仅是"载道"工具，而是直接等同于主流意识形态了。

中国传统文化倾向于谋求政治的动机，使文化丧失批判性、科学性和理想性特质，哲学、宗教、学术、文艺等在现代中国实现了和主流政治的高度统一，在理想的国家社会形态建立以前，已经牢牢确立起一种典型的"政文合一"的文化体系。所谓"政文合一"包含两种意思：一是指政治对文化的绝对统治，文化对政治的迎合、宣传；二是指把占主流地位的意识形态直接套用到文艺研究上。在这种体系下，一切都成为主流意识形态的附庸——宗教、哲学、文学艺术的出发点被规定了，目的被规定了，思维方式被规定了。美学也只需要按照主流意识形态的"图纸"，在美学的名目

---

① 钱杏邨：《"朦胧"以后——三论鲁迅》，《我们月刊》1928年创刊号。
② 毛泽东：《在延安文艺座谈会上的讲话》，人民出版社，1975，第12页。
③ 毛泽东：《在延安文艺座谈会上的讲话》，人民出版社，1975，第27页。

下拼接、安装就行了。

二　认识论美学的发生

黑格尔在《美学》绪论中曾谈到过两种美学研究方法。第一种是只围绕实际艺术作品进行活动，或者把艺术作品放在艺术史里作历史研究，或者对现存作品提出一些理论见解，为艺术批评和艺术创作提供一些普泛的观点。这是以经验为出发点的研究方法。第二种是单就美进行思考，只谈一般原则而不涉及艺术作品的特质，产生一种抽象的美的哲学。这是以理念为出发点的研究方法。黑格尔认为，两种方法都有片面性，主张经验观点和理念观点的统一①。黑格尔之所以主张经验和理念统一的研究方法，是为推导他的"美是理念的感性显现"命题服务的。因为"理念"就是哲学的，注重的是整体性，"感性显现"是经验的、个体的。其实，黑格尔否定了两种研究方法的独立性。从具体作品的研究出发，就是文艺学方法，单就美进行抽象思考的则是哲学的研究方法。文艺学方法具有现实性，哲学方法具有纯粹性和抽象性。

同样，中国现代美学也有哲学层面和艺术层面两个发生点。由哲学出发的美学侧重于美的思辨性分析，在抽象出一般的美学原理后，再有限地应用到艺术批评和美学实践中来，如王国维、蔡元培、朱光潜、邓以蛰、宗白华等。他们热衷于抽象的哲学思辨，擅长在哲学层面上谈论美的本质与特征，然后再论及艺术。以艺术为原点的美学则是通过对艺术的本质功能、艺术与社会的关系进行规定，然后再简单地归结到某种哲学结论中，如周扬、冯雪峰、胡风及其他有较高理论素养的艺术实践者，他们在文艺与社会关系的前提下讨论艺术的本质与功能。前者倾向于纯粹的学理分析，就是黑格尔所说的哲学方法；后者着眼于文艺对现实的功用，就是黑格尔所说的艺术学方法。

中国现代美学的发生最早是在哲学层面开始的，引进了康德、叔本华、尼采、克罗齐、黑格尔等，探讨了眩惑、古雅、境界、形式、节奏等美学范畴或美学原理。由于民族危机的残酷现实和中国传统文化求实致用的特性，这种研究路向很快受到严厉地批判，美学转向偏重实用性的文艺学方法。而在文艺学研究中，马克思主义哲学、社会学和文艺思想最具有现实

———————

① 〔德〕黑格尔：《美学》（第一卷），商务印书馆，1979，第18~28页。

性、批判性和建设性，最能解决中国的现实问题，与中国文化"致用"传统紧密契合，因而成为那种以文艺学视角为出发点的美学研究的主导思想。

认识论美学的发生经历了三个阶段：第一，以马克思主义哲学和社会学思想来解决文艺与现实关系问题的基本建设阶段；第二，依据唯物主义原则，着眼社会性和现实性，在"新"的旗帜下清除哲学美学研究方法阶段；第三，蔡仪撰写《新艺术论》，"自下而上"地把文艺学成果尽力升格并应用到哲学层面，开创认识论美学阶段。

在第一个阶段，认识论美学以马克思主义哲学、社会学为指导，把艺术与现实的关系问题作为基点，推导出"文艺是现实生活的反映"，为其初步形成奠定了基础，指明了方向。

马克思、恩格斯主要侧重于对社会政治、经济的批判与考察，毕生没有时间和精力去系统地阐述美学问题，他们遗留给后人的只是在论及其他时散布于哲学、经济学或文学批评中的精彩碎片。20世纪20年代，马克思、恩格斯的文艺论著还没有被充分整理①。即使到了30年代，中国马克思主义者也只是从俄文的转译著作中作了部分了解，这给马克思主义美学研究带来困难的同时，也为马克思主义美学提供了广阔的想象空间和发挥余地。由于对马克思主义哲学、政治经济学的接受要早于文艺思想，因而早期革命文艺理论家只是根据马恩的哲学、社会学思想，发展出社会主义革命的文艺理论，机械性和激进性就不可避免。他们把文艺与现实的关系问题当成艺术的核心问题，也当成检验理论家立场的标准问题。认为所有关于艺术的本质、功用和规律回答得正确与否，首先接受的不是逻辑性和科学性的检验，而是要看对文艺与社会关系做出了怎样的回答。

李大钊的变化就是展现中国传统学理方式向马克思主义过渡过程的典型。在接受马克思主义思想以前，李大钊只是一个民主主义者，他以启蒙

---

① 参见温儒敏《中国现代文学批评史》，北京大学出版社，1993，第117页。温儒敏在注释中说，马克思、恩格斯逝世后，德国社会民党没有整理他们关于文学艺术的论述，一些手稿仍被封存于文档中。苏联从1924年开始系统整理和出版马克思、恩格斯的遗著和手稿。1931～1933年，苏联《文学遗产》发表了马恩致斐·拉萨尔、保·恩斯、玛·哈克奈斯、敏·考茨基的信，并首次出版了由乔治·卢卡契等辑注的比较系统的文艺论著集《马克思恩格斯论文学》。温儒敏的描述和苏联美学家卡冈的描述基本上是一致的。卡冈说，1922～1933年，第一次用俄文发表了恩格斯给敏·考茨基和玛·哈克奈斯的信，并再版了马克思和恩格斯就斐·拉萨尔的历史剧《弗兰茨·冯·济金根》给斐·拉萨尔的信……出版了把马克思、恩格斯、列宁论述艺术的言论和加以系统化的文集和选集。参见〔苏〕卡冈主编《马克思主义美学史》，北京大学出版社，1987，第125页。

者的身份，坚持"调和"论美学观。他说，"盖美者，调和之产物，而调和者，美之母也"，宇宙间一切美的品性，都是由"异样殊态相调和、相配称之间荡漾而出者"①。在《调和之法则》中，他说美味"皆由苦辛酸甜咸调和而成也"，美音"皆由宫商角徵羽调和而出也"，美色"皆由青黄赤白黑调和而显也"，美因缘"皆由男女两性调和而就也"②。显然，这是他对传统"中和"观的继承和借鉴，而且在表述这一思想时，李大钊还表现出浓郁的儒家论学方式，把他的"调和法则"应用到解决社会政治问题中来。他说调和就是美，宇宙间所有现象都是这样，"政治亦罔不如是"，"遵调和之道以进者，随处皆是生机，背调和之道以行者，随处皆是死路也"③。这让人想起孔子曾说《韶》"尽美矣，又尽善矣"，《武》"尽美矣，未尽善也"，表面说的是美和善，实质上却在传播他的道德观和政治观。

后来，李大钊接受了马克思主义思想。1919 年，他在《什么是新文学》一文中说，光是用白话做文章，介绍点新学说、新事实，叙述点新人物，罗列点新名词，都算不上新文学，真正的新文学是"以博爱心为基础的""为社会写实的文学"。李大钊初步运用马克思主义文艺思想，把是否"为社会写实"看作"新"文学的基本标准，这样就自然地从传统的"学以致用"文艺观转变为马克思主义的现实主义文艺观。由此可以看出两者的天然亲和与巧妙结合。

李大钊之后，一些共产党人如邓中夏、恽代英、萧楚女、沈泽民等，进一步地把"社会写实"发展为服务社会斗争，反映社会现实。萧楚女在《艺术与生活》中说，"在我们相信唯物主义的人，自然是以为所谓艺术就是'人生底表现和批评'"，"艺术不过和那些政治、法律、宗教、道德、风俗……一样，同是一种人类社会底文化，同是建筑在社会经济组织上的表层建筑物，同是随着人类底生活方式变迁而变迁的东西"④。萧楚女认为，艺术既然是社会现实中人的生活、斗争的"表现和批评"，那么艺术就属于社会的上层建筑；既然是社会的上层建筑，那么它就随着经济基础的变化而变化。这样，萧楚女就把马克思主义的社会存在和社会意识原理、经济基础和上层建筑的原理直接运用到对文化、艺术的批评之中。

---

① 李大钊：《调和之美》，《李大钊全集》（第 1 卷），人民出版社，2006，第 241 页。
② 李大钊：《调和之法则》，《李大钊全集》（第 2 卷），人民出版社，2006，第 26 页。
③ 李大钊：《调和之法则》，《李大钊全集》（第 2 卷），人民出版社，2006，第 26 页。
④ 王永生：《中国现代文论选》（第 3 册），贵州人民出版社，1984，第 226～227 页。

　　基于此，社会学原理成为文艺批判的基本框架。文艺理论家冯雪峰也认为，研究和探讨美学问题不能离开社会学。他说，"生活实践与艺术实践的一致，社会学与美学的一致，科学的理论的认识与诗的艺术的认识的一致"，这种一致的基础就是"社会的，历史的实践"①。他认为文艺研究除了要用社会学理论来观照以外，还要追随社会潮流，"不以向来的玄妙的术语在狭小的艺术范围内工夫所谓批评的不知所以然的文章，而依据社会潮流阐明作者思想与其作品的构成，并批判这社会潮流与作品倾向之真实否，等等，这才是马克思主义批评家的特质"②。这就否定了批评的艺术性原则，而把文艺作品等同于社会文献，等同于认识社会、变革社会的工具。

　　通过对马克思主义哲学、社会学和有限的文艺思想的借鉴，早期马克思主义者主要是在马克思主义哲学和社会学的领域来探讨艺术和美学。通过激烈的论争，他们主要收获了以下几个方面的认识③。

　　其一，文艺是现实生活的反映，是一种社会意识形态，最终由社会的经济基础决定。社会对文艺的要求以及文艺的社会作用也随着经济基础的变化而变化。

　　其二，文艺家要创作革命文艺，首先要有革命感情，要投入到现实的革命运动中去，更新世界观，成为革命阵营中的一员，文艺创作就是这种情感的表现。

　　其三，革命文艺的作用是激发人民的精神，鼓励人民奋斗，动员他们从事民族独立和民主革命斗争。因此，文艺的美要与社会有用性相统一，当两者不统一时，文艺作品的社会有用性比美更重要。

　　其四，文艺形式方面要为它所表达的内容服务。

　　以上成果决定了后来中国文艺批评和美学思想的基本走向与轮廓。到20世纪30年代，这些认识虽然经过瞿秋白、周扬等人进一步充实和发挥，但基本精神并没有改变。特别是在文艺的现实性上，"30年代的进步美学思想比20年代时更关心现实，更投身现实，从而提出了各种更带社会实践性的革命功利性美学理论"④。文艺和现实是何种关系成为文艺理论必须面对的根本问题，认识论美学就是在哲学的高度对此进行阐述。

---

①　陈辽、王臻中：《中国当代美学思想概观》，江苏教育出版社，1993，第58页。
②　冯雪峰：《社会的作家论》题引，《冯雪峰文集》（上），人民文学出版社，1981，第12页。
③　陈伟：《中国现代美学思想史纲》，上海人民出版社，1993，第199页。
④　陈伟：《中国现代美学思想史纲》，上海人民出版社，1993，第207页。

第二个阶段是认识论美学对哲学美学的清洗与批判。

既然马克思主义是在现实中来谈论艺术的，既然文艺的社会有用性比美更重要，那么原来那些专注于学理性、倾向于哲学思辨的美学就不合逻辑了。因为在主流意识形态看来，这些东西远离社会，甚至成为诱人堕落的毒物，因而应该同它们斗争，让它们从美学的殿堂里"滚出去"。

1937 年，梁实秋发表了《文学的美》一文，他认为音乐和绘画主要是审美的，而文学则主要不是审美的。他说："文学与图画音乐雕刻建筑等等不能说没有关系，亦不能说没有类似之点，但是我们也要注意到各个型类间的异点，我们要知道美学的原则往往可以应用到图画音乐，偏偏不能应用到文学上去。"① 初看起来，这个观点与他一贯坚持的超阶级人性论的文学立场相悖，但细究起来，他是从"纯粹美学"的角度来说这话的。在文章的开始，梁实秋十分清楚地表明观点说，艺术学属于哲学，它研究的对象是"美"，艺术学史就是"美"的哲学史；艺术学家的任务就是要分析快乐的内容，区分快乐的种类；而对于文学家来说，要研究的是文学应该不以快乐为最终目的；因此，文学批评要关注的是文学的伦理内容，而不是"美"。可见，梁实秋是继承了德国古典哲学的理念，把美学看成艺术哲学，认为艺术学研究的是快乐的内容与种类，而文学批评应该研究文学所涉及的内容，研究文学与人生的关系。所以他说，"我承认文学里面有美，因为有美所以文学才算是一种艺术，才能与别种艺术息息相通，但是美在文学里面只占一个次要的地位，因为文学虽是艺术，而不纯粹是艺术"②。在梁实秋看来，美就是"纯粹"的无功利的形式，但梁实秋对文学是寄予厚望的，他希望文学能给予人们以精神的关怀和人性的体悟，当然不能让文学成为"纯粹的艺术"。他从批评家的角度，要求我们不能对文学光讲"文笔犀利""词藻丰赡"，也不能只说"音节如何美意境如何妙"，还要判断"作者的意识是否正确，态度是否健全，描写是否真切"。他说，"批评家如忽略美学与心理学诚然是很大的缺憾，但是若忽略了理解人生所必需的最低限度的伦理学、政治学、社会学、经济学以及历史的智识，那当是更大的缺憾"③。至此，我们明白梁实秋之所以说"美不能应用到文学上"，并批评那种把文学看成"一刹那间的稍纵即逝的一种心理活动"，是为了捍卫文

---

① 梁实秋：《文学的美》，《梁实秋批评文集》，珠海出版社，1998，第 197 页。
② 梁实秋：《文学的美》，《梁实秋批评文集》，珠海出版社，1998，第 207 页。
③ 梁实秋：《文学的美》，《梁实秋批评文集》，珠海出版社，1998，第 209 页。

学拯救人性的理想。

　　文学要与人生相关联，显然会受到革命功利主义文学的赞扬。1937年，周扬发表了《我们需要新的美学》一文，他说："梁先生在他的文章里所表现的文学的见解接近了现实主义。他明白指出了文学和人生的密切的关系，文学应该取材于实际人生……这是现实主义的文学见解。正是这种见解，这才使梁先生反对了美学的。"① 其实，这里面有着阴差阳错的关系。首先，梁实秋所说的文学与人生的关系，是指文学对人性的改造，是心灵性的，而不是革命文艺理论家所说的那种文学与现实社会的关系。其次，梁先生并没有反对美学，相反，他分清了审美与认识的界限。这一点从他所引用的罗斯金的例子中可以看出。他赞赏罗斯金把艺术欣赏过程分为美感和认识，并说罗斯金对于艺术的欣赏并不仅仅停留在美感经验上，而且还要趋向健全的道德认识，但他的门徒如王尔德等人"只承袭了他对于艺术的爱好而没有接受他的学说之道德的严肃"②。显然，周扬并没弄清楚梁实秋的真正意图，认为他虽然指出了文学应该取材实际人生，却没能对"唯心主义色彩"的美学进行根本的批判。梁实秋是不可能做出这种批判的。

　　周扬在文章中所主张的，就是批判梁实秋所分离出来的那种哲学概念意义上的美学，因为那种美学不但与现实没有关系，而且还否定了文学的现实功用性。周扬说：

　　　　全部美学史几乎都是观念论的美学史。从最初起，柏拉图和普洛太奴斯（Plotinus）在寻求"美"的定义中就排除了特殊艺术作品的实质和意义，而在神圣的理念中发觉了美。观念论美学的大师，也可说是开山祖的康德认为美是从没有概念的地方产生的，是纯直观的东西，是对客观对象无所为而为地观赏所获得的一种快感。继他之后的重要的观念论美学家有释勒，黑格尔，叔本华，尼采。其中黑格尔最伟大。绝对观念论者的他，虽把美定义为理念的感性显示，但在他的精深广博的艺术见解中却留下了不少关于艺术和现实之关系的宝贵的唆示。意大利哲学家克罗齐在现代观念论美学中是最重要了，他主张美是直感认识的最高的形式，所以美的事实除了形式再没有别的甚至什么东西。③

---

① 周扬：《我们需要新的美学》，《周扬文集》（第一卷），人民文学出版社，1984，第212页。
② 梁实秋：《文学的美》，《梁实秋批评文集》，珠海出版社，1998，第209页。
③ 周扬：《我们需要新的美学》，《周扬文集》（第一卷），人民文学出版社，1984，第216页。

　　笔者之所以照录本段，是为了说明周扬对整个西方几千年美学几乎全盘否定。在周扬看来，第一，这些美学是观念的，观念的就是唯心的，就是与现实毫不相干的，因而应该打倒；第二，这些美学是形式的，形式就是空洞的，与内容相对的，而文学要反映的是火热的现实生活，所以应该批判。这两条与主流意识形态所推动的艺术观格格不入，因为它们不能正面回答艺术与现实的关系问题，掉进主观化、形式化、神秘化的泥淖，是"和现在资产者社会及其文化全体的没落和颓废相照应的"①，都是"旧美学"。

　　不仅西方美学是落后的"旧美学"，就是当时在哲学、心理学上用力最深，取得较大成就的朱光潜也需要批判。周扬对朱光潜的批判是从《文艺心理学》开始的。首先，他批评了朱光潜像其他观念论美学一样，"以人类先天的美的感情为对象，将艺术当作非社会的，心理的现象来处理"②。周扬认为，艺术品和人的主观审美力都不是天生的，不是本来就有的，而是从人类的实践的过程中产生的。其次，他还批评的了朱光潜的"形相直觉"论。他说"朱先生用'形相的直觉'来说明艺术创作的本质，这和我们所主张的艺术的反映论是正相反对的"，因为形相是客观存在的，是作者的意识对现实忠实反映的产物，怎么可能用情趣直觉呢？"艺术家应当深入人生，和现实生活所得深深的融合；他不应当旁观，不能够超脱；他必须和同时代的多数民众一同喜怒哀乐和历史的发展的走向息息相关"③。

　　周扬对朱光潜的批判否定了美的情感性和直观性。周扬承认文艺与情感相关，但他要追究的是情感的来源。他认为情感不是天上掉下来的，而是来源于现实，来源于生活实践，因此，对于美的考察就只有从现实生活出发，而不能从情感出发。同样，直观是不需要抽象思维、不需意志和欲念、不问事物的效用和意义的。如果这样的话，艺术家怎么能够反映现实，怎么能够观察研究现实呢？

　　所以，周扬认为我们要以马克思和恩格斯的美学见解为基础，"沿着唯物论的线索"，彻底克服旧美学，"努力于新的美学理论的建立"。新的美学不但要从根底上批判旧美学，否定它的观念论内容，"连那名称也该改变"，"新的美学的正当的名称应当是艺术学"，让美学和批评紧紧结合起来，使

---

① 周扬：《我们需要新的美学》，《周扬文集》（第一卷），人民文学出版社，1984，第216页。
② 周扬：《我们需要新的美学》，《周扬文集》（第一卷），人民文学出版社，1984，第216页。
③ 周扬：《我们需要新的美学》，《周扬文集》（第一卷），人民文学出版社，1984，第221页。

它成为一种堪称科学的文艺学①。事实上，周扬的观点决定了现代中国美学的思维走向。

周扬的逻辑十分清晰："新美学"之"新"，就在于它不再对抽象的美进行研究，否则就会落入观念论，就成为唯心主义，成为与现实分隔的观念性的东西了。因而"新美学"把视野转向文艺，转向文艺的现实性，在遵循唯物主义原则的基础上，研究文艺与现实之间反映与被反映的关系。

在第三个阶段，蔡仪撰写《新艺术论》，"自下而上"把文艺与现实关系这一核心问题，放置到马克思主义哲学的辩证唯物主义认识论的框架里来解释，成为认识论美学的雏形。

《新艺术论》的主旨一言以蔽之，就是在马克思主义这种新的哲学观的指导下，来论证艺术同现实的反映与被反映关系。

周扬在《我们需要新的美学》中批判的是美学上的观念论，蔡仪进一步对观念论"追击"，从哲学的高度清除唯心主义认识论，为辩证唯物主义认识论开拓通途。蔡仪是从意识入手的，他把认识看作意识的活动。现在要探究的是，这种活动"是意识的自我自足的行为呢？还是需要其他的东西做对象的行为呢？"② 这是问题的核心。如果把意识本身看作自足独立的，那就是天赋观念论，是先验论。如果不把意识看作自足的，而是与意识对象即外在世界紧密相关，受物质世界的制约，那么就是唯物论。

显然，意识本身是不是独立的问题，涉及思维和存在何者为第一性这一基本的哲学问题，也即唯物与唯心的问题。这个问题列宁称之为"党性"问题。列宁说："最新的哲学像在 2000 年前一样，也是有党性的。唯物主义和唯心主义按实质来说，是两个斗争的党派。"③ 蔡仪在《新艺术论》的开始就把哲学的党性问题摆在首位，基本确立了其《新艺术论》的基调和走向，即坚持马克思、列宁主义的思想路线，在马列主义哲学体系内阐述无产阶级的文艺观。

无产阶级文艺观的核心问题是艺术与现实的关系问题，而马列主义哲学的基本问题又是思维与存在、主体与客体、意识与物质何者为第一性的问题。可以看出，两者其实有着一种天然的对应关系，那就是只要把文艺

① 周扬：《我们需要新的美学》，《周扬文集》（第一卷），人民文学出版社，1984，第 224 ~ 225 页。
② 蔡仪：《新艺术论》，《美学论著初编》（上），上海文艺出版社，1982，第 26 页。
③ 列宁：《唯物主义和经验批判主义》，《列宁选集》（第二卷），人民出版社，2004，第 240 页。

看作认识，就能轻易地把艺术与现实的关系问题看作哲学上思维与存在的关系问题，这样一来，艺术问题也就上升为哲学的基本问题。蔡仪所要做的就是论证艺术是不是认识，是怎样一种认识。

艺术是不是认识呢？这可以分别从认识是什么以及艺术是什么看出。蔡仪说，认识"就是一种意识的作用，或者说是一种精神的作用"①，而"艺术创作是我们的一种意识活动，艺术品便是这种意识活动的成果，这是不成问题的"②。在蔡仪看来，既然认识是意识的活动，而艺术也是意识的活动，那么艺术就理所当然的是认识。这样，蔡仪以"意识"为中介把艺术和认识联系起来，初步得出"艺术是一种认识"这样的结论。

但艺术是一种怎样的认识呢？这需要辨析认识的特质。

蔡仪认为，在历史上，对于认识有唯心与唯物两种截然相反的看法。唯心主义把认识看作主观意识自身的活动。它主要包括三种观点：一种认为认识根源于宇宙间的绝对精神，如柏拉图、笛卡儿、莱布尼茨直到近代的观念论大师黑格尔，他们否定或轻视现实世界，把抽象的理念作为真实存在的东西；第二种是休谟和康德的不可知论，他们割裂感觉与外物的关系，把感觉本身看作是自足的；第三种是把外在世界当成是主观意识建构的结果。这三种都是观念论，其根本的错误就是否定认识根源于客观现实。

唯物主义认识论又可分为机械唯物主义认识论和辩证唯物主义认识论。前者把认识看成是被动的，和水中倒影、镜中之像是一样的，忽视了思维的作用，不理解实践在认识上的意义。辩证唯物主义认识论则认为，"认识是意识对于现实的反映，是能动的，而不是被动。水中的影，镜中的像，不是水和镜子对于外物的认识。换句话说，认识是主体的意识活动浸渍于客体，而使其服从主体的权力的过程"③。

辩证唯物主义认识论之所以是高级的，是因为它主要有三个特征：其一是承认客观物质世界是真实的、起决定性作用的，是第一性的；其二，作为认识的意识不是天生的，而是物质的反映；其三，意识与外物的作用是能动的，认识不是固定不变的，而是随着客观现实的发展由低级到高级，由感性到理性辩证发展的。

可见，根据辩证唯物主义认识论原理，认识就是对现实的认识，而不

①　蔡仪：《新艺术论》，《美学论著初编》（上），上海文艺出版社，1982，第25~26页。
②　蔡仪：《新艺术论》，《美学论著初编》（上），上海文艺出版社，1982，第32页。
③　蔡仪：《新艺术论》，《美学论著初编》（上），上海文艺出版社，1982，第30页。

是对什么理念、精神、上帝的领会。而艺术也是一种认识，那么艺术只能是对现实的认识，所以蔡仪最终得出结论说："艺术是现实的一种认识。"[1]据此，蔡仪严厉地批判了那些没有把艺术看作是对现实认识的所有艺术理论。他接着说，有许多艺术家把艺术看作是灵感的赐予，是幻想的成果，否认了艺术和现实的关系、和时代环境的关系，否定了艺术的人生价值，从而产生了"唯美主义"和"为艺术而艺术"的见解。还有一种，从潜意识的角度来解释艺术，把艺术看成是白日梦，看成是被压在潜意识里的生命力的表现。这一种虽然曲折地肯定了意识与现实的关系，却没有把艺术看成是对现实的认识，从而产生了文学上的超现实主义。他们要么犯了哲学上观念论的错误，要么是从人的动物性来解释艺术，忽略了艺术是对现实的直接性反映，因此是"错误的"或者"牵强附会"。

至此，蔡仪在批判中建立起"艺术是人类对客观现实的一种认识"这样的命题，这是他《新艺术论》前两章的主要内容。在接下来的六章里，蔡仪主要围绕这一命题，阐述了艺术是怎样反映现实以及在这种认识、反映关系中艺术的相关属性有何特征。

这样，蔡仪把自革命文学产生以来最终形成的无产阶级文艺观，以艺术与现实关系问题为基点，升格到马克思主义哲学的高度，嵌入辩证唯物主义认识论的框架中，开启了认识论美学的基本格局，同时也为美学进入主流意识形态找到通道。此后，美学的论争与发展只能在主流意识形态的祭坛上，寻找政治之"势"与学理之"道"的艰难平衡。

第二节　在哲学认识论的框架里

周扬为让美学能够在现实层面上介入艺术批评，要求必须对旧美学进行改造，使之从哲学思辨的层面降格为艺术批评，甚至连名称也要改成更为直观的艺术学或文艺学。但是，蔡仪在写完《新艺术论》后发现，单以文艺为研究对象的艺术学也存在问题。

首先，艺术学不能代替美学。蔡仪说，对于"数十年乃至百余年来种种否定美学而主张艺术学的论调，该如何理解？""所谓'艺术哲学'或

---

[1]　蔡仪：《新艺术论》，《美学论著初编》（上），上海文艺出版社，1982，第38页。

'艺术科学'，所谓'艺术心理学'或'艺术社会学'等，我以为它们都不能代替美学，也不能由此而否定美学"，那这些以艺术为对象的艺术学，何尝又不是借用美学的言论作为判断根据。旧美学的错误不在于美学本身，而在于它"没有正确理解美的本质或美的法则"，所以新美学并不是要否定美学的哲学思辨方式，而是要对美的本质或美的法则作新的探索①。由此可以看出，蔡仪在对美学学科认识方面表现出冷静、客观和科学的态度。

其次，艺术学也有缺陷。虽然艺术学把艺术作为研究对象，避免了以虚无的美为对象而导致的观念论美学和主观性态度，但是艺术毕竟是"通过人们的意识而创造的"，那些以社会学、人类学和进化论来研究艺术的方法虽然是客观的，但得出的"艺术冲动"的结论却仍然落脚在意识上。也就是说他们也"陷落在主观的美学的同样的陷阱里，这就是单以艺术为研究对象的致命弱点"②。

蔡仪感觉到艺术学对于"美"的无能为力。另外，以艺术为美学的出发点，最终还是到达人的意识，美学面对意识仍然有陷入主观主义的危险。因此美学有必要再以哲学话语为武器，先对旧有的美学方法、美学观念和美学思想进行彻底清理，然后另起炉灶，重新建立起一个完全不同于"旧"美学的"新美学"。因此，在《新艺术论》完成不久，蔡仪就着手写作《新美学》。《新美学》成为中国认识论美学体系的真正开端。

一 蔡仪美学思想方法

蔡仪依据辩证唯物主义认识论，为"新美学"确立了两个基本任务和三个研究对象。两个基本任务是一边批判"旧美学"和同时展开"新美学"。三个研究对象分别是作为认识客体的"美"、作为认识主体的"美感"和作为认识成果的"艺术"。

蔡仪从批判传统的美学方法开始，在确立起"新美学"的研究方法以后，逐一指出历史上对美的对象、美感和艺术等方面研究的误区，渐次展开"新美学"的基本思想。全书内容充满战斗的力量，蔡仪依据马克思主义唯物论哲学，运用哲学中的观念与现实关系的原理，忽略"美自身"的特殊性，全面批判和否定了传统美学思想和美学方法。

---

① 蔡仪：《美学论著初编》（上），上海文艺出版社，1982，第10页。
② 蔡仪：《美学论著初编》（上），上海文艺出版社，1982，第197页。

（一）对传统美学方法的全面否定

新理论的开拓源自方法的转换。蔡仪站在辩证唯物主义认识论的高度上宣称，200多年来的西方美学"还在彷徨歧路，误入迷途，美学的最主要的对象不但没有认清，而且为多数哲学家及美学家所疏忽；美学的最根本问题不但没有解决，而且为多数哲学家及美学家所混淆。这种情形发生的原因，不用说是非常复杂的，但是总括起来，我们可以说是方法的错误"[①]。纵观西方美学史，美学的研究途径主要分为形而上学、心理学和客观艺术学三种，分别对应着形而上学美学、心理学美学和艺术哲学。蔡仪认为，这些美学方法坚持的都是主观路线，导致了西方美学研究的全面失败。

蔡仪说，形而上学美学是由形而上学哲学思想演绎出来的，具有浓重的哲学思辨气息。既是思辨，自然就离不开概念，而概念又是抽象的，脱离现实世界的，因而形而上学派就很容易把主观意识看作宇宙的根源，由这一派哲学推导出来的美学也就理所当然地认为美的现象根源于主观意识，而不是客观事物。既然是意识，那么通过对意识的反省，形而上学派美学把美的本质要么归结为感觉，要么归结为观念，要么归结为情感。但在蔡仪看来，这种感觉、观念和情感都已误入歧途。

由感觉去把握美的美学家很多，最具代表性的莫过于鲍姆加登。他把感觉看作低级的认识，认为美就是感觉的圆满，这与蔡仪的观点比较接近。但蔡仪认为，鲍姆加登所说的认识是低级的认识，低级的认识不能通向美，他说："单纯的感觉的认识不是高级的认识，而是低级的认识；不是本质的认识，而是现象的认识，所以一般人都认为感觉的认识是缺乏普遍妥当性的；可是美是相对的普遍妥当性的，故单纯的感觉不能认识美。"[②] 看来蔡仪把美不但当作认识，而且还是高级认识，他以文学作品为例，认为好的文学作品只有通过高级认识才能把握它的美。与此类似的还有直觉论。蔡仪认为，直觉不通过思考而直接认识事物的本质是不可能的，不通过思考的认识便是感性认识，而感性认识是不能认识事物的本质的，因而也无法认识美。

那么观念论呢？主观观念论不必多说，蔡仪会怎样看待客观观念论呢？我们知道，马克思主义哲学首先是唯物论哲学，所谓唯物论就是把思维和

---

① 蔡仪：《美学论著初编》（上），上海文艺出版社，1982，第185页。
② 蔡仪：《美学论著初编》（上），上海文艺出版社，1982，第187页。

意识看作由物质决定的。由此推之，美学上的观念论，不论是主观观念论还是客观观念论，都把物质与意识的决定与被决定关系弄反了。所以蔡仪说，"他们的认为美在于观念，则是因为他们的世界观的颠倒而颠倒了的，因此他们的论证的前提就是错误的"①。在蔡仪看来，柏拉图把理念作为世界的真实存在，认为大千世界缤纷多彩的美是切合了"多样和变化统一"的理念的结果，这是难以想象的，因为那些"变化统一""秩序""调和""均衡"等观念性东西，无论如何，都不能去规定那种不以人的意志为转移的客观存在的美。

情感也不是把握美的有效方法。所谓感情移入说，也是陷在主观论圈套之中。因为美的情感的发生也有其现实根源，由情感考察美，当然颠倒了主客关系。

总而言之，形而上学美学由感觉、观念和情感出发，把世界本质当成主观的或者观念性的东西，背离了唯物主义哲学的基本原则。美是客观存在的，是现实的东西，一切感觉、观念和情感都是外在世界刺激的结果。没有现实的美的存在，何来美的感觉、美的观念和美的情感？"新美学"就是从机械的唯物主义出发，把美看作客观的东西，从而把原来颠倒的东西再反转过来，以此去纠正几千年来西方美学"所犯的错误"。

至于心理学美学，它虽然抛弃了形而上学美学的思辨方法，自下而上地从心理经验出发，尊重经验事实的归纳。但在蔡仪看来还是与形而上学美学同陷一个误区，因为心理学研究的对象仍然是主观意识活动。心理学美学有两个流派，一个是偏重于美感意识活动的纯粹心理学派，一个是偏重于美的现象考察的实验派美学。纯粹心理学派主要由感觉和情感来考察美，把美归结为感性意识活动或者主观情感的移入，忽略了意志及理智对于美的重要作用，这难免又落入形而上学的老套。实验派美学虽然不像纯粹心理学派那样以美感的意识反省为主，注重用科学实验方法对美的现象进行归纳研究，但他们考察标准仍然是依据主观意识。比如要研究正方形美还是长方形美，他们采取问卷调查等方法的最终依据是大多数人的主观意见，这仍然是以人的主观意识为标准。另外，他们所拿来进行研究的对象，不可能是所有人都认可的美的现象，"因为毫无限制条件的绝对美的现

---

① 蔡仪：《美学论著初编》（上），上海文艺出版社，1982，第188页。

象，世间是不会存在的"①。实验派美学不去研究客观存在的美的属性，却南辕北辙的以主体意识为对象，最终还是滑入形而上学或纯粹心理学的深渊。

客观论美学把艺术作为美的对象，承认艺术是美的具体呈现，是人们意识所创造的客观的美的事物，这比实验派美学所认定的美的现象更有普遍性，避免了形而上学美学和心理学美学的主观性。但是这一类美学对艺术的研究往往涉及艺术以外的领域，要么进入个体的心理形式，要么进入群体社会形式。前者走进上文所批判的主观心理意识的老路，而后者或从社会方面来研究艺术，称之为社会学美学；或偏重于研究艺术的原始形式、基本性质，这就是"人种学美学"；或以动物为参照，用进化论的观点来研究美感的形成，这是"进化论的美学"。但是，社会学美学，如提出人种、气候及时代著名三因素说的泰纳，从社会学的角度去考察艺术，只能算作艺术研究，而不是美学，因为他们讨论的是艺术的属性和艺术的条件，没有切入艺术的本质去考察。人类学美学也是如此。进化论美学，"除了分有社会学的美学及人种学的美学之缺点，且以其偏重于意识活动的考察，又不免有心理学的美学之缺点"②。

在蔡仪看来，不管是古代美学，还是近现代西方美学，不管是形而上学美学，还是心理学美学或艺术论美学，他们都失败了。究其原因，他们都从人的主观意识入手。虽然艺术论美学把艺术作为美的客观对象来研究，但它忽略了艺术也是人的意识创造的结果，最终还是在意识的漩涡里打转，这无疑是缘木求鱼。从意识入手来研究美之所以都失败，是因为意识不是第一性的东西，不是本源。马克思主义哲学告诉我们，世界是物质的，意识是精神性的东西，是第二性的。物质决定意识，存在决定思维。意识不是凭空而生的，它是人脑的机能，是物质的反映。所以，对于美的研究不应该从意识出发，感觉、情感和观念不能影响美，相反它们是由美决定的。因此，"新美学"就应该"由现实事物去考察美，去把握美的本质"，"美在于客观事物，那么由客观事物入手便是美学的唯一正确的途径"③。蔡仪用马克思主义哲学的唯物论轻易否定了西方所有的美学研究方法，包括哲学、心理学和艺术学，并且依据物质决定意识原理，做出了这样的推论：人既

① 蔡仪：《美学论著初编》（上），上海文艺出版社，1982，第192页。
② 蔡仪：《美学论著初编》（上），上海文艺出版社，1982，第196页。
③ 蔡仪：《美学论著初编》（上），上海文艺出版社，1982，第197页。

然能感受到美，那么必然有一个美的事实或美的属性；既然美是客观事实，那么美学就要分析研究这个事实。

（二）对传统美学思想的全面否定

克罗齐说，从希腊文明到意大利文艺复兴这样一个漫长的历史时期属于美学的史前阶段，这段时间内没有产生明确系统的美学思想，留下的只是一些彼此脱节毫无联系的美学碎片。直到 16 世纪末 17 世纪初，"主观主义"出现，哲学被当作精神的科学、现实被看作内在物的时候，美学才真正产生。克罗齐的意思是说，只有主观主义哲学出现，人们才开始关注心灵的世界。因为美学毕竟是心灵性的东西，只有通过哲学"开列人类心灵的清单"，我们才能看到美既是这个清单的一部分，又渗透在这个整体之中①。克罗齐概括了西方自近代以来美学的发展路线，即主观心灵性的哲学为美学的发展开辟了新的天地。这就避免了此前形而上学、宗教哲学把美引向理念、太一等神秘主义路线。人们正是通过对自我心灵构成中的逻辑认识和道德实践同诗、艺术或幻想之间的关系进行深入发掘，才真正开始接近了"美自身"。

然而，这一切恰恰成为蔡仪批判的对象。他说"旧美学"认为美是主观的，主要有两个共同点。第一，旧美学对于一切事物的考察，是脱离实践而专门从事对认识的反省。对美的考察也是如此，不管是"由上而下"地说明美，还是"由下而上"地说明美，都是由主观美感去考察美，而且不能超越美感去考察美。第二，"旧美学"局限于美感领域之内，没有突出美感的领域之外，不知道美和美感的不同，而将美和美感混淆起来，于是就否定了客观的美。蔡仪从辩证唯物主义哲学出发，全面批判了康德、黑格尔、克罗齐以及心理学美学的"移情说""内模仿说"等。

我们知道，康德以前的哲学是独断论，它总是一往无前，不能够深刻地检省自己，也从来没有对人的理性能力进行审问，没有去系统地考察认识的可能、范围和界限。到了康德那里，"他感到迫切地需要考察或批判人类理性，好像是审问理性，以便保障理性的正当要求，摈除无稽的要求"②，因此康德哲学就是对人类的心灵能力进行系统的批判。如果就哲学的党性

---

① 〔意〕克罗齐：《美学原理　美学纲要》，朱光潜等译，人民文学出版社，1983，第 243 ~ 244 页。

② 〔美〕梯利：《西方哲学史》，葛力译，商务印书馆，1995，第 433 页。

来看，当然属于唯心观念论哲学体系，在这种哲学体系下的美学也就是主观观念论美学。这样，康德的"主观论"成为蔡仪批判康德的出发点和落脚点。

蔡仪说，康德认为物必须具有适合心理机能的一个条件，才能使心感到美，"那么这里不一样地暴露了康德认为美是主观的这思想的矛盾吗？原来批判哲学者的康德，只认为我们所知道的仅是属于意识世界——主观世界，而真正的客观世界——事物本身的世界，是我们的意识所不能达到的，因此客观事物的美不美，不是我们所能认识的，这样说来，那么康德的美学思想上的矛盾，原是他整个哲学思想上的矛盾"①。康德把美感判断与名理判断区别开来，认为名理判断是以普遍概念为基础，是客观的，而美感判断是以个人的感觉为基础，是主观的。蔡仪认为这就是意识的二重性。意识是客观的，不存在主观判断，主观的意识其实是由客观的物质世界决定的，美感判断与概念判断是一致的，它们都是通过对客观对象的认识而做出的判断。

除此之外，蔡仪还批判了康德的自由美、依存美的区分。

自由美和依存美是康德最重要的美学思想之一，蕴含着深刻的美的奥秘。但是蔡仪说，康德认为有一种"没有概念"，不需要悟性来把握的自由美，同时又承认有一种依附一个概念，以概念为前提作为美的判断的依存美，这表现出康德由美感去考察美时，其美学思想体系的混乱。在蔡仪看来，美感是由现实的美决定的，是通过理性对美的现实属性的认识。康德却说有一种自由美，不需要悟性，与确定的概念无关，是想象力和悟性协和一致的心意状态下引起的愉快的感情，是不可思议的。蔡仪说："在美的鉴赏时，虽有因为不自觉的美的观念突然的满足而获得愉快，但决不会有不通过悟性而获得的美感。也就是说，如康德所谓没有概念而给予普遍的愉快的美，实际上是没有的，不丰富地具备着各类的普遍性的美，实际上是没有的。"② 美既然是认识，必须与一种确定的概念相关，而概念就是对美本质的抽象反映。

康德也有一种与概念相关的美，那就是依存美。但是康德所说的概念与蔡仪的概念完全不同。这里康德所说的概念是指"目的概念"，"这概念

① 蔡仪:《美学论著初编》（上），上海文艺出版社，1982，第218页。
② 蔡仪:《美学论著初编》（上），上海文艺出版社，1982，第241页。

规定着此物应当是什么"①，所谓"应当"即是与内在意志有关，它规定着对象合乎目的性的那种完善性，带有主观的成分。蔡仪说："原来他的所谓概念在本质上是纯粹主观的东西。但是在我们看来，概念是客观事物的普遍性在意识上的反映，是有客观基础的。"② 也就是说，蔡仪对康德美学思想的否定还是从主客观的绝对性出发的。所以蔡仪认为，在康德的依附美里面，也包含着可能正确的成分，即他把美看作以一个种类概念为前提，只是他把这个概念规定为主观的完满目的。如果他能从客观的对象方面出发，把种类概念看成个别事物所表现出来的那个种类的普遍特征就完全正确了。不过，如果真要像蔡仪所说的那样，哲学史里也许就没有康德的位置了，西方现代哲学可能会是另外一种形态。

自 1876 年德国心理学家、美学家费希纳在《美学导论》一书中提出"自下而上"的美学研究方法以来，心理学美学迅速占据西方美学的半壁江山。心理学美学将美学研究的主要对象从审美客体转向了审美主体，转向对审美经验的过程、内部机制的研究，开辟了用心理学的观察法、内省法及测量、统计等科学实验方法研究美学的新思路，迅速产生了诸如德国立普斯的"移情说"、谷鲁斯的"内模仿说"以及法国布洛的"心理距离说"等理论，促进了哲学美学对自己研究方法的重新审视。两者的结合为后来形形色色的现代西方美学如表现主义、直觉主义、存在主义、实用主义美学的发展奠定了基础。但是，从美学方法来说，蔡仪认为心理学美学从人的意识出发，把美感看作自足的东西来研究，犯了主观主义错误，因此他对以上诸学说进行了彻底的批判。

什么是"距离说"呢？朱光潜说："就我说，距离是'超脱'；就物说，距离是'孤立'。从前人称赞诗人往往说他'潇洒出尘'，说他'超然物表'，说他'脱尽人间烟火气'，这都是说他能把事物摆在某种'距离'以外去看。"③ 所谓"摆在距离以外"并不是实际的空间距离，而是心理距离，是指观赏者摒除了知性和欲念，不以科学的认识态度来认识对象，也不以实用占有的态度来看待对象。为什么能出现这种超脱呢？其根源还在于审美时的"忘我忘物"。忘我是因为我以"切身的情感"专注于物而"失落自我"；忘物是因为只专注物的形象，而不关心物的构成用途等，即朱光潜所

①　康德：《判断力批判》，邓晓芒译，人民出版社，2002，第 66 页。
②　蔡仪：《美学论著初编》（上），上海文艺出版社，1982，第 240～241 页。
③　《朱光潜美学文集》（第一卷），上海文艺出版社，1982，第 22 页。

说的"情感专注在物的形象上面，所以我忘其为我"①。可见，审美"距离说"揭示出审美主体和对象之间的一种"不即不离"的关系，这种关系即是情感与形象的关系。

其实，从情感与形象的关系方面，我们可以看到"距离说"与"移情说"的相似之处。移情是人的感情、情绪和观点投射到无生命的物体中，移情作用不但由我及物，有时也由物及我，是双方面的。"距离说"和"移情说"，都由主体的情感态度出发，最终落脚到审美主体与审美客体的物我交融状态。因此，蔡仪批判说"这种理论很显然是观念论的，是错误的"，我们承认心理状态可以影响到对于现在事物的态度，但是"无论一般的意识形态也好，一时的心理状态也好，又都是直接地为对象的事物之特性所引起的，或间接地为广泛的现实的影响所形成的。因此某种态度，固然也规定或者说限制事物的成为对象的方面，但从根柢来看，广泛的客观现实倒是决定处理事件的态度的"②。

蔡仪对心理学美学思想的批判同他批判心理学方法一样，认为心理现象作为意识现象，是客观世界的反映，而美感作为心理意识是主观的，它没有任何支配的力量，它只能是外物的反映，受存在的决定。主体的超脱态度、主体的情感力量最终都是人的意识，不会成为美的根源，揭开美的秘密只有从美的物质或美的事实开始。

蔡仪运用物质决定意识原理，除了批判西方传统的以康德为代表的哲学美学思想和以"距离说""移情说"为代表的心理学美学思想，他还同样批判了鲍姆加登、黑格尔、克罗齐以及卢那察尔斯基的美学思想体系，认为他们从美感入手来解决美学问题，又不能正确指出美感的根本来源，因而普遍犯了和其他人一样的错误。蔡仪对于西方传统美学思想的批判同他批判传统美学方法一样，是在辩证唯物主义决定论的哲学框架里进行的，这就自然而然地为其认识论美学扫清了障碍、铺平了道路。

（三）在认识论框架内建构美学

我们说过，蔡仪的《新艺术论》是他《新美学》的前奏和先声。他自己也说："当我写到最后一章，论证艺术的美就是具体形象的真理、也就是艺术的典型这个论点时，我的心情是颇为兴奋的。凭已有的一点美学史的

---

① 《朱光潜美学文集》（第一卷），上海文艺出版社，1982，第24页。
② 蔡仪：《美学论著初编》（上），上海文艺出版社，1982，第267页。

知识，想到这个论点还关系着广阔的理论领域，还需要作更充分的论证发挥，我也就感到应为此作出更大的努力。《新艺术论》完稿之后，我就开始考虑美学问题。"① 那么从《新艺术论》怎么过渡到《新美学》呢？这只需要通过认识论哲学这个"公式"，以"艺术典型论"为中介，把艺术和美换算一下就可以了：按照《新艺术论》的结论，艺术是对现实的认识，艺术美就是个别中显现着一般的典型。既然美是典型，而典型又是认识的结果，由此推出美就是认识。

把美看作认识，尽管是一种特殊的认识，但是美具备了认识的一般性特征，《新美学》也就成为关于美的认识论。为了更好地理解《新美学》的体系结构，笔者认为有必要简单分析一下认识论哲学的基本构成和思维方法。

认识论哲学是主客二分哲学思想的结果。在主客二分哲学观看来，人与世界万物是一种彼此外在的结构关系。主体凭借智慧和理性，通过认识客体的本质规律，驾驭客体，而成为世界中心；客体是主体的认识对象，只能在"我"之外。这样，"我"与世界既是一种对立关系，又有一种认识上的统一关系。但哲学并不以人与世界的分裂、对立为研究对象，而是要在主体和客体构成的认识关系中研究人与世界的联系和统一。因此，哲学全部问题就是关于认识的问题，认识的主体、认识的客体和认识的结果即真理性，也就成为哲学认识论的三个基本组成部分。在这个意义上，哲学就是认识论。有人说认识论哲学是在近代由培根、笛卡儿开启的，此说法并不准确。哲学认识论由两部分构成，一个要回答的是认识的来源、过程和认识结构等问题，这在哲学开始的时候就进行了；另一个是对认识结果的可靠性追问，这是在近代自培根和笛卡儿开创经验主义和理性主义哲学之后，才成为自觉的。而对认识结果的可靠性即真理性的追问，又必须详细考察认识的可能、来源、过程和结构。所以，准确的说法是哲学作为认识论在近代才走向自觉和完整。

马克思主义哲学由于坚持辩证唯物主义认识论，与以往的唯心主义认识论和机械唯物主义认识论划清了界限。马克思的"能动反映论"，后经恩格斯的阐发，得到进一步的丰富和发展。到了列宁时期，为批判当时流行的否定唯物论的马赫主义，列宁下大力气撰写了《唯物主义与经验批判主

---

① 蔡仪：《美学论著初编》（上），上海文艺出版社，1982，第10页。

义》一书，批判了马赫主义的"感觉复合论"思想，坚持并进一步阐发了马克思主义"能动反映论"思想①。列宁反映论思想大致包括以下三方面的内容。第一，认识的对象是不依赖于人的意识而客观存在，是第一性的东西。列宁说："唯物主义和自然科学完全一致，认为物质是第一性的东西，意识、思维、感觉是第二性的东西。"② 而马赫主义者却把感觉的要素当作第一存在，最终陷入唯心主义泥淖之中。第二，认识是对客观世界的反映。"我们的感觉、我们的意识只是外部世界的映象"，"没有被反映者，就不能有反映"③，感觉及认识都是外部刺激引起的，是现实世界作用于感官的结果。第三，认识并不是对恒定不变客体的一次性认识，而是一个辩证的过程，即主体与客体、意识与对象之间相互作用，循环往复而又不断上升的过程。因此，认识的真理是绝对性和相对性的统一。这三个方面充分体现了列宁认识论的完整性，不仅揭示了认识的对象、性质和过程，还进一步阐述了认识的真理性原理。

从扼要的描述中可以看出，哲学认识论的主要内容包括三个方面，即认识的客体方面的性质、认识的主体意识特征和认识结果。不同的认识论对这三个方面及其关系做出了根本不同的回答。蔡仪坚持辩证唯物主义认识论，从辩证唯物主义认识论原理出发，机械地把美看成是人认识的结果。他的《新美学》也主要是由"美论"、"美感论"和"艺术论"三个部分构成。在形式方面，他对美的理解完全服从于辩证唯物主义认识论的需要，美不再是美，而成为认识，美学原理也就成为认识论。

所以，蔡仪在批判了各种"旧美学"方法后，坚定地说："我认为美在于客观的现实事物，现实事物的美是美感的根源，也是艺术美的根源，因此，正确的美学途径是由现实事物去考察美，去把握美的本质。"④ 美为什么在于客观现实事物，蔡仪并没有论证，在他看来也无须论证。因为辩证唯物主义认识论原理告诉我们，物质世界是第一性的，意识是第二性的。

---

① 关于列宁的"反映论"思想与马克思的"能动反映论"思想的关系有不同意见。一种观点认为，列宁的反映论思想是直观的机械的反映论，是马克思能动反映论思想的倒退。另一种观点认为，列宁的反映论是对马克思能动反映论的坚持与发展。由于列宁写作《唯物主义与经验批判主义》是为了同当时修正马克思主义思想作斗争，以进一步捍卫和丰富马克思主义的辩证唯物主义，本书认为后一观点比较切合实际，故采纳此说。

② 《列宁选集》（第二卷），人民出版社，1995，第41页。

③ 《列宁选集》（第二卷），人民出版社，1995，第66页。

④ 蔡仪：《美学论著初编》（上），上海文艺出版社，1982，第197页。

有美感这种意识现象，当然就有客观存在的美。没有客观存在的美，何来美感意识？这是自明的，对美的研究也就必须从客观现实出发去考察。

那么美的事物何以会美，也就是说，这种事物之所以呈现出美的特征，其本质是什么？蔡仪说："美的东西就是典型的东西，就是个别之中显现着一般的东西；美的本质就是事物的典型性，就是个别之中显现着种类的一般。"① 这就是蔡仪关于美的著名的"典型说"。我们知道，显现一般的就是概念，说概念是美，当然不通情理，所以蔡仪对"典型说"的限制是，"通过个别事物的特殊性显现出一般"，完全显现种类一般而不具有任何个别性的事物是不存在的。辩证唯物主义认识论关于普遍和特殊，一般与个别的关系告诉我们：一般寓于个别之中，个别体现一般。蔡仪也是这样来证明的。

既然美是显现种类普遍性的典型，那么美感就不可能是对美的直接感觉，因为感觉不能反映事物的普遍性。为此，蔡仪引入了"美的观念"这一术语。蔡仪所说的"美的观念"其实就是概念。他说，概念是对事物普遍性的认识，它一方面构成判断、推理的基础，和智性结合着；另一方面由于概念是对表象的综合、概括和抽象，又和具体个别联系着。所以概念既是抽象的又是具象的，既是感性的又是智性的，既是综合的又是分析的，既是自觉的又是不自觉的。当概念倾向于感性、分析时，它就有具象性特点。这就是"美的观念"，不是旧美学家所说的那种源于最高理念或绝对精神的东西，而是根源于客观事物，"换句话说，它是客观事物的摹写，也就是对于现实的认识"②。这种来自于客观事物的"美的观念"构成主体的审美意识。当某一事物或某一艺术形象，能够体现出它所属的那个种类的普遍性时，我们心中的"美的观念"就会和该客观事物或艺术形象适合一致，从而产生一种精神上的愉快，这就是美感。简单地说，美感就是运用反映普遍性的"美的观念"这种意识，对"典型"进行认识而产生的精神满足。

美就是认识，就是对客观现实本质真理的认识。如果我们把这种认识的结果和规律拿来改造现实，来创造美，这就是艺术。蔡仪说："这种根据对客观现实的美的认识而创造的美的事物，便是艺术。"③ 在蔡仪看来，艺术就是美的生产和创造，它来源于人们对现实的典型性的认识。照此看来，

---

① 蔡仪：《美学论著初编》（上），上海文艺出版社，1982，第238页。
② 蔡仪：《美学论著初编》（上），上海文艺出版社，1982，第287页。
③ 蔡仪：《美学论著初编》（上），上海文艺出版社，1982，第354页。

毛崇杰所说的 "艺术美是蔡仪美学的逻辑起点"① 是不准确的。蔡仪的确是从《新艺术论》起步然后再写出《新美学》，但这只是他美学研究形式上的先后顺序。在蔡仪美学思想体系里，艺术美只是现实美的反映和结果，构不成逻辑起点。他的逻辑起点还是客观现实的美，这就是历史和逻辑的统一原则。

把艺术看作对客观现实美的认识的结果，那么艺术与现实的关系问题就顺理成章地等同于辩证唯物主义认识论的真理性问题。所谓认识的真理性是指认识的结果在何种程度上与客观现实相一致。艺术美根源于对现实美的认识，与认识的结果一样，面临着与现实美的关系问题，这就是艺术美的有效性问题，即蔡仪所讲的 "艺术美的主要决定条件" 问题。蔡仪认为，艺术美有两个主要决定条件：一是对象的典型性的深度，二是对象的典型化的强度。蔡仪的意思是，艺术美和现实美能够一致，是由典型性的深度和典型性的强度这两个条件来保证的。

先看第一个条件。我们知道，艺术美塑造的典型在现实中是找不到的，那怎么判定它就是对客观现实的美的反映？蔡仪说，艺术的典型性是现实的 "深度" 典型，它渗透在广泛的现实世界之中，是深刻的现实，而不是表面的现实。深刻现实就是现实的某种规律，是对现实各种现象研究认识的结果，艺术美只有符合这种规律，才能达到典型的深度性。从根本上来说，艺术的典型反映的是现实的本质和规律。

但本质规律本身还不能直接构成美，需要第二个条件即典型化。典型化是就作者处理对象的手段而言。有意思的是，蔡仪所说的典型化并不是艺术手段，而是认识手段，是进一步分析认识，对典型进行强化的阶段。蔡仪说，对典型性进行强化，一方面依据这个典型，进一步概括同种类中与这个典型相关联的其他属性，使之都从属于、集中于这个典型；另一方面将那些非典型的及和典型无关的或不一致的属性条件舍去，构成一个完整的典型形象。但这个典型形象还不是艺术作品，只是一个美的意象。把美的意象转化为艺术作品还要经过一个表现过程。同样，蔡仪所说的表现不是艺术表现，而是指对这个美的意象再进一步充分地认识。他说，在表现过程中再进一步强化，要尽量表现出典型性及和典型性有关的属性条件，

① 毛崇杰：《蔡仪美学的方法论问题》，载《蔡仪美学思想研究》，中国展望出版社，1986，第60页。

把非典型的及和典型无关的或不一致的都尽量舍去，以保证典型性的鲜明和突出，并且达到相当的强度。这样艺术美才完成。

二　偏离“美”的美学讨论

把美放在认识论哲学框架里来解释，就决定了这种美学体系必然有着不可克服的天然缺陷。受主流意识形态制约，人们虽然感到某种缺陷，但又不可能从根本上做出突破，斗争、冲突和争执也就在所难免。有人说“如果没有蔡仪，中国美学界就不会这样热闹”[1]。这话只说出了事情的表面现象，就其实质来说，把它改成“如果不从主流意识形态的角度，把主观或客观视为政治态度或立场问题，中国美学界也就不会争论那么热闹”更符合实际。蔡仪美学理论的确是引发论争的导火索，但论题的起点和终点始终不是美学问题，而是哲学上主观与客观、唯心与唯物的划界问题。陈望衡说，这场讨论的性质是“马克思主义与非马克思主义在学术文化领域争夺阵地的大讨论”[2]。也就是说，看似热烈的美学讨论，实质却成了意识形态斗争的问题，成了政治立场的问题。没有人能够完全摘掉“有色眼镜”，真正拿起科学研究的“放大镜”或“显微镜”去照一照美到底是什么，当然也就不可能毫无顾忌地沿着“美自身”的路向开掘前进，深入美的堂奥！

在这种情势下，美学话语的“美学意义”开始“退隐”，主流意识形态的指向被强化，认识论美学研究处在一种张力之中，即话语应有的美学意义与话语的实际指向构成尖锐冲突。在这种冲突结构中，大家都在努力谋求美学意义和哲学主客观指向的巧妙平衡。其实，美的特殊性决定了这个平衡点的微妙性，甚至这个平衡点根本不可能存在，在任何一端增加砝码，都会导致另一端的倾斜，这就导致现代中国美学学理阐述的深层困境。

中国现代美学话语“美学意义”的“退隐”是从对朱光潜的批判开始的。早在1948年，蔡仪就说朱光潜是“以旧的士大夫的底子，而加上洋化的镀金”，他所介绍的“形象直觉呀，移情作用呀，什么的什么呀”，都是为了表达他的“中国封建士大夫的旧的理论，超脱啦，豁达啦，趣味啦等等”思想；他反对现实主义，主张艺术和实际人生要有距离，认为帝国主

---

[1]　转引自毛崇杰《蔡仪美学的方法论问题》，载《蔡仪美学思想研究》，中国展望出版社，1986，第56页。

[2]　陈望衡：《20世纪中国美学本体论问题》，武汉大学出版社，2007，第231页。

义阶段的现代西洋艺术是进步的艺术，"于是中国的一切旧的，和西洋的一切新的，两者在朱光潜的意识里如此的结合一致，犹如中国的封建地主统治阶段和帝国主义者的能结合一致一样"①。蔡仪用阶级分析的方法去评判学术观点，直接把学术思想与政治意识形态挂钩，把学理批判等同于政治立场批判，必然导致美学话语中"美学意义"的退隐，这为中国现代美学发展奠定基调，铺设轨道。

1956 年黄药眠撰写长文《论食利者的美学——朱光潜美学思想批判》，在逐一检视朱光潜的"形相直觉说""心理距离说""移情说""忘我""灵感"等美学观点之后，得出了"朱光潜的全部著作也都是贯穿着唯心论的精神"的结论。那么朱光潜的唯心主义根源在哪里？黄药眠最后分析说，朱光潜不仅受到 20 世纪西方曾经流行的极端反动哲学和美学思想的影响，还深受中国古代唯心主义美学理论的影响，他的理论"是欧洲的反动的资产阶级的学说和中国士大夫的玄学的混血儿"。因此，"朱光潜的整个美学思想体系，是敌视中国劳动人民的、反动的、剥削者的美学思想体系"②。黄药眠的批判可以看作是蔡仪批判方式的延续，它成为五六十年代的美学讨论的主要基调。尽管这种批判就像朱光潜自我检讨时所说的，只是为了澄清思想，不是为了整人③，但其用主流意识形态批判来代替学理讨论，不能不促使美学意义的退隐和遮蔽。

不久，朱光潜就发表了《我的文艺思想的反动性》，开始从政治批判的视角反省自己的美学思想。他说，我先前的美学研究没能站在唯物主义立场上，没能采取人民的态度，因而"是从根本上错起的"，"主观唯心论根本否认物质世界，把物质世界说成意识和思想活动的产品，夸大'自我'，并且维护宗教的神权信仰，所以表现在文艺方面，它必然是反现实主义的，也必然是反社会、反人民的"④。把美学研究同哲学认识论中的唯物与唯心关联起来，又把唯心、唯物与阶级立场和对国家态度关联起来，认为唯心的就是反社会、反人民的，唯物就是先进的人民的立场——20 世纪五六十年代的那场美学论争就是在这种美学"制度"下展开的。

美学史家把那场论争概括为四个流派，即以蔡仪为代表的客观派，以

---

① 蔡仪：《美学论著初编》（上），上海文艺出版社，1982，第 442 ~ 446 页。
② 四川省社会科学院文学研究所编《中国当代美学论文选》（第一集），1984，第 52 ~ 99 页。
③ 《朱光潜美学文集》（第一卷），上海文艺出版社，1983，第 11 页。
④ 《朱光潜美学文集》（第三卷），上海文艺出版社，1983，第 4 页。

吕荧、高尔泰为代表的主观派，以朱光潜为代表的主客观统一派和以李泽厚为代表的客观性与社会性统一派。这种描述虽然清晰地反映出当时参加美学论争各家的基本观点，但掩盖了论争的实质。从根本看来，所谓四大派，其实就是一派，即必须从"美根源于客观性的东西"这一前提出发，只不过是他们所找到的"客观的东西"各不相同罢了。有的认为客观就是客观事物，有的认为客观就是"美的观念"，有的认为客观就是社会生活，还有的认为客观就是"物的形象"。为了宣布自己立场的正确性，指责对方的错误，大家都在美的旗帜下寻找那个所谓"客观的东西"，而不是"什么是美"。这就是大讨论的实质。

（一）客观事物论

客观性最直接的理解当然就是看得见、摸得着的客观事物。但大千世界，此物美，而彼物不美，此物有时觉得美，有时又感觉不到它的美。显然，要把美直接指示为一个美的东西与常理不通，于是就像上文所论述的那样，蔡仪根据认识论原理，发展出了"典型论"，认为美就是"个别中显示出种类的一般"。蔡仪就成为"客观事物论"的代表。

蔡仪的美学思想遭到一致批判，但他并不像朱光潜那样依据别人的批评去合理地修改自己，而是坚信自己既然完全站在马克思主义立场上，就不会有任何错误。他在根据 1956～1957 年清华、北大讲课提纲改写的论文中说："我们认为一切客观事物的美，只能在于客观事物本身，不在于欣赏者的主观意识或其他影响。自然事物的美即在于自然事物本身，是和自然事物的形状、颜色或其光泽等分不开的；社会事物的美也在于社会事物本身，是和社会事物的属性、条件或其形式等分不开的；而艺术品的美也在于艺术品本身，也是和艺术品形成的实际条件及其形象分不开的。也就是说，一切客观事物的美，都不在于欣赏者的主观意识或其他影响，这是我们可以肯定的。"①

蔡仪之所以如此坚决地肯定自己的观点，是因为他完全把美学问题当成哲学的反映论问题，丝毫没有顾及美的特殊性。他在回应吕荧的批评时说，哲学上的唯物论认为，客观存在不依赖于我们的意识，我们的意识则反映客观存在；唯心主义否认我们意识之外有客观存在，也就不会承认我们的意识是客观现实的反映。否定意识之外有客观现实存在的唯心主义，

---

① 《蔡仪文集》（第三卷），中国文联出版社，2002，第127页。

就必然否认意识之外有客观事物的美，从而把美当作是主观的而不是客观的。相反，那种认为美是客观的，不是主观的，就是承认了意识之外的客观事物本身的美，从而也就是承认了意识之外还有客观事物的存在，这就是唯物主义。"因此承认美是客观的，承认客观事物本身的美，承认美的观念是客观事物的反映，就是和唯物主义一致，而这种论点就是唯物主义美学的根本论点。反之认为美是主观的，不是客观的，否认客观事物本身的美，也否认美的观念是客观事物的美的反映，就是和唯心主义一致，而这种论点就是唯心主义美学的根本论点"①。在蔡仪看来，哲学上唯物与唯心的斗争、物质与意识的关系、反映与被反映原理已经解决好所有问题，当然包括美学问题。既然有美这种现象，当然就有美这种本质，既然有美这种意识，当然就有美这个实体。这种由唯物主义哲学公式推导出来的美学公式，反过来肯定会与唯物主义哲学丝丝入扣。

（二）客观社会论

蔡仪承认美的观念，认为美的观念就是对美的事物的直接反映，美感是美的观念与美的事物适合一致时的精神快感。这种谨慎机械地迎合唯物主义的美学思想由于没能正视审美主体的心理、情感，在解释美时难免显得力不从心，漏洞百出。大家试图去寻找一个既能保证其思想出发点的客观性，又尽可能有效地顾及审美主体精神世界的"东西"。这样一来，作为马克思主义哲学范畴的"社会存在"由于具有联系主观与客观的功能，为突破蔡仪开创的认识论美学范式的瓶颈（把唯物看作客观事物而和观念、感觉等绝对对立起来）提供了契机。可以说，在20世纪五六十年代美学讨论中，社会存在、社会生活成为继蔡仪"客观事物"之后的重要范畴和关键词，马克思主义关于社会存在理论，以及车尔尼雪夫斯基的"美是生活"论，自然成为美学论争中各家主要思想资源。

最先用社会生活来分析美的是吕荧。在写于1953的《美学问题》一文中，吕荧策略性地否定了蔡仪的客观事物论，为自己的"美是人的一种观念"论点张目。那么，说美是一种观念，而又不是蔡仪所说的那种反映论的观念，是不是把自己推入了唯心主义境地呢？请看吕荧的论述：

① 蔡仪：《批判吕荧的美是观念之说反马克思主义本质——论美学上的唯物主义与唯心主义的根本分歧》，《蔡仪文集》（第三卷），中国文联出版社，2002，第43～44页。

美是人的一种观念，而任何精神生活的观念，都是以现实生活为基础而形成的，都是社会的产物，社会的观念。"经济发展是社会生活底'物质基础'，它的内容，而法律——政治的和宗教——哲学的发展是这个内容底'思想形式'，它的'上层建筑'"，美的观念也是如此，在这一意义上，作为社会意识形态之一的美的观念，它是客观的存在的现象；但是是在一定的社会生活中的历史条件下的客观的存在的现象，并不是离开社会和生活的抽象的客观的存在的现象。所以，美的观念因时代、因社会、因人、因人的生活所决定的思想意识而不同。①

这一段表述的确比较混乱，但吕荧的基本思路还是清晰的。按作者注释，中间所引文字出自斯大林《无政府主义还是社会主义》，意思是社会经济是社会生活的主要内容，政治、宗教、法律和哲学只是社会生活的形式；前者是后者的物质基础。由此，作为社会意识形态之一的"美的观念"，必然也是以社会生活为基础，是社会生活的产物。"美的观念是社会生活的反映"，"社会生活不同了，美的观念也就不同了"。把"美的观念"看成社会生活的反映，要比蔡仪把"美的观念"看作美的事物的反映高明得多。吕荧是在两重意义上来论述"美的观念"是客观的。其一，"美的观念"是社会生活的反映，以现实生活为基础，其内容必然是客观的。其二，"美的观念"是社会生活现象之一，是社会意识形态之一，它本身就是一种客观存在的社会现象。这样一来，"美的观念"在吕荧那里具有双重功能：一方面，观念的来源及内容的客观性，保证了吕荧的唯物主义出发点；另一方面，观念性质毕竟是意识，具有主观性，避免了蔡仪客观事物论的机械性。

吕荧通过对本来是主观的"美的观念"进行客观性界定，使之拥有了主客观双重身份。当需要表明立场态度时，他说"美的观念具有社会的历史的内容"，观念本身也是"客观存在的现象"②，所以是唯物的。而在对美进行分析时又说"美是物在人的主观中的反映，是一种观念"。"凡是合于人的生活概念的东西，能够丰富提高人的生活，增进人的幸福的东西，就是美的东西"。"美不是超然的独立的存在，也不是物的属性。美和善一样，

① 四川省社会科学院文学研究所编《中国当代美学论文选》（第一集），1984，第5页。
② 吕荧：《美是什么》，《吕荧文艺美学论集》，上海文艺出版社，1984，第402~403页。

是社会的观念"。① 最终，吕荧把美定义为一种观念性的主观判断。总的看来，吕荧是坚持把美看成一种主观的东西，但是为了出发点的"正确"性，不得不把"美的观念"说成一种客观的东西。这种混乱的逻辑映射出当时中国美学研究的无奈。

吕荧把社会生活引入到美学研究之中，使人们看到美与社会生活的关系，也使人们看到社会生活在连接人与客观世界之间的深刻意义。社会生活是客观的，是马克思主义哲学的核心问题，这就从根本上解决了当时美学研究必须坚持客观论这一涉及政治立场的基本问题。同时，由于社会生活首先是人的生活，包含着人的情感、意识等主观性的东西，为有效地解释纷繁的美的现象打开通途。李泽厚正是游刃有余地应用这把双刃利器，发展出美是客观性与社会性统一的命题，而一跃成为中国美学论坛的霸主。

李泽厚不同于别人之处在于他从美感入手来研究美。他说："美是美感的客观现实基础，艺术形象是美学研究的主要对象，但尽管如此，我们的研究却要从最抽象的美感开始。"② 我们知道，美感是一个危险地带，从美感入手来研究美已被蔡仪等批判为反动的"旧美学"的研究方法，朱光潜那时还一直在自我反省并不时受到批判，李泽厚何以能有勇气说美感是美学研究的中心问题呢？这当然是因为李泽厚握有"社会生活"这把利剑。他创造性地提出了"美感矛盾二重性"原理，就像吕荧硬说"美的观念"是客观的一样，李泽把美感本身定义为是由客观社会生活内容构成的，解决了当时美学研究不能直接谈美感的难题，开始在纯粹客观论的基础上把美与人联系起来。

李泽厚所说的"美感矛盾二重性"是指，美感既有个人心理的主观直觉性，也有社会生活的客观功利性质，即主观直觉性和客观功利性的统一。他认为，以往的美学家刻意夸大了美感个人直觉性一面，宣扬超功利性、直觉性，或者把美限定在"孤立绝缘"和"个别事物"上面，或者把美感直观降低为某种动物式的本能，而忘记了人类的一切都是由社会生活决定的这个根本。美感是以个人的、主观的形式表现出来的，但这只是它的形式，在美感的背后有着深广的社会历史内容。他说："个人的超功利非实用的美感直觉本身中，就已包涵了人类社会生活的功利的实用的内容，只是

---

① 吕荧：《美学问题——兼评蔡仪教授的〈新美学〉》，《吕荧文艺美学论集》，上海文艺出版社，1984，第436页。

② 李泽厚：《论美感、美和艺术》，《美学论集》，上海文艺出版社，1980，第2页。

对于个人来说，这种内容常不能察觉而是潜移默化地形成和浸进到主观直觉中去了。"① 因此，不能像朱光潜、克罗齐那样，把美感只归结为生理学上的观念，还应该注意到美感的社会时代内容。美感的社会时代内容起着基础性的决定作用，个人的、主观的心理活动只是美感的表现形式，它客观地、必然地受制于时代和社会。

那么美感社会性到底指什么呢？李泽厚说，马克思主义奠基人对美感的社会本质曾做出深刻的指示：人类在改造世界的同时也改造了自己，人类灵敏的五官感觉都是在社会生活实践和斗争中不断地发展、精细起来的，使它们由一种生理器官发展为人类所独有的"文化器官"。马克思说，"对于非音乐的耳朵，最美的音乐也没有任何的意义"。显然，李泽厚是用马克思关于人的社会性论断来解释美感的。李泽厚认为，人是生物性存在与社会性存在的统一，以往的主观唯心主义美学只从人的生物性方面来解释美，诸如"移情说""内模仿说"都没有看到美感中的社会性因素。美感是人类在长期的社会生活中发展起来的，超越那种生理感官的社会文化体系，属于社会意识形态和上层建筑的一部分。这就是美感的社会性。美感是由人类所创造的社会文化决定的，是社会生活环境教化和熏陶的结果，它必然受制于特定的社会和时代。既然受制于时代，是意识形态的一部分，那么美感就像道德观念一样也具有阶级性，它符合并服务于一定时代的阶级集团的利益。美感反映出来是特定时代的社会生活，因此具有客观的社会功利性。

美的社会性又是什么呢？李泽厚同蔡仪一样，认为美是客观存在的，但他不像蔡仪那样把美看成是客观事物的自然属性。他说："美是客观存在，但它不是一种自然属性或自然现象、自然规律，而是一种人类社会生活的属性、现象、规律。它客观地存在于人类社会生活之中，它是人类社会生活的产物。"② 李泽厚所说的美的社会性，指的就是社会生活本身，这是他用辩证唯物论改造车尔尼雪夫斯基"生活"概念的结果。李泽厚认为，车尔尼雪夫斯基肯定了美是人类社会生活本身，是"旧美学"中最接近马克思主义美学的观点，但由于车尔尼雪夫斯基的"生活"仍然是一个空洞抽象的概念，它不包含丰富、具体的社会历史内容，因而不能回答生活的

---

① 李泽厚：《论美感、美和艺术》，《美学论集》，上海文艺出版社，1980，第 11 页。
② 李泽厚：《论美感、美和艺术》，《美学论集》，上海文艺出版社，1980，第 25 页。

具体内容是什么。李泽厚说：

> 社会生活，照马克思主义的理解，就是生产斗争和阶级斗争的社会实践。人们的一切思想、情感都是围绕着、反映着和服务于这样一种实践斗争而活动着，而形成起来或消亡下去。人类社会在这样一种革命的实践斗争中不断地蓬蓬勃勃地向前发展着、丰富着，这也就是社会生活的本质、规律和理想（即客观的发展前途）。美正是包含社会发展的本质、规律和理想而有着具体可感形态的现实生活现象，美是蕴藏着真正的社会深度和人生真理的生活形象（包括社会形象和自然形象）。[①]

这样，李泽厚把车尔尼雪夫斯基的"生活"改造成"具体丰富的生产斗争和社会实践"，使其内涵具有唯物主义性质，绝对保证了美的客观性前提。美的形象就是那种体现出社会发展的本质规律的生活现象，包含着人生和社会的真理。

李泽厚和蔡仪所使用的是同一公式，只不过由于各自的系数和算法不同，而导致最终结论的不同。蔡仪认为美是客观的，美的东西是体现出种类的一般，是典型；李泽厚也认为美是客观的，美就是那种能体现出社会发展的本质、规律和客观发展前途的生活现象。蔡仪认为美是对客观事物的一般性的认识，李泽厚认为美是对社会本质的认识。蔡仪抓住辩证唯物论中的"唯物"二字，机械地在"物"上立论；李泽厚则牢牢抓住了"历史唯物主义"中的"历史"（社会）二字，在"社会"中开掘。所以大体说来，李泽厚只是把蔡仪美学思想体系中的"客观事物"换成了"社会生活"。本质相同，却要标举新意，李泽厚难免陷在困境之中。

由于主流意识形态的制约，那个时候的美学研究根本不敢正视美感。有较高哲学修养的李泽厚当然知道，如果美学研究不从美感入手，只能是隔靴搔痒。那么如何以美感为突破口，而又能坚持客观唯物主义路线呢？如果硬说美感本身是客观存在的，那就成为吕荧的观点；如果说美感的内容是客观反映的结果，那就变成蔡仪的"美的观念"说。李泽厚另起炉灶，通过"美感矛盾二重性"原理，阐发美感的社会客观功利性特征，来保证

---

① 李泽厚：《论美感、美和艺术》，《美学论集》，上海文艺出版社，1980，第30页。

其美学思想既能以美感为出发点，又能坚持客观唯物论的立场。

为避免吕荧的牵强和蔡仪的机械，李泽厚把美感的社会客观功利性看成一个独立单元，也就是说美感本身就是在社会生产和社会斗争发展起来的，是基于生理感官的客观文化系统。它不是反映社会生活的结果，而是社会生活的结果。美感不需要美就可以存在，我们可以把上文例子反过来说，没有美妙的音乐，那个"音乐性"耳朵也是客观存在的。可见，为保证美学思想出发点的客观性，李泽厚把美感与美绝对分裂开来：美可以不依赖美感而存在，美感也是不依赖美而存在。这就使李泽厚的美学思想陷入矛盾之中。一方面他说美感是美的反映，"美感是第二性的，派生的，主观的"①；另一方面，他又反复强调"不能把美的社会性与美感的社会性混同起来"②。既然美感是美的反映，那么美感就不具有独立性，美感的社会内容就应当与美的社会内容相一致，否则的话，审美怎样发生呢？当然，李泽厚强调两者不能混同，目的是说明美的社会性是客观的、基元的，美感是派生的、主观的。但这又和他所坚持的美感的社会客观功利性相冲突。当需要强调美感的社会功利性时，他说美感是客观的；当需要强调美是第一性时，又说美感是主观的。美感的矛盾二重性成为美感二重性的矛盾，难怪朱光潜在批判李泽厚关于自然美思想时，说李泽厚对于社会存在和社会性的理解是"非常模糊的、混乱的"③。

李泽厚希望从美感出发来研究美，可以看出他的深刻性与独特性。为了坚持客观唯物主义出发点，他不得不把美感割裂出来，认为美感本身具有客观社会功利性；为了走反映论路线，又不得不说美感是美的反映，说美是主观的，第二性的。这必然导致李泽厚美学思想的内在矛盾。因此，怎样把美感与美联系起来，成为李泽厚突破自己的关键。后来，他在马克思主义哲学中所找到的"实践"范畴，解决了美感与美的分裂问题，这就是实践论美学。尽管实践论美学还带有认识论的痕迹，但在内容和形式上均超越了此前的机械反映论美学，构成中国当代美学的独特形态（将在下文单列章节论述）。

---

① 李泽厚：《论美感、美和艺术》，《美学论集》，上海文艺出版社，1980，第 21 页。
② 李泽厚：《论美感、美和艺术》，《美学论集》，上海文艺出版社，1980，第 26 页。另外，他在《美的客观性和社会性》一文中也说，"决不能把美的社会性与美感的社会性混为一谈"，见《美学论集》第 60 页。
③ 《朱光潜美学文集》（第三卷），上海文艺出版社，1983，第 49～51 页。

（三）物的形象论

当美学研究方法被看作先进与落后、革命与反动的政治立场时，朱光潜不得不对自己早期美学思想进行校正和反省。但是朱光潜对美学有着独特的领悟，他不可能毫无原则地放弃先前美学思想中那些较为深刻的东西。1950 年，他在《关于美感问题》中就说："在无产阶级革命的今日，过去传统的学术思想是否都要全盘打到九层地狱中去呢？……蒸汽水电是资本社会的产物，在社会主义的社会里并不因此消失它们生产的效用；太阳光是红的，冰雪是冷的，原始社会奴隶社会以及封建社会和资本社会的人们都认为这些是真理，在社会主义的社会里也不因此失去它们的真实性。我想过去的许多美学原理也许有一部分是如此。"① 到了 1956 年，即使面对"主观唯心主义反动派的代表"这样严厉的批评和指责，他仍力排众议，在《美学怎样才能既是唯物的又是辩证的》一文中果断指出："在美学上划清唯心与唯物的界限已经不是一件容易事，即使唯心与唯物的界限果然划清了，也还不等于说就已解决了美学问题。"② 这种清醒，在当时把学术研究按照唯物、唯心进行政治立场列队的形势下的确难能可贵。因而，朱光潜要做的是首先把自己转到唯物的立场上来，坚持客观唯物论的出发点，然后再从美学的科学性出发，尽可能地捍卫甚至进一步发展他早期的美学成果。

为了坚持辩证唯物主义路线，朱光潜必须也像其他美学家那样，以马克思列宁主义的反映论原理作基本公式，但朱光潜看出把列宁的反映论原理直接应用到美学研究的缺陷和不足。于是，他首先批判了当时的美学家把两种反映——对客观事物属性的反映和美感反映——等量齐观的错误。他举例说，花是红的，这"红"是客观存在的花的一个属性，它通过视觉映射到脑海里，产生"红"的感觉，这感觉到的"红"就是花本身的那个"红"。美却不是客观事物的一种属性，"花的红"和"花的美"不是一回事。既然两者有分别，那么我们对于美的研究就应该先对艺术活动和美感作一点具体的分析，看看列宁反映论在多大程度上、在哪些方面适用于美。为此，朱光潜把美感活动分为两个阶段：第一个阶段是感觉阶段，就是感觉对于客观现实世界的反映；第二个阶段才是正式的美感阶段，是意识形

---

① 朱光潜：《关于美感问题》，《朱光潜全集》（第 10 卷），安徽教育出版社，1993，第 2 页。
② 《朱光潜美学文集》（第三卷），上海文艺出版社，1980，第 32 页。

态对于客观现实世界的反映。这两个阶段紧密相连，互相包含，但绝对不可混同。在做出这种分别后，朱光潜说：

> 列宁在《唯物主义与经验批判主义》里所揭示的反映论只适用于第一个阶段。在第一阶段，这个反映论肯定了物的客观存在和它对于意识的决定作用，这就替美学打下了唯物主义的基础。美学上的唯物主义与唯心主义的分别首先就在这个出发点上见出。……我过去跟着克罗齐所犯的错误也首先就在这个出发点上，让直觉吞并了感觉，与直觉同义的美感活动，就只能从没有感觉素材的心灵活动开始。这就是说，我宰割了第一个阶段。目前美学家们如蔡仪、李泽厚诸人却走到了另一极端，他们把只适用于第一阶段的反映论套用到第二个阶段，否定了意识形态的作用，实际上就是宰割了第二个阶段，即艺术之所以为艺术的阶段。①

由此可以看出，和早期相比，朱光潜此时发生了两个方面的转变。第一，美不是空穴来风，只有感觉接触到那些具有美的条件的客观事物，对其进行加工创造，才能形成"美学意义上的美"。这样，朱光潜就由先前纯粹的美感心理研究，转向偏重于美的来源的社会学研究。第二，美感经验的主要内容是社会意识形态，其次才是个人的生活经验，意识形态决定个人生活经验，又必然通过个人生活经验表现出来。于是，朱光潜由先前把美感看成个人心理的主观意识，转变到认为美感是属于上层建筑的社会意识形态。这两个转变是朱光潜寻求客观唯物论前提的结果，也正是在这两点上，朱光潜声称他的美学思想不仅是唯物，而且是辩证的，"比目前一般的美学家们前进了一步"。

在自信找到这种唯物主义基石之后，朱光潜从美的科学出发，批判了以蔡仪和洪毅然为代表的"见物不见人"的美学，也批判了李泽厚的社会决定美学观，指出美学研究要充分正视美感对于美的作用。他说"问题的关键在于美与美感的关系"，"我知道这是个危险地带，弄得不好就会落到唯心主义的泥淖里去。一谈到主观与客观的关系时，人们对于主观的东西

---

① 朱光潜：《论美是客观与主观的统一》，《朱光潜美学文集》（第三卷），上海文艺出版社，1980，第 59 页。

总是掩鼻而过之，大概也是存着这种戒心。但是主观作用的存在也还是一个客观的事实。我总觉得美感不能影响美的说法有些不圆满"①。

说美感影响美，潜台词就是说美是主观的，至少说美有主观的成分，否则的话，美何以能被具有主观性的美感影响呢。朱光潜一方面要坚持美的客观唯物主义前提，一方面又要正视具有主观性的美感，为此他创造性地发展出"物的形象"论：

> "物的形象"是"物"在人的既定的主观条件（如意识形态、情趣等）的影响下反映于人的意识的结果，所以只是一种知识形式。在这个反映的关系上，物是第一性的，物的形象是第二性的。但是这"物的形象"在形成之中就成了认识的对象，就其为对象来说，它也可以叫做"物"，不过这个"物"（姑简称为物乙）不同于原来产生形象的那个"物"（姑简称为物甲），物甲是自然物，物乙是自然物的客观条件加上人的主观条件的影响而产生的，所以已经不纯是自然物，而是夹杂着人的主观成份（分）的物，换句话说，已经是社会的物了。②

这一段表达了三层意思：其一，"物的形象"是认识的结果，反映出朱光潜是在认识论框架内来解释美，走上了认识论美学路线；其二，"物的形象"这一概念中，"物"是起点，这与他前面所说的美感活动的两个阶段中的第一个阶段——感觉阶段相对应，保证了其美学思想的客观唯物主义前提，也是其认识论美学出发点和标志；其三，在"物的形象"这一概念中，"形象"是其美学思想的落脚点，美——就是形象，是主观根据客观创造出来的形象，反映出朱光潜对其早期美学思想的坚持。

总而言之，朱光潜为了在唯物主义立场上与主流政治意识形态保持一致，对其早期纯粹从个体心理研究而得出的美学思想作放大与延伸。第一，在美的形象方面，向自然界延伸出美的客观条件，认为美的形象必须由客观的自然存在物提供条件。第二，在美感方面，向社会领域找到社会意识根基，认为美感是一种由社会存在决定的社会意识。正是抓住了审美的客

---

① 朱光潜：《美学怎样才能既是唯物的又是辩证的》，《朱光潜美学文集》（第三卷），上海文艺出版社，1980，第37页。

② 朱光潜：《美学怎样才能既是唯物的又是辩证的》，《朱光潜美学文集》（第三卷），上海文艺出版社，1980，第34页。

观物质条件和美感的社会性这两个特点，朱光潜相信他已从早期的主观唯心论美学走上了客观唯物论美学立场上来。有了这样的唯物主义保证，他谈"形象"、谈"美感"，在许多方面触及美的根本问题，是当时诸学说中最接近美自身的。

可以看出，美学大讨论在很大程度上探讨的并非是美学的问题，至少它的落脚点不是美学问题，而是美学怎样服务于政治、服务于社会以及美学怎样取得与主流政治意识形态完全一致的问题。薛富兴在总结20世纪后期中国美学特征时说："这是一个毛泽东政治功利主义美学与蔡仪唯物主义认识论美学唱主角的时代，强烈的政治意识形态色彩是其最显著的特征。"①中国现代美学研究被强烈的功利主义意识蒙蔽了双眼，认识论美学陷入对美的认识的误区之中。

第三节　误区：美被遮蔽

在20世纪中国美学史上，认识论美学是伴随着马列主义哲学在中国传播而逐渐形成和发展起来的。马列主义又是中国政治革命的指导思想，是改造旧中国、缔造新中国的思想利器，认识论美学自然而然就有了干预现实、指涉政治的功利性。这种功利性一方面使美学研究建立在社会人生的稳固基础之上，为美学带来了全新视域和坚实的内容；另一方面也剑走偏锋，过度地注意某一历史阶段中社会现实的"中心任务"，而忽略了对美自身的正视和有效探索。在很大程度上，美被悬置起来。

一　寻找美的冲动

认识论美学是中国现代美学的主要形态，它为中国现代美学提供了一种成熟的思想体系。认识论美学依据一定的哲学成果，以形而上学的思辨方法，为中国现代美学确立起科学的品格，使中国现代美学能够迅速地吸收西方美学成果，取得了与世界先进美学思想对话交流的资格，为中国当代美学发展开拓了广阔的途径。在理论动机上，认识论美学的出发点是拨开历史的迷雾，对传统美学研究方法进行更新转换，摆脱以往抽象玄思的

① 薛富兴：《20世纪后期中国美学概观》，《南开学报》（哲学社会科学版）2006年第1期。

形而上学美学和狭隘的心理学美学。它依据马克思主义哲学的现实主义精神，让美学立足大地，去关心社会人生，努力在丰富多彩的社会生活中直面美的本身，使中国现代美学具有丰厚充实的社会内容。从这一方面来说，认识论美学是一次向美自身回归的努力。

1981 年，蔡仪在《美学论著初编》的序中说："旧美学的缺点和错误，根本在于没有正确理解美的本质或美的法则，而这正是要作新的探索的。"[①] "旧美学"要么把美在形而上学的层面上作抽象的玄思，要么把美放在心理甚至生理层面上采取实验的方法，在蔡仪看来，这些方法都不能真正地到达美的领域。所以美学研究要寻找一个切实可行的方法，在美的领域里来研究美。

所谓美的领域，就是指美研究的对象。蔡仪说，邦格腾"从感觉入手去把握美，他的美学的领域便是感觉，而且局限于感觉"；格罗塞从艺术入手去把握美，"当然艺术是他的美学的领域"。现在，我们由美的现象入手去把握美的本质，那么"客观现实便是美学的固有的领域"[②]。这里，我们可以看出蔡仪直面事情本身的勇气，他力图在美学研究的方法上进行更新，重新回到"美的自身"。也就是说，在他看来，以往的形而上学美学是在抽象的概念上进行演绎，忽略了客观事物，而心理学美学又局限于人的心理和意识，偏离了美自身，这些美学研究的不是美，而是感觉、意识和心理。蔡仪依据马列主义这种崭新的哲学思想和思维方法，从唯物主义哲学基本命题出发，坚持认为美就是客观存在的现象，美的领域就是那种客观存在的美，美学研究的任务就是透过美的现象去探讨美的本质。可见，蔡仪美学思想是带着一种寻求"美自身"的强烈冲动。

朱光潜美学思想在其转向认识论方法后，仍然没有放弃思考美究竟是什么的问题。在《我的文艺思想的反动性》中，他说："美学里一个中心问题是：美究竟是什么？坦白地说，这是一个极复杂的问题，我现在对于这个问题还不敢下结论。我认为要解决这个问题，有许多因素是要考虑的。唯心主义者把美看作主观的感觉，机械唯物主义者把美看作事物的属性，都是不能解决问题的。"[③] 朱光潜和蔡仪虽然都要求美学研究要面向美自身，

---

① 蔡仪：《美学论著初编》（上），上海文艺出版社，1982，第 10 页。
② 蔡仪：《美学论著初编》（上），上海文艺出版社，1982，第 198 页。
③ 朱光潜：《我的文艺思想的反动性》，《朱光潜美学文集》（第三卷），上海文艺出版社，1983，第 19 页。

但他们两人的出发点和观察问题的方式根本不同。在朱光潜看来，美学研究的首要问题是美究竟是什么，这是美学研究的前提，也是美学研究的对象和根本内容。蔡仪虽然也呼吁美学研究要从美的现象出发，把客观存在的美作为研究对象，但他显然是把"美是客观存在的"当成一个不证自明的命题来接受。如果说朱光潜在叩问"美自身究竟是什么"的话，蔡仪则在解释"那个东西为什么美"，也就是说，在蔡仪的美学思想里，"那个东西美"是不需求证的绝对命题。这是他们两人的差异。

总的说来，不管认识论美学后来出现怎样的偏颇，值得肯定的是，它的思想起点是要在纷繁的美学话语中回归美，这是中国现代美学不断地从一种形态推进到另一种形态的精神动力。但是由于受主流意识形态的影响和我们对马列主义某些理论主张理解的机械性，中国现代美学在发展过程中，总是不自觉地偏离了初衷，在努力批判和克服前一美学形态的局限与不足时，又以另一种方式误入他途。

二 美被遮蔽

任何事情都是有两面性的，认识论美学在确立起独特的中国品格时，也隐含着深刻的矛盾，因为认识论美学本身带有先天性缺陷和后天不足。先天性缺陷否定了美学研究对象，后天性不足则让美学偏离了美的轨道，其共同特点是在一定程度上都遮蔽了美。

所谓先天性缺陷，首先是指把审美等同于认识，本身就简化了美学研究内容，转移了美学视线。审美与认识的关系极其复杂，里面蕴含着深刻的美学奥秘，对这种复杂关系的研究恰恰是美学研究的核心课题，是美学大显身手的地方，也是能否进一步正确研究美的关键和基础。认识论美学混淆了美与认识，自然也就回避和腰斩了美学研究的核心课题。当美学不去揭示美与认识、美与意志的区别时，那么美学的研究对象是什么呢？其结果只能把美等同于真或善，甚或是真与善的统一。这样，美学就不会顾及美自身的运作机制，而成为一门描述性科学去描述怎样求真、如何趋善，美的独特性当然就无从谈起。就好像面对一个苹果，我们并没有注意苹果与其他水果的区别，而是比照梨或者桃的属性特征去描述苹果，说苹果跟梨或桃一样脆甜可口，是一种特殊的梨或桃。显然这不是对苹果的研究，而是用梨或桃的属性遮盖了苹果所独有的属性。正确的研究方法恰恰是把苹果从其他水果中区别出来，指出它自身所具有的独特性。

其次，主体的认识结构绝对不等于主体的审美结构，如果不顾及区别，贸然运用认识规律套解美的本质规律，就会构成对美本质的遮蔽。

认识是主体从外界获取信息，通过对信息进行加工处理，以达到对客观对象的本质把握过程。认识是人脑对感官信息进行加工处理的再创造过程，在这一过程中，认识主体主要呈现出一种理性的逻辑结构状态。康德的先验认识论科学揭示了这种逻辑结构。他认为人类有两种认识能力——感性和知性，"感性能力是接受性的，即直观，知性的能力是统一性的，即概念"①。康德的认识论哲学就是由"先验感性论"和"先验逻辑论"两部分构成。先验感性论研究的是感性能力的先天形式，即作为纯直观的空间和时间。"先验逻辑论"研究的是知性的先天形式，即纯粹的概念或范畴。在康德看来，要形成知识，仅有感性直观是不可能的，还必须由知性来提供概念，因为"直观是依赖于感性的，是直觉性的，是建立在对对象的刺激的接受性上的；而概念则完全不同于直观，概念是属于知性的，是推论性的，是建立在概念自身的'机能'之上的"②。可见，认识主要是由概念和逻辑来完成的，只有运用抽象思维，通过对客观对象进行分析、综合、归纳出概念，再由概念到判断、推理来完成更高级的认识。认识完全排除了人的情感、意志等非智力因素，而审美则主要是由非智力因素来完成的，它恰恰完全摒弃了客观对象的本质属性。

值得分析的是朱光潜"物的形象"论。"物的形象"揭示出审美对象的非实体性，这一点显然高明于当时其他美学家。但"物的形象"是一个认识的形象，它是人的主观意识和具有美的条件的客观事物结合而创造的形象，是主观性和客观性、自然性和社会性的统一。朱光潜也像其他美学家一样，用认识关系代替了审美关系，把美看成是人的社会意识与客观事物的完美结合。当我们看到金黄的麦浪、陡峭的山峰、静静的水流时，是因为首先想到它们是收获的希望、道德的象征和智慧的灵动才觉得美吗？相反，如果我们认识到麦浪是农民辛勤劳作的成果，山川河流是几千年地壳运动的结果，是大自然的杰作，呈现在大脑中的"物的形象"就不是审美形象，而是理智认识的形象。

最后，认识的结果是单一抽象的概念，而审美的成果是丰富具体的形

① 转引自俞吾金等《德国古典哲学》，人民出版社，2009，第62页。
② 俞吾金等：《德国古典哲学》，人民出版社，2009，第71页。

象。如果把认识等同于审美，就会混淆概念与形象，从而在另一个层面上构成了对美本质的遮蔽。蔡仪把美看作是个别里显现出来的一般，即典型，就是混淆了美的形象与概念。所谓典型就是能够充分反映出自身特征与发展规律的事物，它表示的是事物与概念间的关系，并不必然与愉快或不愉快的情感相关。吕荧曾责问蔡仪，"如果说，'典型就是美'，那末，我们要问：典型的恶霸，典型的帝国主义者，是不是也美？"① 吕荧就是通过找到能够很好地表现概念的特征，但不能引起审美愉悦的事例来达到诘难效果的。其实吕荧的例子隐含着深刻的美学问题，如果再反问一下："画到画里面的恶霸，写进小说的帝国主义和反面人物，难道不是艺术吗？"虽然我们通过分析，可以认识到帝国主义和反面人物的丑恶性，但写了帝国主义和反面人物的小说却能成为审美对象，这就说明认识的对象并不必然等同于审美形象，相反，一个审美形象完全可以成为认识对象。

所谓后天缺陷是指认识论美学在与中国传统文化和社会现实之间的冲突与融合过程中显露出来的特殊性指向。认识论美学在中国发生有其必然的根性，它与中国文化传统和社会现实有紧密的关系，正是这种紧密而又特殊的关系导致了美学学科的严重功利主义倾向，甚至把社会性、现实性当作考察美的唯一原则，并把这种原则与阶级立场相关联，致使美学研究在矫正以往西方哲学美学的抽象空泛品格时，也滑向粗陋呆板的物质论和社会学泥潭中，直接或间接地成为主流政治意识形态的阐释场。

比如，1958 年蔡仪在为人民文学出版社出版的《唯心主义美学批判集》写的序中，提到了《新美学》中的一些错误。但他并不是根据别人的批评，从美学的角度进行深入思考，相反，《新美学》仍然表现出资产阶级学术思想的影响，对"旧美学"的批判不够，所举的例子有三家村学究气，没能贯彻革命实际的要求，对"物的属性"阐述不清晰，导致一些人的误解。在蔡仪的思想深处，当时的美学批判根本就不是针对美的批判，而是人们革命立场的表白。蔡仪的这种自我批判让我们想起朱光潜在 20 世纪 50 年代初期的自我批判，其共同点是从政治立场上来反思美学，最终指向都是"非美学"的问题。

---

① 吕荧：《美学问题》，《吕荧文艺美学论集》，上海文艺出版社，1984，第 417 页。

第二章　实践论美学的反拨及其歧途

　　认识论美学是现代中国美学的母体。在政治意识形态的共同体下，它包含后来所有当代中国美学思想的萌芽，这些思想胚胎在美自身的动机驱动下互相冲突、斗争，一旦时机成熟，它们就会各自分裂成一种新的美学。实践论美学就是在认识论美学内部孕育生长出来的，它虽然属于认识论的模式，但在诸多方面克服了认识论美学的局限性，因而成为中国当代美学的新形态。实践论美学在反拨认识论美学话语偏离美、遮蔽美的弊端时，又不自觉地把美抽象到哲学本体的高度，而陷入新的困境之中。

第一节　对认识论美学的反思

　　实践论美学萌芽于美学大讨论时期，完善于20世纪七八十年代。它是在与美学的机械客观主义和唯心主义斗争中发展起来的。实践论美学在早期表现为社会论美学，李泽厚和蔡仪都用"社会性"这一范畴为美或美感寻找可靠的客观性基础。但不久，他们就发现了美感的社会性与美的社会性造成了美与美感的分裂，于是又从马克思主义经典文献中发现了能够把主体与客体紧密联系起来的"实践"范畴，发展出实践论美学。实践论美学在20世纪七八十年代发生巨大的飞跃，上升到人类学本体的高度，从而达到成熟完善的阶段。实践论美学的成熟得益于时代解放潮流和政治斗争在学术生活中的弱化。

一　时代契机与主体的发现

　　美学、哲学在中国的发展与中国的社会转型密不可分。当代中国，每一种理论形态的发生、转变除理论自身的规律要求以外，很大程度上受制于社会政治思想的变化。如果不对新时期社会政治思潮进行简单描述，就很难理解实践论美学的性质和意义，也不可能理解实践论美学在中国当代美学逻辑进程中的位置。

人们常常用"新启蒙""新时期""思想解放"等术语来描述 20 世纪 70 年代末到 80 年代上半期的中国社会，所谓"新"和"解放"是相对于中国社会思想方式来说的。当人们不再为自己的思想设定条条框框，而是能够解放思想，放开眼光，重新审视一切时，人就得到了最大限度的解放，思想的主体、审美的主体自然就会被确立起来。

哲学是社会的大脑，思想意识的走向很大程度上是通过哲学思考来反映的。新时期以来，许多原来根本不能深刻触及的命题，如关于真理标准问题、人的能动性问题、思维与存在统一性问题等，均得以重新论争与估价。其中两个方面的讨论对中国当代美学有直接影响：一是对哲学与政治关系的反思，二是对历史上唯心主义哲学是否起进步作用的重新认识。

哲学与政治的关系主要集中在哲学同阶级斗争的关系上，在以往相当长的一段时期内，一直把哲学当作阶级斗争的工具。新时期人们认识到，哲学研究的是整个自然、人类社会和思维的最普遍、最一般的问题，具有普遍的适用性，即使是马克思主义哲学也不仅仅是无产阶级斗争的工具。更重要的是，人们通过讨论还达成这样的共识：哲学上的争论并不都是阶级斗争的反映，哲学斗争和阶级斗争虽有联系，但如果不顾及两者的区别，把一切哲学领域的争论都看成阶级斗争、路线斗争的反映，任意扣上政治帽子，甚至认为一切唯心主义、形而上学在政治上都是反动的，那就会在政治上、思想上、理论上引起混乱，使正常的理论探讨和学术研究受到影响。哲学与政治关系的讨论初步校正了在极左路线下政治生活对学术研究的影响。就美学来说，有可能使美学家们摆脱政治意识形态的梦魇，跨过把唯物、唯心看成是政治立场或者阶级斗争的红线。

关于怎样评价唯心主义的问题，1957 年曾有过讨论，但当时的社会环境决定了讨论不可能深入。新时期哲学界首先对哲学的党性进行反思，认为不能把党性原则滥用到哲学史中。在马克思主义以前，每个哲学家的思想斑驳杂陈，既没有清一色的唯心主义，也没有清一色的唯物主义，对哲学史上的每派哲学都应做出客观、具体、全面的评价，而不能把党性原则当作评判先进与落后、进步与反动的唯一标尺。在此成果上，大家纷纷撰文对唯心主义在哲学史上的作用进行重新评价。如李志逵的《要实事求是地评价历史上的唯心主义》一文就认为，唯心主义在人类历史上做出了巨大贡献，许多哲学的基本概念就是由唯心主义最先提出讨论的，德国古典唯心主义哲学还系统地阐明了人的认识从感性到概念的形成过程，在哲学史上意义非同寻常①。这些哲学上基本问题的讨论，不仅是哲学思想认识的进步，还直接促进了中国美学思想空间的开拓。

随着哲学对一些重大问题的重新认识，美学领域也展开了关于共同美、人性论、人道主义的大讨论。1979 年，朱光潜发表《关于人性、人道主义、人情味和共同美问题》的文章，认为人性就是人的自然本性，人性论与阶级论并不矛盾，文艺要反映人性，要提倡人道主义，因为共产主义正是人道主义与自然主义的统一。在此之前，人们主要把人性看成是人的社会性，而人的社会性又主要是阶级性，因此，人性就等于阶级性。朱光潜的人性论受到广泛关注并掀起激烈讨论，问题主要集中在到底什么是人性和人道主义、什么是"共同人性"、阶级社会有没有"共同人性"、无产阶级文艺与人性的关系怎样、应该怎样表现它等方面。这些问题虽没有也不可能得到根本解决，但至少为美学研究打破教条，突破禁区，使美学研究对象开始向审美主体转移，去充分正视人在审美中的作用。总的看来，这些问题的自由讨论，在以下两个方面为美学研究开拓了新的空间。

其一，在人性论方面，批判了以往人性就是社会性、社会性就是阶级性的狭隘论调，肯定了人的自然属性，至少肯定了人性是社会性和自然属性的双重统一。这就突破原来把人看作抽象的"类"存在物的局限，肯定了人是感性的、现实的、具体丰富的存在。人的感性生活被重视、被发现，美学研究对象就发生了变化，由原来偏重于美的客体对象的研究开始向人的主观情感方面转移，初步认识到美是主体与客观的关系。1979 年，蒋孔阳撰写《美学研究的对象、范围和任务》一文，认为美学"主要通过艺术来研究人对现实的审美关系以及在这一关系中所产生和形成的审美意识"②。周来祥也认为美学研究并不能光从客观着手，主要应该研究人与对象的审美关系。他批判了洪毅然把美学看成研究自然、艺术和一切客观事物中的美的观点，也批判了马奇和朱光潜把美学研究对象限定在艺术方面的观点，

---

① 李志逵：《要实事求是地评价历史上的唯心主义》，《人民日报》1980 年 6 月 20 日。
② 蒋孔阳：《美和美的创造》，江苏人民出版社，1981，第 12 页。

然后指出："美学是研究审美关系的科学。审美关系作为人与现实对象（自然、社会）的一种关系，它有客观方面：美的本质、美的形态；也包括主观方面：美感、审美类型、审美理想；也包括主客观统一产生的高级形态的艺术，也就是说，审美关系包括美、审美，艺术这三大部分。"①

高尔太和李泽厚则认为，美学研究对象就是美感经验。20 世纪 50 年代，李泽厚认为美学研究分为美、美感和艺术三个部分；到了 80 年代，他把美感经验提高到关键位置，认为美学就是以美感经验为中心，研究美和艺术的科学。高尔太也认为，美不能离开主体而独立存在，如果没有人就无处谈美，美学必须研究人的美感经验。他在《美学研究的中心是什么》一文中说，"美不仅表现出事物本身的某些形式特征，也表现出审美主体的某些精神特征，例如他的欢乐、忧伤、憧憬、悲哀等等"，"作为研究对象，它们是经验事实而不是客观事实。离开了美感经验，就不但不能理解美，也不能理解艺术"②。高尔太则完全深入主体的内心世界来研究美。

其二，在文艺创作和文艺评论中，人的本质、尊严和价值等方面得到了充分的肯定，艺术家和艺术评论家开始以人的感觉、情绪、理想、意识为对象，去观察人、研究人、理解人。人作为主体，堂而皇之地成为人们思考的对象，"人类认识能力的重心，正逐步转移到对人的内宇宙的认识，研究人的主体性已成为历史性的文化要求"③。

主体的确立改变了极左路线影响下把人、人性、主观当作是资产阶级的专利，把唯心看作反动腐朽的代名词的错误思维方式。人们不再从那些条条框框中断章取义，而是从人的存在、人的活动本身去寻求答案。打破了旧有的认识论思维模式，为美学走出认识论误区提供了理论依据。原来那种"论美不能论人""见物不见人"的美学思维方式重新受到检视和批判，一种高扬主体意识的实践美学获得了极大的阐释空间。

二　实践论美学在反拨中建构

把美看作认识，在认识论的框架里来讨论美，这种模式就决定了美只能是外在于人的客观存在的东西，因为认识是主体对客体的感知，既是感

---

①　周来祥：《美学问题论稿——古代的美、近代的美、现代的美》，陕西人民出版社，1984，第 4 页。

②　高尔太：《论美》，甘肃人民出版社，1982，第 145 页。

③　阎国忠：《走出古典——中国当代美学论争述评》，安徽教育出版社，1996，第 302 页。

知，就必须有一个对象。于是蔡仪直接套用公式，认为美就是客观事物的属性，就像任何事物都有重量、形态、硬度、颜色一样，事物还有一种美的属性。那么为什么有的事物美，有的事物不美呢？蔡仪进一步解释说，美的事物是因为显示了那个种类的一般，比如美人，就是因为这个人的体貌特征更充分确切地表现出人的一般性特征。显然这种说法漏洞百出，且与常理不符。

但是，当时对马列主义的理解仅仅局限在认识论和反映论的水平上，而美根本不是一个客观可感的东西，相反倒表现为明显的主观性，就像吕荧在《美学问题》中所说的那样："同是一个东西，有的人会认为美，有的人却认为不美；甚至于同一个人，他对美的看法在生活中也会发生变化，原先认为美的，后来会认为不美；原先认为不美的，后来会认为美。"① 美的主观性特征，美学研究的客观性要求，两者构成当代中国美学研究中的深层次矛盾，人们只能在这种对立与冲突中艰难跋涉。

这就需要找到一个既能联系主观、又能连接客观的，并且是经典马克思主义文本里的关键词。事实证明，中国当代美学正表现出这种智慧，于是"社会""实践"等范畴进入了当代中国美学的视野。可以说，认识论美学正好走过了一条从"客观事物论"到"社会论"，再到"实践论"的发展之路。这条路线是一条从纯客观向主观正向量移动的艰难过程。之所以叫"正向量"，是就美的主观性特征来说的。这样，认识论美学内部构成了自我批判、自我否定的螺旋式前进关系。也就是说，"社会论"反驳了蔡仪的"客观论"，"实践论"则是在否定"社会论"的基础上进一步前进。朱光潜、李泽厚的美学思想前后期都发生了这样的变化，形成了自我完善、自我超越的变化轨迹。

（一）朱光潜对反映论美学的校正与反拨

朱光潜美学思想大致有三个阶段。第一阶段是唯心主义美学阶段，发生在20世纪三四十年代，主要代表作是《文艺心理学》《克罗齐哲学述评》。第二个阶段是试图用社会意识和生产劳动来解释美，即常说的主客观统一时期，发生在20世纪50年代，主要代表作品是《论美是客观与主观的统一》，这一阶段是他试图冲破认识论羁绊，走向实践论哲学阶段。第三个阶段是以1960年在《新建设》上发表《生产劳动与人对世界的艺术掌

---

① 吕荧：《美学问题》，《吕荧文艺美学论集》，上海文艺出版社，1984，第416页。

握——马克思主义美学的实践观点》为标志，进入实践论美学阶段，代表作品是《马克思的〈经济学——哲学手稿〉中的美学问题》。

前文说过，20 世纪 50 年代朱光潜"物的形象"论仍然属于认识论框架，是在反映论的模式里来理解美的。但朱光潜毕竟有着良好的西方美学训练，对美有更清醒、更严谨的认识。因此他超越了当时只凭马克思主义的个别词句来解释美的局限性，以开放性的眼光对认识论进行了反思，可以说，"物的形象"观点就是他反思蔡仪、李泽厚、洪毅然等人的认识论美学思想的结果，他的许多论文反复思考的是这种认识论的局限性以及怎样超越的问题。

1. 区分科学反映与意识形态反映

朱光潜在《论美是客观与主观的统一》一文中说，"我们看到的企图运用马克思主义去讨论美学的著作几乎毫无例外地都简单地不加分析地套用列宁的反映论，而主要的经典根据都是列宁的《唯物主义与经验批判主义》一书。他们推理的线索一般是这样：按照列宁的反映论，我们的感觉、知觉和概念（统名之为'意识'）都是反映客观存在的物，客观存在的物决定人们的意识，它并不依存于认识它的人，所以物是第一性的，意识是第二性的"[①]。朱光潜接着举例说，比如"红"是客观存在的花的一个属性，人认识到"红"，是由于大脑的反映。美学家们也会联想到，人们感觉到美，自然是因为美已客观存在于这个花上，于是就把"花的美"等同于"花的红"。

"美"肯定不像"红"那样是花的一个属性，在西方美学史上，人们早就做出了这样的区分。然而由于教条主义，这个简单的分别在当时却变得扑朔迷离起来。朱光潜说美学家们之所以犯这样的错误，在于他们死守列宁的反映论，混淆了意识形态反映和科学反映的区别。

解铃还须系铃人。解开狭隘理解列宁反映论的死扣还需从马克思列宁主义出发。朱光潜说，列宁反映论的来源是马克思主义，马克思主义有一条重要的原则，就是"文艺是一种社会意识形态"。社会意识形态也是反映，它有三个基本特征：第一，意识形态作为上层建筑，包括政治、法律、哲学、宗教、文学、艺术等，它反映一定历史阶段的经济基础，以及与这基础相应的社会生活；第二，意识形态不一定就只反映同一历史阶段的基础；第三，作为同一基础的上层建筑，这一意识形态可以影响那一种意识

[①] 《朱光潜美学文集》（第三卷），上海文艺出版社，1983，第 54 页。

形态，如文艺可以反映当时的法律、政治、宗教、哲学各个方面。由此可见，意识形态的反映并不是镜子式的反映，而是对事物有所改动甚至歪曲，是一种折光式的反映。它与一般感觉或科学反映的基本分别是："一个受主观方面意识形态总和的影响，对所反映的事物有所改变甚至歪曲；一个不大受意识形态的影响（这当然也只是相对的），而基本上是对于事物的正确的反映。"① 可见，意识形态反映和科学反映有着根本的区别。

朱光潜说，列宁在《唯物主义与经验批判主义》一文中只是讨论了一般感觉或科学的反映，而对于作为社会意识形态的反映则一字未提，如果我们生吞活剥列宁的反映论，把它运用到美学研究上，就是违背了马克思主义关于文艺是一种意识形态的原则。为避免授人以柄，朱光潜还继续分析了列宁的反映论在美学研究中的适用程度。他把美感反映分为感觉阶段和正式美感阶段，认为列宁的反映论只适用于感觉阶段（即笔者在第一章第二节分析"物的形象"论时提到过的他的两个阶段说），然后他举例说列宁讨论托尔斯泰的文章，论证列宁的文艺观与马克思主义从意识形态来看文艺这一重要原则的高度一致性。

2. 艺术是生产劳动

通过区分意识形态反映与科学反映，然后再指出文艺是属于意识形态的，其反映形式具有主观性特点，这就为美的主观性找到根据。但是如果说文艺属于上层建筑，是一种意识形态，而意识形态又是社会存在的反映，即使反映具有能动性特点，也不能表现出文艺的创造性。于是朱光潜又从马克思主义那里找到生产劳动这一范畴，说马克思主义创始人是从生产劳动观点看文艺的。

朱光潜说，马克思认为艺术起源于生产劳动，审美的感官和人手一样，是在生产劳动中发展起来的，而且还在《政治经济学批判》里把"艺术生产"和"物质生产"相提并论。另外，毛泽东也是拿生产劳动观点和意识形态观点并结合反映论观点来看文艺的，他的许多经典论述包含着深刻的美学道理，是"一部真正的马克思主义美学"，其原因就是他"根据了列宁的反映论，也根据了马克思主义创始人关于文艺是意识形态又是生产劳动的原则"。最后，朱光潜总结说，"单从反映论去看文艺，文艺只是一种认识过程；而从生产劳动观点去看文艺，文艺同时又是一种实践的过程。辩

---

① 《朱光潜美学文集》（第三卷），上海文艺出版社，1983，第57页。

证唯物主义是要把这两个过程统一起来的"①。这样，朱光潜通过对马克思主义文艺观的阐述，在美学中引入意识形态和生产劳动两个范畴，突破了以往人们对于列宁反映论的狭隘认识。

有了意识形态和生产劳动这两个马克思主义原则做支撑，朱光潜对美学上的认识论进行批判，并提出疑问："应该不应该把美学看成只是一种认识论？"认识论是康德、黑格尔、克罗齐等唯心主义美学遗留下来的概念，这个概念须要重新审定，"因为依照马克思主义把文艺作为生产实践来看，美学就不能只是一种认识论了，就要包括艺术创造过程的研究了"。然后，朱光潜自我剖析说："我在《美学怎样才能既是唯物的又是辩证的》一文里还是把美学只作为认识论看，所以说'物的形象'（即艺术形象）'只是一种认识形式'。现在看来，这句话有很大的片面性，应该说：'它不只是一种认识形式，而且还是劳动创造的产品'。"② 这里面包含着朱光潜实践美学观的萌芽。

3. 实践美学观的提出

虽然朱光潜"物的形象"论、艺术的意识形态性③、艺术是生产劳动观仍属于认识论，但他始终处于反思和极力突破之中。从他的美学思想历程可以看出，在和蔡仪机械客观论美学的斗争中，朱光潜始终坚持人的能动性和创造性，最终把马克思主义关于意识形态和生产劳动的原理应用到美学之中，从而促成了实践美学观的初步建立。

1960 年，《生产劳动与人对世界的艺术掌握》的发表，标志着朱光潜实践论美学的明晰展开。他说，在马克思主义哲学以前，对世界的理解方式有机械唯物主义和唯心主义两种方式。前者片面地就客观方面所呈现的直观形式去理解现实，后者片面地从主观能动方面去理解现实。"马克思主义理解现实，既要从客观方面去看，又要从主观方面去看。客观世界和主观能动性统一于实践。所以在美学上和在一般哲学上一样，马克思主义所用

---

① 《朱光潜美学文集》（第三卷），上海文艺出版社，1983，第 60 ~ 62 页。
② 《朱光潜美学文集》（第三卷），上海文艺出版社，1983，第 62 ~ 63 页。
③ 在朱光潜看来，由于艺术属于反映社会现实的意识形态，美只是艺术的属性，所以说美具有"意识形态性"，而不是像李泽厚和蔡仪所误解的"美是意识形态"。因为如果美是意识形态，那么美就和艺术一样成了一种实体，事实上美不是实体，而是属性。因此，朱光潜认为，美学的研究对象应该是艺术，因为艺术是美的最集中体现，但他认为艺术并不就是美，美也不就是艺术，美感过程才是艺术。这个见解与现象学美学家茵加登所说的"文学作品并不是艺术，只是艺术存在的物理基础"有相通之处。

的是实践观点，和它相对立的是直观观点（作者按：着重号为原作者所加）"①。实践观点统一了主客体，把人与世界的关系看作一个过程，充分反映出人与物相互依存，相互改变的动态关系，超越了此前割裂人与世界关系的"非主观即客观"的片面性。就朱光潜来说，实践的观点也突破了他此前论争中一直坚持的能动反映论。

从实践的观点出发，朱光潜根据马克思《1844 年经济学哲学手稿》（以下简称《手稿》）创造性地发展了马克思主义实践论美学，这时期他主要阐述了以下几个美学问题。

第一，"艺术的方式掌握世界"。马克思在《手稿》中提出两种掌握世界的方式，即科学理论性的把握世界和艺术实践精神的把握世界。科学方式从分析个别到抽象，然后再经过综合形成一个整体，这个整体是思维的产品。艺术实践则是通过形象思维去把握世界，也形成一个整体，但这个整体是具体事物的整体。为什么说艺术也是一种实践方式呢？朱光潜说，马克思在"分析劳动和劳动的异化时，就已建立了艺术审美活动起于劳动或生产实践这个基本原则"②。一是因为人在改造自然的劳动中也改造了自己，产生了自我意识。有了自我意识也就产生了自己与旁人关系的意识，这就是社会意识。二是人在生产劳动中既根据主观方面的需要，也根据客观事物的内在规律来生产。这样，他的产品就体现了他的需要和愿望、情感和思想以及驾驭自然的力量。

第二，人"在自己所创造的世界里观照自己"。朱光潜说，马克思的这句话正说明了劳动创造是一种艺术创造。"无论是劳动创造，还是艺术创造，基本原则都只有一个：'自然的人化'或'人的本质力量的对象化'。基本的感受也只有一种：认识到对象是自己的'作品'，体现了人作为社会人的本质，见出了人的'本质力量'，因而感到喜悦和快慰。马克思把这种'在自己所创造的世界里观照自己'时的情感活动叫做'欣赏'……这'欣赏'正是我们一般人所说的'美感'。"最后，朱光潜根据马克思的论述，总结出这样的结论："'美感'起于劳动生产中的喜悦，起于人从自己的产品中看出自己的本质力量的那种喜悦。劳动生产是人对世界的实践精神掌握，同时也就是人对世界的艺术的掌握。"③ 在朱光潜看来，美仍然是认识，

①　《朱光潜美学文集》（第三卷），上海文艺出版社，1983，第 282 页。

②　《朱光潜美学文集》（第三卷），上海文艺出版社，1983，第 284 页。

③　《朱光潜美学文集》（第三卷），上海文艺出版社，1983，第 290 页。

但原来的认识只是主观与客观的统一，自然与社会的统一。现在是在实践上把主观与客观统一起来，为美找到了历史根源，为统一找到了根据。如果说此前他的"主客观统一说"没有回答为何统一、怎样统一这样的问题，那么现在他所说的"人在自己的劳动产品中见到了自己的本质力量，从而产生喜悦"则是对这个问题的圆满解答。

第三，"人的本质力量对象化"和"自然的人化"。人类生产劳动不仅在不断地丰富着客观世界，也在不停地改变人类自己，"人自己的'本质'力量和社会生活也随之日益丰富起来了"。这主要表现在：其一，人类的双手在生产实践中不断地得到锻炼，日渐精巧，高度完善到"能仿佛凭着魔力似地生产拉斐尔的绘画、托尔瓦德林的雕刻以及帕格尼尼的音乐"；其二，生产劳动需要根据客观事物的内在标准，比如生产石刀需要掌握石头的性能。这样，随着人类实践的深度和广度不断深化和拓展，生产不停地向人的感觉器官和大脑提出挑战，"人的感觉器官，特别是眼和耳，因此通过不断的锻炼而得到不断的精锐化"。人的感觉器官慢慢地脱离动物自然状态，不仅能察觉对象的物质性质，还能从劳动产品中察觉到对象所体现出来的"人的本质力量"和社会内容。

生产劳动在丰富着客观世界的同时，也在丰富着主观世界。人类改变自然，自然被"人化"，显示出"对象化了人的本质力量"，自然具备了人的意义和社会意义，同时人也在这生产劳动中发生改变，使自己的感觉越来越丰富，使人成为社会的人。因此"不断的劳动生产过程就是人与自然不断地互相影响、互相改变的过程。人与自然、主体与对象（客体）在历史发展中处于不断的矛盾与统一的反复轮转中"。朱光潜的论述包含了后来关于《手稿》讨论中的许多复杂问题，同时也说明朱光潜正式由认识论的反思一步步走向实践论。尽管实践论也还在认识论的框架内，但这种飞跃意义非凡。

（二）李泽厚对认识论美学的反思

李泽厚美学思想明显分为前后两个阶段。前期从 1956 年发表于《哲学研究》的《论美感、美和艺术》到 1964 年的《帕克美学思想批判》，其主要观点是客观社会论。后期以他 1979 年出版《批判哲学的批判——康德述评》为界，是其建立起主体性实践美学时期，主要以"积淀说"为中心，提出了"情本体"等一系列观点。李泽厚美学思想两个阶段并非是断裂式突变，而是一个渐进的修正、丰富和发展的过程，是他借助时代的思想解放潮流，不断地反思认识论美学，极力走出"唯客观论"误区的结果。

20世纪50年代，李泽厚也是从认识论出发来研究美，其美学思想建构也是基于认识论的主体、对象和结果三部分，分别提出美感、美和艺术三项美学命题，并且明确提出美学研究不能偏离马克思主义认识论。他在《论美感、美和艺术》一文中说："美学科学的哲学基本问题是认识论问题。"[①] 1957年，他在分析当前美学问题论争时又强调："美是主观的，还是客观的？还是主客观统一？是怎样的主观、客观或主客观统一？这是今天争论的核心。这一问题实质上就是在美学上承认或否认马克思主义哲学反映论的问题，承认或否认这一反映论必须作为马克思主义美学的哲学基础的问题。"[②] 从认识论角度来研究美，把美看作反映，这就决定了李泽厚美学研究的认识论框架，也决定了他的美学思想成为五六十年代认识论美学的有机组成部分。

例如，在美感和美的关系上，李泽厚说美感并不是人大脑中固有的主观自生的东西，它的产生是依据"美"这个客观现实性基础。因为如果没有这个客观现实性的美作基础，就不会有美感的普遍性。他把"花的红"混同于"花的美"，并以此为例，认为我们之以所能在视觉感官中产生红的必然性和普遍性，并不是因为我们生理机能的某种一致性，而是客观世界中存在一个不依赖于我们感官而存在的"红"的客观物质属性，是它作用于人类感官的结果，否则我们的视觉就不会有"红"这一客观、必然和普遍的感觉，而"美感和美的关系也就正是这样的。美是不依赖人类主观美感的存在而存在的，而美感却必须依赖美的存在才能存在。美感是美的反映、美的模写"[③]。李泽厚虽然也勉强地对此做出简单区分，说"花的红"是肤浅判断，反映的是现象，"花的美"是高级判断，反映的是本质，却正好显示出哲学认识论对美学研究的深层误导。

到了20世纪70年代末，李泽厚开始对认识论美学进行反思。关于这一点，陈望衡在《20世纪中国美学本体论问题》一书中有详细论述。1979年12月，李泽厚为自己发表于1957年的《关于当前美学问题的争论》一文写补记时说道："关于审美是否是认识，美学是否是认识论，我在《形象思维再续谈》中已另有看法，本论文太简单。"《形象思维再续

---

① 李泽厚：《论美感、美和艺术》，《美学论集》，上海文艺出版社，1980，第2页。

② 李泽厚：《关于当前美学问题的争论》，《美学论集》，上海文艺出版社，1980，第65页。

③ 李泽厚：《论美感、美和艺术》，《美学论集》，上海文艺出版社，1980，第18页。

谈》是 1979 年 6 月他在一次会议上的发言稿，由批判当时文艺理论界对
形象思维的错误认识开始，谈及形象思维不同于逻辑思维，进而谈及艺术
并不是认识等问题。

　　李泽厚在该篇文章中说，目前对于形象思维有两种观点，一种是"否
定说"，一种是"平行说"。前者否认艺术创作的独特规律，把形象当成概
念，当成作家、艺术家的"思想"，取消了艺术创作的基本特征，导致创作
中的概念化、公式化；后者承认形象思维是一种和逻辑思维并列的思维，
其实质和前者一样。李泽厚认为，形象思维并不是独立的思维方式，而是
艺术想象，其中包含着想象、情感、理解、感知等多种心理因素、心理功
能。在对形象思维的理解上之所以出现这样的错误，其主要原因在于把艺
术看作认识，"认为强调艺术是认识、是反映，就是坚持了马克思主义认识
论"。他又进一步指出，"从理论上说，马克思主义经典作家并没说艺术就
是或只是认识，相反，而总是着重指出它与认识（理论思维）的不同"。显
然，这和他在 20 世纪五六十年代提出的美学研究须从马克思主义哲学认识
论出发完全不同。他以读《红楼梦》为例，说有谁阅读红楼梦的目的就是
为了认识封建社会的没落呢？如果这样的话还不如去读一本历史书或一篇
论文。《红楼梦》给予读者的主要不是认识了什么，而是强大的审美感染力
量，"审美包含有认识——理解成份（分）或因素，但决不能归结于、等同
于认识"[1]。最后，他总结说："艺术包含认识，它有认识作用，但不能等同
于认识。作为艺术创作过程的形象思维（或艺术想象），包含有思维因素，
但不能等同于思维。从而，虽然可以也应该从认识论角度去分析研究艺术
和艺术创作的某些方面，但仅仅用认识论来说明文艺和文艺创作，则是很
不完全的。要更为充分和全面地说明文艺创作和欣赏，必须借助心理学。
心理学（具体学科）不等于哲学认识论。把心理学与认识论等同或混淆起
来，正是目前哲学理论和文艺理论中许多谬误的起因之一。"[2] 艺术不是认
识，艺术研究要重视心理学，不能把心理学中的表象、概念和哲学中的感
性认识和理性认识混为一谈。由此可以看出李泽厚的美学研究视点从早期
的客观社会性，转向主观直觉中的心理要素和心理状态。

　　认识是主观迎合客观，主体意志符合客观规律的一种活动，即使是能

---

① 李泽厚：《形象思维再续谈》，《美学论集》，上海文艺出版社，1980，第 559 页。

② 李泽厚：《形象思维再续谈》，《美学论集》，上海文艺出版社，1980，第 560 页。

动的反映，也不能反映出主体的自由创造性。李泽厚意识到审美过程中主体情感心理的积极参与作用和创造作用，从而促使他冷静地反思哲学认识论在美学研究中的应用。在《形象思维再续谈》中，他说："美学是否是认识论呢？包括卢卡契在内的国内外许多理论家都说美学即是认识论。我不大同意这看法。美学本身包括美的哲学、审美心理学、艺术社会学三个方面，美的哲学部分与认识论当然有关系，例如美感认识论问题等等，但整个美学却并不能归结于或等同于认识论。"①

需要注意的是，李泽厚对认识论美学的反思不同于朱光潜。如果说朱光潜力图去突破认识论美学的话，那么李泽厚的反思主要表现为修补它、丰富它。李泽厚的美学思想从 20 世纪五六十年代到现在，一直表现出内在稳固的一贯性。他虽然注意到认识论美学不能揭示主体的情感和心理在美中的作用，但并没有完全抛弃它，而是提出用"审美心理学"来补救这种偏狭。所以，他认为美学除了美的哲学和艺术社会学外，还应该包括审美心理学。1979 年，他在《论美感、美和艺术》的"补记"中说道："由于主客观条件的限制，本文论证非常粗陋简单。美感也未谈其构成诸因素（知觉、想象、情感、理解），艺术部分更为简单化。"② 简单化的原因就是没能从心理学方面来研究主观的情感和心理，所以在《美学的对象与范围》中，他呼吁美学要加强审美心理学的研究："如果说，美的哲学只是美学的引导和基础的话，那么审美心理学则大概是整个美学的中心和主体。目前美学还完全处在前科学的不成熟阶段，审美心理学正是促使美学走向成熟的真正科学的路途。特别在今天的中国，更应该大声疾呼地提倡这方面的研究，不但因为它重要，而且还因为它已经被埋没、搁置和耽误了整三十年了。"③ 30 年前，正是 20 世纪 40 年代朱光潜审美心理学占主流的时期。虽然李泽厚后来又指责说当时占主流地位的"移情说""距离说""不能算甚么科学的审美心理的理论，并不是真正从心理学出发的研究成果，而只是对审美心理的一种直观的素朴的描述或设定"④，但他所提出的美学发展方向是对自己此前美学观的修正。新时期以来，李泽厚的一系列美学成果，如对"自然人化"的进一步解释、主体性哲学的建立、"情本体"和"积淀

---

① 李泽厚：《形象思维再续谈》，《美学论集》，上海文艺出版社，1980，第 561 页。
② 李泽厚：《美学论集》，上海文艺出版社，1980，第 51 页。
③ 《李泽厚哲学美学文选》，湖南人民出版社，1985，第 199 页。
④ 《李泽厚哲学美学文选》，湖南人民出版社，1985，第 202 页。

说"的提出等，均是他对认识论美学反思的结果。这些理论既丰富了认识论美学，也在一定程度上越出了认识论美学的界线。

第二节　实践论美学的奥秘

如果我们抛开 20 世纪五六十年代美学大讨论时期各派之间繁琐的论争，把当代中国美学发展看作一个整体的话，那么当时美学亟须解决的问题就是主观与客观之间的关系问题。蔡仪从机械的唯物论出发，斩断了人与自然的联系，仅仅把美归结为自然物的属性。吕荧也是割断了人与自然的联系，但恰恰相反的是他把美看成主观意识活动的结果，忽略了美的客观条件。朱光潜虽然提出了主客观统一说，但他不能解释主观和客观是怎样统一的，而遭到李泽厚等人的诟病。至于李泽厚的"客观性与社会统一"说，虽然找到了能够涵盖主客关系的范畴，如"人类社会""生产劳动"等，但只能静态地描述人与自然的关系，无法在历史的高度上揭示人类审美意识和艺术创造能力为什么会不停地进步与发展。各派之间的斗争也是在这种分裂的前提下互相指斥对方的。偏重于客观者，指斥对方的主观唯心主义；偏重于主观者，责难对方的机械性。因此，如何在马克思主义哲学范围内，解决主观与客观的统一问题，成为当时中国美学的理论难题。

那么，在马克思主义哲学这个丰富的矿藏资源里，能不能找到开启当代中国美学难题的钥匙呢？我们的回答是肯定的，因为马克思主义哲学的核心课题就是要解决人作为主体如何在社会实践中历史地一步步走向解放的问题。如果说以蔡仪为代表的早期认识论美学只是机械地借用马克思和列宁的客观唯物论，那么通过美学论争，当代中国美学的视域更加开放了，马克思的"唯物主义历史观""实践观"等自然会被引入美学领域。特别是"实践"论，它不但解决了主体与客体的分裂问题，还可以与"历史唯物主义"相融合，解释人类审美意识的发展问题。可以看出，实践论美学既是当代中国社会政治思想意识的需要，也是当代中国美学发展的必然结果，它把马克思主义的"实践"范畴提高到"本体论"地位，然后向美学领域无限度地应用——这就是实践论美学的奥秘所在。如果单就美学研究方法来看，其本质与西方传统的哲学美学一脉相承。

一　实践哲学的逻辑结果

实践论美学是依据马克思主义实践哲学建立起来的，是把马克思主义实践观应用于美学研究的结果。实践哲学的意义是什么，它为美学铺就了一条怎样的"通途"？为此，我们有必要首先从西方哲学传统中，在普遍的意义上去理解和把握马克思主义哲学的实践观，然后再进一步分析马克思主义哲学是怎样在具有本体意义的"实践"范畴下展开的，以及这种哲学的逻辑思路对于美学研究的启发。

我们知道，西方近代哲学是在对抗中世纪宗教神学和陈腐的经院哲学中发展起来的。它高扬理性主义大旗，把哲学的研究对象由此前的超自然事物转到现实世界本身，特别是人的主体和内心世界本身。近代哲学发展的早期，理性还是一个广义的概念，它不仅指人的概念、判断和推理能力，还包括人的感觉、理智、情感和意志。因而，那个阶段的哲学以文艺复兴为标志，展示出一个丰富多彩的人文世界。可以说，那时的理性精神就是人文精神。启蒙时期以后，随着哲学研究的深入，人们对于感觉经验和理性思维做了刻意的分工，大家各执一端，哲学上出现了经验论和唯理论的对立。经验论和唯理论虽然都承认理性，但它们对于以下问题完全做出排他性选择，诸如人类知识的本源是感觉经验还是先天观念，经验知识和理性知识哪一种具有无疑的真实性和确定性，有效地获得普遍必然的知识的途径是经验归纳还是理性演绎等。这样的对立把具有丰富意义和价值的现实的人肢解了，把本来互相渗透、不可分割的感觉经验和理性思维分割开了。哲学由原来反对神学迷信和僵化进入了另一种形式的固执和独断，由文艺复兴时期颂扬人性到后来由于过分夸大某一方面而蒙蔽了人性。

马克思在《神圣家族》中批判霍布斯时说："霍布斯把培根的唯物主义系统化了。感性失去了它的鲜明的色彩而变成了几何学家的抽象的感性。物理运动成为机械运动或数学运动的牺牲品；几何学被宣布为主要的科学。唯物主义变得敌视人了。为了在自己的领域内克服敌视人的、毫无血肉的精神，唯物主义只好抑制自己的情欲，当一个禁欲主义者。它变成理智的东西，同时以无情的彻底性来发展理智的一切结论。"[①] 马克思指出霍布斯的唯物主义虽然比培根更为彻底和系统，但是以牺牲人的感性为代价。

---

① 《马克思恩格斯全集》（第二卷），人民出版社，1957，第163~164页。

作为经验主义的霍布斯哲学是"以无情的彻底性来发展理智的一切",那么唯理论哲学自然更是不食人间烟火。西方近代哲学到了 19 世纪,虽然发展得更为精致和完善,却是以抛弃现实世界、抛弃人的生活为代价的。哲学在从神学中抽身而出之后,又以另一种方式回归神龛,与世隔绝。

正是针对这种哲学上的矛盾与缺陷,马克思主义哲学产生了。马克思主义哲学为西方哲学带来根本性的变革,其变革的主要手段就是把实践,即人的历史,和人的社会生活放置到哲学视域之中,让哲学这具干瘪的僵尸成为一个有血有肉的斗士。所以有人把马克思主义在哲学史上的革命称之为"实践转向"。"实践"范畴是马克思主义哲学的核心。实践的观点是马克思主义哲学大厦的基石。

重要的是,马克思把实践引入哲学,除了克服上述西方哲学的矛盾和缺陷外,最艰巨的任务是他要对哲学委以时代重任。他在《关于费尔巴哈的提纲》第十一条中说:"哲学家们只是用不同的方式解释世界,而问题在于改变世界。"① 哲学本身当然不能改变世界,但它可以成为改变世界的精神力量,所以他在《黑格尔法哲学批判导言》中说:"批判的武器当然不能代替武器的批判,物质力量只能用物质力量来摧毁;但是理论一经掌握群众,也会变成物质力量。"② 马克思旨在用哲学来揭示人类社会历史发展的奥秘,让它成为先进阶级革命的精神动力。"哲学把无产阶级当做自己的物质武器,同样地,无产阶级也把哲学当做自己的精神武器;思想的闪电一旦真正射入这块没有触动过的人民园地,德国人就会解放成为人"③。用哲学去改变世界、解放人,这是马克思主义哲学对自柏拉图、亚里士多德、康德、黑格尔以来的西方"爱智慧"哲学传统精神的否定,马克思主义哲学因而区别于西方其他哲学,成为"批判的武器"。事实上,马克思主义哲学正是通过对人类社会实践规律的揭示,反过来再为人类改变世界的实践提供思想武器,马克思主义哲学的"实践"逻辑也正是在这一前提下展开的。

有了这些初步描述,我们基本可以得出这样的结论:在马克思主义创始人看来,哲学的全部任务不再仅仅是寻求所谓的终极真理,不只局限于对世界的终极解释,而是要具有尖锐的批判能力,用实践思维的方式对现实展开批判,为改变世界的实践提供强大的理论依据和动力支持。哲学的

① 《马克思恩格斯选集》(第一卷),人民出版社,1972,第 19 页。
② 《马克思恩格斯选集》(第一卷),人民出版社,1972,第 9 页。
③ 《马克思恩格斯选集》(第一卷),人民出版社,1972,第 15 页。

内容就是关于实践的，甚至哲学本身就是实践，这就是马克思主义创始人所说的理论与实践相结合，批判的武器与武器的批判相结合的原则。

这样看来，"实践"在马克思主义哲学中具有本体意义。这是一个危险的结论，因为在 20 世纪 80 年代，我国哲学界对马克思主义哲学本体问题展开过讨论，大致有物质本体论、辩证唯物主义本体论、实践本体论、客体本体论和物质—实践本体论。俞吾金还把马克思主义哲学的发展划分为五个阶段的本体论：自我意识本体论、情欲本体论、实践本体论、生产劳动本体论和社会本体论①。这些观点遭到了一些人的批判，特别是俞宣孟，他在《本体论研究》一书中单列一章讨论马克思对本体论的批判。俞宣孟通过列举马克思主义哲学创始人对黑格尔本体论的批判，再把恩格斯《反杜林论》作为一个批判哲学本体论的实例，来证明马克思主义哲学本身是反对本体论的。然后他说："本体论是一个旧哲学的概念，把这样一个旧哲学概念加给马克思主义哲学，不仅掩盖、抹杀了马克思主义实质上对本体论的批判，而且会模糊马克思主义哲学与旧哲学的本质区别，从而导致取消马克思主义在哲学领域所实现的革命性变革的意义。"② 看来，俞宣孟反对为马克思主义哲学确立本体论，是担心抹杀马克思主义哲学与旧哲学的区别。其实这种担心是不必要的，马克思主义哲学实现变革的根本标志不是有没有本体论，那只是哲学形式上的区别，而是马克思主义哲学把人的现实生活、社会生活和实践灌注生气于哲学。事实上俞宣孟在该章结尾也是这样认为的："和旧哲学根本不同的是，马克思主义的'哲学原理'——在唯物史观和哲学基本问题的表述中——表明：作为一切理论的最终'原理'恰恰不是理论本身，而是人的现实生活。马克思主义的'哲学原理'是指向实践的。马克思主义终止了一切高居于实际生活之上的哲学，却激活了遍及于生活之中的哲学。"③ 马克思主义哲学在内容上根本不同于旧哲学，完全不需要谨小慎微地担心本体论会让马克思主义哲学混迹于旧哲学之中。

本体论哲学是指由特定范畴开始，在逻辑上展开推论的形而上学，但是当某个范畴成为某种哲学的根本出发点和核心时，我们说这个范畴具有"本体意义"也未尝不可。实践范畴正是马克思主义哲学的核心范畴，是理解马克思主义哲学的始基，马克思主义哲学的辩证唯物主义和历史唯物主

---

① 俞吾金：《马克思哲学本体论思路历程》，《学术月刊》1991 年第 11 期。
② 俞宣孟：《本体论研究》，上海人民出版社，2005，第 135～179 页。
③ 俞宣孟：《本体论研究》，上海人民出版社，2005，第 179 页。

义正是在"实践"这一范畴下逻辑展演开的。

首先，辩证唯物主义哲学是建立在实践观的基础之上。辩证唯物主义就是把唯物主义和辩证法有机地统一起来，这使它从根本上区别于旧唯物主义。唯物主义和辩证法是怎样统一起来的呢？我们先看大家常引用的、马克思主义实践观的"原产地"——《关于费尔巴哈的提纲》第一条中的一句话："从前的一切唯物主义——包括费尔巴哈的唯物主义——的主要缺点是：对事物、现实、感性，只是从客体的或者直观的形式去理解，而不是把它们当作人的感性活动，当作实践去理解，不是从主观方面去理解。所以结果竟是这样，和唯物主义相反，唯心主义却发展了能动的方面，但只是抽象地发展了，因为唯心主义当然是不知道真正现实的、感性的活动本身的。"① 这里马克思表达了两个意思：第一，旧唯物主义承认事物、现实和感性世界的客观存在，但只是以静观的、被动接受的、直观的形式去理解这种客观存在。也就是说，旧唯物主义以解释人与世界的关系为目的，把人与世界间的关系看成"解释"关系；辩证唯物主义是以改变世界为目的，把人与世界的关系看成"改变"关系，即实践关系。第二，唯心主义发展了人的能动性方面，把世界理解为某种精神主体创造的结果。但唯心主义只是对其抽象地发展，所谓抽象是因为唯心主义把创造理解为一种神秘的精神的创造，而不是指人的具体的感性活动，即实践活动。比如黑格尔相信有一个神秘的"精神"实体，能够按照辩证法的各阶段发展下去。至于为什么会按照这些阶段发展，黑格尔的唯心主义哲学无法从根本上做出解释。

正是因为从人的感性活动上，从实践的角度来理解人与世界的关系，马克思主义哲学才从根本上区别于旧唯物主义哲学和唯心主义哲学，而被称为辩证唯物主义。关于这一点，罗素解释得比较清楚，他说："哲学家们向来称作是追求认识的那种过程，并不像已往认为的那样，是客体恒定不变、而一切适应全在认识者一方的过程。事实相反，主体与客体，认识者与被认识的事物，都是在不断的相互适应过程中。因为这过程永远不充分完结，他把它叫做'辩证的'过程。"② 马克思主义创始人把人的感觉活动或知觉活动看作主体与客体的交互作用，这就是实践。马克思主义哲学的

① 《马克思恩格斯选集》（第一卷），人民出版社，1972，第16页。
② 罗素：《西方哲学史》（下），商务印书馆，2003，第338～339页。

实践观从根本上克服了旧唯物主义把感觉看作被动的、把客体看作离开知觉活动的缺陷，在实践的基础上把二者统一起来。

其次，历史唯物主义也是依据实践范畴展开的。历史唯物主义就是关于历史规律的学说。在马克思之前，人们对历史的理解大都带有神秘主义或唯心主义倾向。康德把人类社会历史发展理解为"大自然隐秘计划的实现"，确认历史过程既是合规律的又是合目的的。谢林也认为人类历史中存在着以自由为目的的规律。到了 19 世纪，黑格尔以其博大精深的思辨哲学把人类社会历史纳入"绝对理念"的发展之中①。他们虽然都相信历史也是像自然一样按照一定的规律发展，但不可能对历史做出科学解释，只是神秘地把历史归结为是合乎某种目的或抽象精神而自我发展的。只有马克思主义创始人才从人的物质生产活动即实践入手，科学地揭示出社会历史的发展规律。

恩格斯在对马克思的悼词中说过，"正象（像）达尔文发现有机界的发展规律一样，马克思发现了人类历史的发展规律，即历来为繁茂芜杂的意识形态所掩盖着的一个简单事实：人们首先必须吃、喝、住、穿，然后才能从事政治、科学、艺术、宗教等等，所以直接的物质生活资料的生产，因而一个民族或一个时代的一定的经济发展阶段便构成基础，人们的国家制度、法的观点、艺术以至宗教观念，就是从这个基础上发展起来的，因而也必须由这个基础来解释，而不是象（像）过去那样做得相反"②。物质生活资料的生产是人类历史发展的根据。人类生产物质生活资料的能力就是生产力，它不仅表现着人与自然的关系能力，还根本决定着人与人之间的社会关系，即生产关系。人类历史就是在生产力与生产关系的相互作用中展开的，这个过程可大致描述为："在社会发展的现实过程中，社会物质需求的增长推动着物质生产力的发展，而物质生产力的发展水平或状况客观上必然要求人们之间的交往关系采取与之相适应的历史形式，从而当物质生产力发展到一个新的高度就必然会导致生产关系的历史形式发生变化，即用适应生产力发展要求的新的生产关系形式取代已成为生产力发展桎梏的旧的生产关系形式，生产关系的这种变化客观上也会要求社会的政治关系和思想文化关系发生相应的变化。整个社会生活都以现实生活的生产和

---

① 参见陈晏清、阎孟伟《辩证的历史决定论》，中国社会科学出版社，2007，第 388 页。
② 《马克思恩格斯选集》（第三卷），人民出版社，1972，第 574 页。

再生产为现实基础的，并随着这个现实基础的发展而不断改变，由此呈现出最终随着物质生产力‘拾级而上’的进步而合乎规律的发展过程。"① 马克思主义创始人正是通过对实践的把握，驱除了以往历史解释中的神秘主义，使历史在人类的物质生活活动中清晰地呈现出来。

"实践"既是马克思主义哲学的基础范畴，也是马克思主义哲学的最高范畴，具有本体论的意义。马克思说："社会生活在本质上是实践的。凡是把理论导致神秘主义方面去的神秘东西，都能在人的实践中以及对这个实践的理解中得到合理解决。"② 世界的一切都能在"实践"中找到合理的解释，它不仅可以解释人类的起源，还可以剖析复杂的社会构成机制，把握、理解纷繁的历史规律，"整个所谓世界历史不外是人通过人的劳动而诞生的过程"③。从实际来看，"美"也是人类生活中的一个最基本事实，"审美"也是人类所共有的一种普遍现象，它包含在人类的生活之中，因而也可以从马克思主义哲学的最高本体——实践范畴里得到毋庸置疑的解释。因此可以说，实践论美学是马克思主义实践哲学的必然应用，也是马克思主义实践哲学逻辑发展的必然结果。

二　实践范畴的无限应用

人的"社会生活在本质上是实践的"，而实践又具有本体意义，那么反过来说，实践也就能够解释人类社会生活的一切现象。在这种逻辑统率之下，将"实践"范畴贯彻到美学领域，去解释人类的审美现象，也就顺理成章了，其结果就是实践论美学。

美的本质是什么？其根源在哪？人类为什么会有审美这一独特现象？这些困扰人类千年的难题似乎在人们找到"实践"这一范畴之后迎刃而解。实践论美学按照马克思主义哲学解决纷繁复杂的社会历史规律的方式，轻易推导出这样的结论：美就是实践，美根源于实践（这一结论对于美学的意义是积极的还是消极的，笔者将在本章第三节重点讨论，这里要做的是揭示实践论美学的展开方式）。他们认为，美和美感都根源于人类的物质生活实践。就对象来说，美经过人们实践改造以后，对象具备了美的属性；就主体来说，美感也是人类在生产实践过程中，具备了认识美、感受美的

---

① 陈晏清、阎孟伟：《辩证的历史决定论》，中国社会科学出版社，2007，第389页。
② 《马克思恩格斯选集》（第一卷），人民出版社，1972，第18页。
③ 《马克思恩格斯全集》（第42卷），人民出版社，1979，第131页。

心理结构；就对象与主体间的关系来说，美的对象和主体的美感也是在实践基础上历史地统一起来的。这就是实践论美学的总体逻辑。

李泽厚是实践论美学的领军人物，他的美学思想体系庞大，结构完整，构成实践论美学的最基本形态。另外，他的从实践经由人再到美的逻辑行程，典型地反映出实践论美学的思维特点。后期他又强调建立主体性实践哲学，要求从人类学本体论的高度（角度）来研究美。这些都与实践哲学逻辑相契合。因此，本部分主要依据李泽厚后期实践论美学观，选取集中体现他这一时期美学思想且影响广泛的《美学四讲》为文本依据，分别从审美主体的实践构成、审美对象的实践创造和审美过程的实践可能三个方面，探讨实践论美学是怎样把"实践"范畴无限制地贯彻应用到美学研究之中的。

（一）审美主体的实践构成

李泽厚在 20 世纪五六十年代对审美主体的关注主要表现在强调美感的社会性来源上。到了 80 年代，他提出建立主体性实践哲学或人类学本体论哲学，希望在哲学的高度上，先弄清人是怎样生成的，然后再来理解人类的审美现象。他说："如果从人类学本体论的哲学角度去研究美学，就会与过去讲的所谓马克思主义美学有很大的不同。"① 过去的马克思主义哲学多半是外在地描述艺术与社会、政治及生活的反映与被反映关系，忽视对艺术现象、人的审美心理和审美经验等内在层次的研究。而人类学本体论哲学关心的不仅仅是艺术，它涉及人类、个体心灵、自然环境等诸多方面，成为人的哲学。"由这个角度谈美，主题便不是对象的精细描述，而将是美的本质的直观把握。由这个角度去谈美感，主题便不是审美经验的科学剖解，而将是提出陶冶性情、塑造人性、建立新感性；由这个角度去谈艺术，主题便不是语词分析、批评原理或艺术历史，而将是使艺术本体归结为心理本体，艺术本体论变而为人性情感作本体的生成扩展的哲学"② 。李泽厚不再像早期那样满足于从客观社会的层面对美的现象进行社会学描述，也不再满足于主观客观、唯心唯物的抽象争论，而是要把美学提升到人类学的高度，在历史的总体上，去考察主体构成方式。当主体的结构状态、形成条件弄清楚后，再去研究人类特有的审美现象就是水到渠成的事情了。

① 李泽厚：《美学三书》，安徽文艺出版社，1999，第 459 页。
② 李泽厚：《美学三书》，安徽文艺出版社，1999，第 467~468 页。

去思考人、关心人，要在整个人类的历史高度去研究人，建立起人类学本体论哲学，不能像旧有的西方哲学那样，用抽象的概念去演绎，去思辨，而是要把马克思主义实践观植入哲学之中，在实践的意义上去理解人，理解人类，这就是李泽厚所说的人类学本体论哲学。因此，李泽厚又把他的"人类学本体论哲学"称之为"主体性实践哲学"。对此，他在《批判哲学的批判》中有一段明确的解释：

> 本书所讲的"人类的""人类学""人类学本体论"，就不是西方的哲学人类学那种离开具体的历史社会的或生物学的含义，恰恰相反，这里强调的正是作为社会实践的历史总体的人类发展的具体行程。它是超生物族类的社会存在。所谓"主体性"，也是这个意思。人类主体性既展现为物质现实的社会实践活动（物质生产活动是核心），这是主体性的客观方面即工艺——社会结构亦即社会存在方面，基础的方面。同时，主体性也包括社会意识亦即文化——心理结构的主观方面。①

主体和实践是李泽厚这一时期哲学美学的关键词。他所说的主体不是那种抽象的认识主体，也不是单个的人，而是指在整个人类历史中实践着的群体；他所说的实践也不是那种个体制作活动，而是特指人类在历史纬度上的群体实践。从而，人类在漫长的历史实践中，最终形成了区分于自然界而又超越于生物族类的特性，这就是主体性。

由此可以看出，主体性是由工艺—社会结构和文化—心理结构两部分组成的，两种结构层面显然忽略了人的个体性特征，这是实践本身的规定性所致。所以李泽厚后来又在《关于主体性的补充说明》中对此进行了补充，"'主体性'概念包括有两个双重内容和含义。第一个'双重'是：它具有外在的即工艺—社会的结构面和内在的即文化—心理结构面。第二个'双重'是：它具有人类群体（又可区分为不同社会、时代、民族、阶级、阶层、集团等等）的性质和个体身心的性质。这四者相互交错渗透，不可分割。而且每一方又都是某种复杂的组合体"②。李泽厚从实践出发，确立了主体的基本构成要素，这个主体因而可以叫做主体性实践或者是实践

---

① 李泽厚：《批判哲学的批判》，天津社会科学院，2003，第84页。
② 《李泽厚哲学美学文选》，湖南人民出版社，1985，第164页。

主体。

主体是人类在实践中发展确立起来的，那么审美主体的构成当然也需要用人类实践活动去做出合理的解释。在主体的"两个双重"结构中，"人类群体"和工艺—社会结构是基本的决定方面。它其实是人类的实践在某一时期具体化表现，如当时的科学发展状况、工业生产水平等。它虽不与美直接相关，却占据着主导地位。

现在的问题是，在与美直接相关的"个体身心"和文化—心理结构这一结构中，主体的美感（广义）即审美意识是怎样产生的？按照实践美学的逻辑，我们当然可以毫不犹豫地回答是实践。这是一个确凿无疑的回答，但不能具体地描绘出美感产生的过程，需要借助马克思主义经典文本里的"自然的人化"概念。所谓"自然的人化"，指的是具体的实践过程，因为实践就是主体和客观相互交流展开的过程。实践是一个总括性的概念，"自然的人化"是一个描述性概念，两者名异而实同。事实上，李泽厚正是这样来解释美感产生的过程。他说："人的审美感知的形成，就个体来说，有其生活经历、教育熏陶、文化传统的原因。就人类来说，它是通由长期的生活实践（首先是劳动生产的基本实践），在外在的自然人化的同时，内在自然也日渐人化的历史成果。亦即在双向进展的自然人化中产生了美的形式和审美的形式感。"[1]在李泽厚看来，外在"自然人化""化"出了美丽的山河大地，内在的"自然人化""化"出人的情感、需要、感知、欲望以至人所特有的器官。"两个'自然的人化'都是人类社会整体历史的成果。从美学上讲，前者（外在自然的人化）使客体世界成为美的现实。后者（内在自然的人化）使主体心理获有审美情感。前者就是美的本质，后者就是美感的本质，它们都通过整个社会实践历史来达到"[2]。外在的"自然人化"是他解释对象为何美的问题，这是下一部分要着重讨论的内容，内在的"自然人化"解决的是美感产生的问题。

那么内在"自然"又是怎样"人化"的呢？审美直接和人的感官、情感相关，"自然的人化"也必须从这两个方面做出解释。李泽厚认为，内在自然人化分为感官的"人化"和情欲的"人化"两个方面。感官之所以能够"人化"，主要是"由社会实践所造成的"，人们制造和使用工具的实践

---

① 李泽厚：《美学三书》，安徽文艺出版社，1999，第 475 页。
② 李泽厚：《美学三书》，安徽文艺出版社，1999，第 510 页。

活动，使"现实物质世界的各种各样结构规律和形式日益深入和广泛地被揭示了出来，并首先保留、巩固、积累在这种劳动实践之中，这当然便直接作用于感觉、知觉、感受和情感等等人的感性存在和五官感觉，而与动物区别开来"。① 现实世界的规律和形式通过生产劳动，被固化为人的感觉、知觉的一部分，使人的感官变得更加复杂，感觉变得更加精细，从而"人化"。另外，感官的"人化"还表现在感官的个人功利性消失，成为一种社会性的东西，即是感性的社会性。由于我们的感官既固化了现实世界的规律和形式，又具有了社会性，因而美感"具有个体感性的直接性（亦即所谓直观、直觉、不经过理智的特点），但又不仅仅是为了个人的生存，它具有社会性、理性。所以审美既是个体的（非社会的）、感性的（非理性的）、没有欲望功利的，但它又是社会的、理性的，具有欲望功利的"②。看来在李泽厚那里，个人的感性直觉性内容就是对自然和社会的认识，也具有社会性，美的全部本质就是社会性。

情欲的"人化"是指最具自然状态的"七情六欲"在制造工具和使用工具的实践中变成社会性的过程。"人的感情虽然是感性的，个体的，有生物根源和生理基础的，但其中积淀了理性的东西，有着丰富的社会历史的内容"③。至此，我们可以得出这样的结论："人化"是指人在物质资料的生产实践活动中，其感觉、知觉和情感都具有了社会性，人由个体生物成为超生物个体的社会性的人，人的感觉和情感由动物性生理本能上升为社会理性。简而言之，"人化"就是由生物的人"化"为社会的人。

总之，制造和使用工具的实践使生物性的人变成社会性的人，美感就成为人对自己的情感、感觉中所具有的社会性内容的"感知"，不过是以个体的、感性的形式表现出来罢了。所以，"感性之中渗透了理性，个性之中具有了历史，自然之中充满了社会；在感性而不只是感性，在形式（自然）而不只是形式，这就是自然的人化作为美和美感的基础的深刻含义，即总体、社会、理性最终落实在个体、自然和感性之上"④。为解释个体的、感性的之所以能够表现出社会的、理性的内容，李泽厚提出"积淀说"，认为审美"是人的主体性的最终成果，是人性最鲜明突出的表现。在这里，人类

---

① 李泽厚：《美学三书》，安徽文艺出版社，1999，第 513 页。
② 李泽厚：《美学三书》，安徽文艺出版社，1999，第 514 页。
③ 李泽厚：《美学三书》，安徽文艺出版社，1999，第 514 页。
④ 李泽厚：《美学三书》，安徽文艺出版社，1999，第 516 页。

的积淀为个体的，理性的积淀为感性的，社会的积淀为自然的。原来是动物性的感官自然人化了，自然的心理结构和素质化成为人类性的东西"①。

实践产生了人类，使人成为社会性的人，这是在主体性实践哲学下建构起来的总命题，它是解释一切的基础，也是解释美的前提。李泽厚说："认识如何可能、道德如何可能、审美如何可能，都来源和从属于人类如何可能。"② 实践论美学认为，美感是人类所特有的高级现象，而美感又主要表现在人的感觉和情感上面，那么接下来的问题就必须解释最具有动物性生理本能的感觉和情感是怎样获得社会性的，否则美感就不会是人类所特有。自然而然，实践是解释这一问题的出发点，因为实践是改变一切的前提。在实践中，人的"内在自然""人化"，于是人的感官、感觉和情欲都具有了人性，即社会性，这是美感的实质内容。可见，审美主体也是在制造工具和使用工具的物质生产实践构造出来的。

(二) 审美对象的实践创造

实践论美学代表人物李泽厚认为，美是客观存在的。那么这个客观存在的美是什么，它为什么会美？对于这个问题的解释同样需要从人类的实践活动中找答案。

美是什么？许多美学家经常把美看成美的对象，如美的花、美的山水等。还有一部分美学家把美看成是美的性质或美的质素，如对称、和谐、比例等。李泽厚认为，这些都没能从根本上回答美的问题。美学研究的根本问题是为什么美的对象会美，为什么一定的比例、对称、和谐会具有审美性质，这些形式为什么会成为美。这些问题才是美的最本质问题。李泽厚说："所谓'美的本质'是指从根本上、根源上、从其充分而必要的最后条件上来追究美。所以美的本质并不就是审美的性质，不能把它归结为对称、比例、节奏、韵律等等；美的本质也不是审美对象，不能把它归结为直觉、表现、移情、距离等等。"③ 美的本质应该归结到美的根源上，这是实践美学研究的路线图。实践论美学认为，美学不必再去描述美的对象和美的质素，而是要站在人类学的高度先去研究"人何以可能"，在此基础上找到美的历史根源。就像美感根源于人类的实践一样，美也应该根源于

---

① 《李泽厚哲学美学文选》，湖南人民出版社，1985，第 161 页。
② 李泽厚：《美学三书》，安徽文艺出版社，1999，第 465 页。
③ 李泽厚：《美学三书》，安徽文艺出版社，1999，第 476 页。

"人类制造和使用工具的实践"，其过程就是自然的"人化"。

上文说过，"自然人化"是实践的展开过程，和实践名异而实同，李泽厚也是这样表述的："在我看来，自然的人化说是马克思主义实践哲学在美学上（实践也不只是在美学上）的一种具体的表达或落实。就是说，美的本质、根源来于实践，因此才使得一些客观事物的性能、形式具有审美的性质，而最终成为审美对象。这就是主体论实践哲学（人类学本体论）的美学观。"① 这一段解释十分清晰：自然的"人化"就是实践的落实，正是人类的实践使客观事物具有了美的性质。因此可以说，实践创造了美。

李泽厚关于美本质的核心观念是"美是真与善的统一"②。李泽厚在阐述其美学主张时，运用了大量自设性概念，而许多人在缕述其美学思想时没能从整体出发，总想面面俱到，最终迷失在他的概念的密林里，不得要领。"美是真与善的统一"是李泽厚关于美本质的总的结论，是由"自然的人化"推论而来，这是他的逻辑的全部。其他的概念，诸如"形式""合规律""合目的""造形""同构"等，全部是围绕这一核心观点展开，是为他进一步论证和描述服务的。先看下面一段文字：

> 通过漫长历史的社会实践，自然人化了，人的目的对象化了。自然为人类所控制、改造、征服和利用，成为顺从人的自然，成为人的"非有机的躯体"，人成为掌握控制自然的主人。自然与人、真与善、感性与理性、规律与目的、必然与自由，在这里才具有了真正的矛盾统一。真与善、合规律性与合目的性在这里才有了真正的渗透、交融与一致。理性才能积淀在感性中，内容才能积淀在形式中，自然的形式才能成为自由的形式，这也就是美。美是真、善的对立统一，即自然规律与社会实践、客观必然与主观目的的对立统一。③

这一段话几乎包含了李泽厚美学思想的所有关键性概念，也很能代表他对于美的本质的全面看法，而且他在《美学四讲》中又做了重申。因此，我们可以围绕这段话，对他的"美是真与善的统一"命题进行分析。

第一，美只能是客观的与社会的统一，即真与善的统一、合规律和合

---

① 李泽厚：《美学三书》，安徽文艺出版社，1999，第 478 页。
② 李泽厚：《美学三书》，安徽文艺出版社，1999，第 480 页。
③ 李泽厚：《批判哲学的批判》，天津社会科学院出版社，2003，第 402 页。

目的的统一。三者表述方式不同，而意思完全一致。就客观来说，因为"如果没有对现实规律的把握，光是盲目的主体实践，那便永远只能是一种'主观的、应有的'的善，得不到实现或对象化，不能具有感性物质的存在，也不能有美"。就社会性来说，因为"如果没有人类主体的社会实践，光是由自然性所统治的客观存在，这存在便与人类无干，不具有价值，不能有美"①。看来，李泽厚所说的客观指的就是客观规律，即是真；主观就是人类的需要，即是善。真就是常常掩盖在事物现象之下的规律、法则。善一般有两种意思：一是指人与人之间的一种肯定性、积极性的伦理关系；二是指一种功利性的有用，或得到好处。李泽厚所指的善显然是指有用或得到好处，并且不是相对于个人来说的有用或好处，而是对整个人类群体来说，满足人类群体的目的需要，所以真与善的统一就是合规律与合目的的统一。这种统一必须表现为感性的物质存在，即通过实践活动，表现在具体的客观事物里，而不是像朱光潜那样，在主观意识中形成统一。比如人为渡河的需要，按照水的浮力规律和木材漂浮规律制造出船，这船就是实现了真与善的统一的感性存在，是实践的成果，所以这船是美的。

第二，为什么客观规律与人的目的需要的统一，即真与善的统一能够产生美？李泽厚通过对格式塔心理学的"同构说"进行改造来回答这一问题。格式塔心理学认为，自然形式与人的身心结构发生同构反应，便产生审美感受，李泽厚则认为这只是现象。实际上，在人与自然之间，同构之所以能够产生是因为主要以社会实践为中介。李泽厚说，劳动生产就是人类运用规律作用于自然的主体活动。在漫长的制造工具和使用工具的过程中，自然界的一些规律逐渐地被人类熟悉、掌握、运用，随着时日的增加，这些被人类熟悉和重复掌握的规律便成为人类的一种合规律的性能和形式。当人类的这种合规律的性能和形式与外在自然事物的性能和形式产生同形同构时，才会产生美。所以，"外在自然事物的性能和形式，既不是在人类产生之前就已经是美的存在，就具有审美性质；也不是由于主体感知到它，或把情感外射给它，才成为美；也不只是它们与人的生物生理存在有同构对应关系而成为美；而是由于它们跟人类的客观物质性的社会实践合规律的性能、形式同构对应才成为美"②。

①　李泽厚：《美学三书》，安徽文艺出版社，1999，第478页。
②　李泽厚：《美学三书》，安徽文艺出版社，1999，第480页。

李泽厚对此没有举例，我们可以做出这样的理解——比如在原始社会，人们发现拥有修长的双腿和发达的肌肉便于追逐猎物，能够轻易地战胜猛兽。随着生产实践的深入发展，这种规律反复出现，不断地被人类应用，便成为生产斗争的一种性能和形式。当人们看到修长的长矛、飞速的奔跑、健硕的身躯时，不需要再把它们和打猎、战斗等规律联系起来，因为形式本身就包含了内容。这就是美的原因。上文中李泽厚所说的真与善、合规律与合目的"渗透、交融与一致"以及理性积淀在感性中、内容积淀在形式中指的就是这个意思。因此美的表面是形式，实质在于生产实践的内容。

美是真与善的统一，且统一的前提是实践。真与善何以能够统一而成为美，其原因也在于社会实践。总之，美是人类制造和使用工具的实践所创造的。这符合李泽厚的原意，他曾直接这样表述："是人类总体的社会历史实践这种本质力量创造了美。"① 他关于"美是自由的形式"说，以及他对社会美和自然美的论述都是由此详细展开的，笔者在此不再详述。

直接深入阐述"劳动创造了美"的是刘纲纪。刘纲纪认为，劳动创造了美是"一个标志着美学的重大变革的命题"。在他看来，劳动产品的美是从劳动创造的才能而来的，是人支配自然的力量的表现，也就是人的自由的表现。可见，他对于自由的理解和李泽厚基本一致，都是指人类对于自然的征服，是指劳动生产能力的提高。刘纲纪认为劳动有两个层面，一是经济学意义上的劳动，它创造了商品；另一种是劳动本身，就其作为改造自然的一种能力来说，它创造了美。他说："劳动，作为具体劳动（经济学意义上的），创造出一个产品的使用价值；作为抽象劳动（同样是经济学意义上的），创造一个产品的交换价值；作为人类支配自然的创造性的自由活动，创造出一个产品的审美价值。这就是马克思讲的'劳动创造了美的'真实含义。"② 在刘纲纪看来，美的根源就在于，从劳动成果那里体现出人类征服自然、改造自然的一种自由力量。

（三）审美过程的实践可能

审美是如何发生的，其过程和结构又是怎样的，实践论美学代表人物李泽厚在他的《美学四讲》中对此进行了详细描述。他把审美过程分为准备阶段、实现阶段和成果阶段。其中，实现阶段又叫审美知觉阶段，包含

---

① 李泽厚：《美学三书》，安徽文艺出版社，1999，第485页。

② 参见阎国忠《走出古典—中国当代美学论争述评》，安徽教育出版社，1996，第421~422页。

感知、理解、想象、情感四个因素。但读完这个描述，许多人感觉似乎与他的实践论美学观相抵牾。因为李泽厚在描述审美过程时，充分注意到审美的形式性、感性、想象性和情感性，详细阐述了人是怎样专注于对象的形式或结构，在审美感知中生理性感官对于审美的重要作用，审美过程中的非功利状态，以及想象是怎样使理解不走向固定概念，使情感构造出一个多样幻化的世界。同时，他还对康德美学思想的科学性给予充分肯定，等等，一改实践论美学重实践、重历史、重理性、重群体、重社会的面貌特色。因此，汪济生在"解构李泽厚的实践美学"时批评道："综观李泽厚先生所展开的'审美活动过程'，问题是多方面的。他把'生理欲望'和'原始本能'纳入他的'审美活动过程'，产生了明显的'不兼容'状态，甚至使他的理论系统内部发生了逻辑、演绎关系的逆转。"李泽厚之所以会发生这样的变化，汪济生猜测也许他"被大量的审美实践和急速发展的社会现实所合成的强大力量逼迫而成的，带些'屈打成招'的成分也未可知"①。

汪济生是采用文本"细读式"的批判方法，在体现出深入细腻等特色的同时，往往因为专注细节而一叶障目。其实，李泽厚是在经验层面上，对审美过程做现象性的描述。他在开篇就自我交代说："拟对美感过程和结构作一并不科学的粗略描述，旨在从经验现象上较具体地验证上述哲学提法。"② 既然是现象，就不是本质，顶多是本质的浅层表现，有时甚至是歪曲的表现。实践论美学在描述审美过程时，一方面描述现象，阐述审美时各种心理活动的丰富性和复杂性；另一方面又要追根究源，把它和动物性的心理活动相对比，通过论证人类的感知、情感、想象等审美心理要素，都是在人类实践过程中"人化"的，从而把审美过程之所以能够实现归结到人类的实践活动上面来。李泽厚曾自我表白过，他说："内在自然的人化，是我关于美感的总观点。"③ 内在"自然的人化"就包括"感官的人化"和"情欲的人化"两个方面，审美过程中的各种心理因素都是由这两个方面"人化"而来的。因而，我们可以把李泽厚对于审美过程的描述看作他的"美感哲学论"在经验层面上的展开。

首先是审美态度。审美态度是进入审美经验的准备阶段，它主要表现在审美注意上，因为审美注意把审美态度具体化了。审美注意力与一般的

① 汪济生：《实践美学观解构—评李泽厚的〈美学四讲〉》，上海人民出版社，2007，第169页。
② 李泽厚：《美学三书》，安徽文艺出版社，1999，第518页。
③ 李泽厚：《美学三书》，安徽文艺出版社，1999，第512页。

注意力不完全一样，它主要是一种对于对象形式或结构的注意。李泽厚说："审美注意并不直接联结也不很快过渡到逻辑思考、概念意义，而是更为长久地停留在对象的形式结构本身，并从而发展其他心理功能如情感、想象的渗入活动。因之，其特点就在各种心理因素倾注在、集中在对象形式本身，从而充分感受形式。"① 李泽厚所说的结构和形式并不是形式主义美学所论的那种纯粹的形式。实践论美学认为，人类在漫长的实践过程中，由于某些自然规律在生产劳动中被人们熟悉、掌握和重复应用，于是转化成一种实践的能力和形式。也就是说，形式是人类实践、认识的结果，其本身包含着规律甚至本身就是规律。审美注意的实质是人类在实践中所形成的能力、形式对于自然对象规律形式的一种对应关系。

其次是审美实现阶段。审美实现阶段即人们常说的美感和审美愉快。李泽厚承认审美愉悦是人的多种心理功能的协和愉快，他甚至说要通过开列数学方程式的办法，计算出审美愉悦中各种心理活动所占比例（当然，对各种审美心理活动都做出精细地描述，就现有的哲学或心理学水平来看，还不可能实现）。美的最大秘密就在于这各种心理活动是怎样相互作用的，这种协和一致的活动与愉快的关系究竟怎样，这是美学未知但又面临的重大课题。李泽厚主要描述了审美过程中感知、理解、想象、情感四种心理活动。就他的描述来看，各种心理活动的基本目标是认识，认识的可能完全依赖于实践。

审美感知即是对审美对象的知觉。李泽厚认为，感知表面看来是对对象的感觉，其实超越了动物生理性，包含着认识和理解因素，有许多超感知成分。他以观赏图画为例，说画在纸上的平面图画，却能够被人们看成是立体的，这其中就融合了观赏者的生活经验，有着超感知的认识因素，是人类社会的实践成果。他说："对象不只通由感官而被认识（理解）的对象，而是作为实践的对象被感官所'立体'地感觉着，这已成为某种理解了的视觉（感知）对象，尽管可以是非自觉的。"所谓"立体"，即感觉与对象是在实践的基础上历史地结合着。对象是作为实践的对象，感官也是作为实践成果的感官。两者的结合是在实践的历史中生成的，是非自觉的。

"一般的感知如此，审美感知中亦然"②。人类的审美感性之所以有理

———————

① 李泽厚：《美学三书》，安徽文艺出版社，1999，第 519 页。
② 李泽厚：《美学三书》，安徽文艺出版社，1999，第 522 页。

解、认识的成分，是因为在实践活动中，人类的文化—心理结构在历史中不断进步，不断积淀。比如一开始人们看不懂特写、倒叙，现在能够看懂了，这就是人感官进步的结果。"所有这些都是'自然的人化'"。最后，李泽厚总结说："人类的审美感知已经是一个复杂的社会—生理产物。其中除了将生理感知赋予特定的社会含义如圆形之代表成功、完满，色彩标志等级服饰，人物之大小代表社会地位的高低（如阎立本的《历代帝王图》）等等（这种社会约定又仍然受一定生理规律的制约，如黑色极少表示喜庆，最多只代表庄重肃穆；红色一般总象征热烈、活泼；人物大代表地位高等等）之外，就在一般的审美感知中，便已包含着朦胧的理解，这理解不是社会的约定（如上述服饰色彩之类），不是逻辑的认识，而是一种对自然形式的领悟。"① 李泽厚想要表达的是人类的实践活动让自然规律形式化，成为人的实践能力。在实践中，人的理性不断积淀在感性中，感知从而获得了超感知能力，这就是审美发生的出发点。

感知如此，理解、情感、想象等心理活动都必然是非生物性的，是由人类的实践造就的。李泽厚把审美中的理解分为四个层次，即意识到自己处于非实用状态；对审美对象内容的认识；对审美对象情感性质、技术特征的认识；与感知、想象、情感诸因素融为一体的"某种非确定性的认识"。第四种说法显然来自康德，也是李泽厚特别强调的一种，但二者内容其实根本不同。康德所说的审美愉悦就来自这不确定本身，一旦确定为一种概念，审美就结束了。而李泽厚所说的"非确定"是指有很多认识，只是暂时"还不能或没有为概念所掌握和理解"。李泽厚也承认上述康德说法，认为康德的这种看法"至今仍然是深刻和准确的"，但他要在康德的先验形式论中填上马克思主义的历史实践论内容，去改造康德的理论。因而两者虽说法相同，实质却大相径庭。

情感和想象是审美活动中最重要的心理因素，但它们之所以在审美实践中能担当重任，归结于人类长期的历史实践活动。李泽厚承认审美活动中情感所具有的原始欲望一面，他说："人是动物性的感性存在，某种本能性的欲望、意向、要求、期待，必然在审美中有所表现。虽然我不赞成把审美或艺术定义为'欲望在想象中的满足'，但在审美或艺术中却确有这种

---

① 李泽厚：《美学三书》，安徽文艺出版社，1999，第525页。

因素。"① 需要注意的是，这是情感在经验上、现象层面的表现。从根本上看来，审美过程中的情感，是超生理性的，是"自然的人化"作用于情感，即"情欲的人化"的结果。李泽厚反复强调，那种有着生物根源和生理基础的感情，虽然是以个体感性方式表现出来，但其中积淀理性，有着丰富的社会历史的内容。它虽然仍是动物性的欲望，但已有着理性的渗透，具有超生物的性质。同样如此，想象也是人类实践的结果，"动物没有想象，只有人能想象"。我们所回忆、联想、类比、期待的内容实际上就是人类的社会实践，是人类所经验的东西。所以李泽厚说："想象在这里便不简单是心理学的经验问题，而是关系到人性心理结构的本体论的哲学问题了。"② 他所说的本体论就是人类学本体论，即是主体性实践哲学。

最后是审美成果。审美成果就是审美愉快，是感受到美时的愉悦，即是狭义上的美感。"美感"一词在李泽厚那里有广义和狭义之分。广义的美感即感受美的能力，也叫审美意识和审美心理，它属于主体建构方面，笔者在"审美主体的实践构成"中已做过讨论。那么作为审美成果的美感，即审美愉快的性质是什么？是崇高，是悲壮，是优美还是滑稽？这当然不是实践论美学所关心的问题。实践论美学要在实践的意义上，把审美愉快看成人性的"'新感性'和'自然人化'"③ 方面来探讨其意义和实质。

李泽厚说，迄今为止关于审美感受有两种意见，一种是把审美感受看成是日常生活中的各种经验感受，把审美经验等同于日常生活经验，如瑞恰兹（I. A. Richards）、杜威等；另一种则根本否定审美感受中的经验性，认为审美情感是不涉及内容的纯形式感受，是"有意味的形式"所引起的特殊的心理对应感受，如贝尔和弗莱等。前者适用于再现艺术，后者与表现艺术合拍，但两种意见都不够完整。"前者没看到美感作为积淀成果，与一般日常经验确有不同之处，它是人类新感性的高级产物，的确存在那种能欣赏纯形式的审美感受；后者却始终讲不清究竟什么是'有意味'，人为什么会有这种'纯粹'的审美感情，它们是如何可能的？"④ 在李泽厚看来，审美愉悦由两个方面构成：一个是一定的形式结构，一个是日常生活中的感知、理解、想象情感。关于形式结构，它在实践论美学中有着特殊的意

---

① 李泽厚：《美学三书》，安徽文艺出版社，1999，第 531 页。
② 李泽厚：《美学三书》，安徽文艺出版社，1999，第 528 页。
③ 李泽厚：《美学三书》，安徽文艺出版社，1999，第 531 页。
④ 李泽厚：《美学三书》，安徽文艺出版社，1999，第 533 页。

义，是指人类在漫长的制造和使用工具的实践中，对自然规律的特殊把握（笔者已做过详细的论述）。同样，人类的情感、经验在生活实践中，也会构造成一定的情感心理形式，具有先天性特征，构成"人类天性中所具有的趣味的法则"，贝尔"有意味的形式"就描绘出这种情感结构的某些特征。这才是审美愉快的根源。可以说审美愉快就是日常经验和生活情感被纳入、剪裁和熔铸在特定的审美心理结构之中而产生的情感，其结果推动了审美观念或审美趣味的提升，孕育审美理想，并达到成果阶段，这也就是"积淀"和"自然的人化"。

总之，审美态度、审美过程、审美成果尽管形态万千，纷繁复杂，但万变不离其宗，它们都是人类实践的结果，都建立在人类实践的基础之上。如果没有人类的实践活动，就不会有人类，更不会有人类的审美现象。正是在实践的主导下实现了"自然的人化"，人才成为实践主体的人即社会的人。也正是在实践的过程中，社会理性向感性积淀，社会性、历史性向心理结构积淀，从而使人类的感性拥有了超感性能力，使人类心理"积淀"出超形式的能力结构。这是审美过程之所以能够实现的根本原因。因此，审美表面上看是个人的、感性的，实质上是社会的和历史的。审美成为超生物的享受和需要。

第三节　歧途：美被悬置

实践论美学将美学视点由客观事物和客观社会转向了人，把主体的欲求、情感、感性、知觉等纳入美学研究之中。姑且不论实践论美学对于人的感性、情感和想象做出何种理解，但它实现了美学对审美主体的关注，意识到美与人的紧密关系，仅就这点来说，实践论美学无疑具有里程碑意义。实践论美学是在批判反映论美学的斗争中建立起来的。它虽然还属于认识论美学，但它在哲学的高度上从主体的生成建构出发，通过研究、揭示人的本质，进而研究人所具有的独特的审美现象，探究美的根源、美感的本质、审美的发生以及艺术特征等。这种思维方式显然超越了早期认识论美学，而具有了独立形态的意义。就其对人的关注来说，实践论美学无疑是当代中国美学向美自身回归的一次伟大尝试。

不可否认的是，实践论美学直接从马克思主义实践论哲学逻辑出发，把具有本体意义的"实践"范畴无限应用到美学研究之中，其理论出现重大问题。实践论美学通过"积淀说""自然的人化说"等，把具有个体性、感官性和形式性的审美本质，打包归结到人类制造和使用工具的实践，归结到看不见摸不着的群体、理性和历史之中，于是美消融在实践论哲学里不见踪迹，美成为社会、历史这个庞然大物鼻翼下的寄生物（李泽厚有时把美看成是人类最高级本质的表现，但在讲根源时美又成了历史、实践的分泌物，这构成李泽厚美学思想的一种矛盾），实践论美学因此招致许多批评之声。

实践论美学的最大失误在于把马克思主义实践论哲学等同于美的科学、将人的本质等同于美的本质，去谈论人的历史如何、人的本质如何，而没有深入人的心理世界，捕捉到人类审美瞬间的实质。虽然美的本质与人的本质有极大关系，但后者只是前提和基础。从实践论哲学、人的本质论哲学到美的科学，还有漫长的里程，需要诸多中介。对实践论美学批判较为中肯有力的是阎国忠和叶朗。阎国忠说："实践美学的根本问题是试图以实践（物质实践）解释所有的审美现象。而审美从根本上说却不属于或不完全属于实践的问题……所以，实践美学实际上并非是本真意义上的美学，充其量只是对美学的有关问题作出了历史的和社会学的解释，或者更深一层说，是为美学提供了一种历史唯物主义的观点和方法论。"① 叶朗也说："仅仅抓住物质生产实践活动，仅仅抓住所谓'自然的人化'，不但说不清楚审美活动的本质，而且也说不清楚审美活动的历史发生。李泽厚后来把自己的观点称之为'人类学本体论美学'，其实他所说的'自然的人化'，最多只能说是'人类学'，离美学领域还有很远的距离。"② 可见，实践论美学向审美主体的回归是不彻底的，它受制于实践主体，忽略了"美自身"，"美"因而被悬置。

一　把实践哲学当作美的科学

实践论美学把美的科学当作实践论哲学，把实践哲学对人的本质、人的历史、人的社会的论证方式，直接应用到解释美的本质和根源上。"实践"在实践论哲学那里具有本体意义，它是人之所以为人的根据，也是人

---

① 阎国忠：《走出古典—中国当代美学论争述评》，安徽教育出版社，1996，第408页。
② 汝信、王德胜主编《美学的历史：20世纪中国美学学术进程》，安徽教育出版社，2000，第753页。

的社会、历史和人的解放的根据，因而也是人类审美的根据。实践论美学的这种思维方式是在美学学科诞生之前西方哲学美学的主导思维方式，它不是把美看成一种独立的现象来研究，而是把美当作其哲学思想的一个例证。从这个方面讲，实践论美学并没有确立起独立的美学意识，在思维方式上仍然属于"西方前美学学科时代"。实践论美学只谈了人如何，而没有触及美怎样，美笼罩在"实践"的雾霭里，漂浮在人性和"人化"的泡沫中，美被悬置了！

所谓"西方前美学学科时代"，是指在鲍姆加登奠定美学学科的 18 世纪中期以前。那个时期的美学像许多美学史所描述的那样——隶属于哲学学科，甚至连独立的美学意识都没有。尽管也有大量的关于诗歌、艺术本质特征的论述，但都是为了申发某种哲学思想的需要，而不是因为诗歌艺术本身就具有独立形态引起了理论家的注意。

在希腊早期，诗人和哲学家都认为自己掌握着发现真理的手段，于是两派之间长久以来发生着关于"谁更掌握着真理"的争辩。哲学家指责诗人假聪明和明显无知，而诗人则声称自己是以恰当的形象体现着非凡的真理。争辩双方出于各自的需要，均对诗歌、艺术的本质特征做出有利于自己的阐释。所以吉尔伯特说，"诗歌出现在哲学的地平线上，不是作为一种研究对象，而是作为一个颉颃的对手"，"美学与其说产生于任何纯粹的悟性活动中，不如说产生于争辩过程中"，而且这种争辩"在以后各个世纪中，以各种不同的形式持续下去"[①]。从自己的哲学体系出发，不同的哲学家对美与艺术特征做出了不同的解释，如为了服从"理想国"的需求，柏拉图要把诗人从理想国驱逐出去；为了证明艺术模仿的是现实而不是"理念"，亚里士多德要求艺术要反映现实生活的本质和规律等。诗歌和艺术大多数情况下是为了验证哲学理论，或作为一个论争依据被提及的，而不是当作一个独立存在系统来研究[②]。模糊的美学意识，导致前美学学科时期的美学思想只能是某种哲学思想在审美领域的证明，而不是独立的美学研究。

---

① 〔美〕吉尔伯特、〔德〕库恩：《美学史》（上卷），夏乾丰译，上海译文出版社，1989，第 9~11 页。

② 虽然在文艺复兴时期，美已作为一个话题被谈论，但大都限于对美的现象进行描述。到了英国经验主义时期，人们才从感官、情感、想象等方面进行系统研究，如舍夫茨别利的"内感官说"、休谟对想象的研究、柏克对崇高和美的研究等，标志着人们具有了明晰独立的美学意识，为后来美学学科的提出奠定了基础。

古代希腊哲学是宇宙论哲学，哲学的目的是要为整个世界找到一种本源。于是就像笔者在"绪论"中所论及的，毕达哥拉斯认为事物的本性就是数，数的原则统治着宇宙中的一切现象。当把事物的一种属性——数——加以绝对化，并看成是一切存在的根源时，数就成为解释世界一切的出发点。毕达哥拉斯发现音乐的不同的音调，都是按照一定数量上的比例而组成的，便得出了"音乐是对立因素的和谐统一，把杂多导致统一，把不协调导致协调"①。他将这种和谐的道理推广到建筑、雕刻等其他艺术，最终推导出美的本质在于"和谐"的命题。赫拉克利特把世界万物的本质看成是火，而火是稳定性最小，"万物从火中逐渐形成它们的实质，并通过相反的过程又复归为火"，这一过程永不静止，因而世界上也没有任何永久不变的形式②。美也是如此，他说"最美丽的猴子与人类比起来也是丑陋的"③，提出美的相对性问题。

柏拉图哲学是以截然划分精神与物质、神与世界、肉体与灵魂的二元论为根据的唯心主义体系。他把真正意义上的存在只归于精神。"理念"是精神的实体，是万物的本原，是真实的第一性的存在，物质的感性世界是虚幻不真实的，是"理念"的派生物、影像或摹本。"理念"处于纯粹而独立的状态，居于"九天之上"，有自己的住所，灵魂在前世已经在那里见过它们④。由这种基本哲学思想出发，柏拉图认为，美不是漂亮的小姐，也不是一个美的汤罐，而是"加到任何一件事物上面，就使那件事物成其为美"的美本身⑤。和他的本体论哲学一样，他否定了个别的美的现象，要求理解美的本质即美本身。美本身就是美的理念，要认识它就不能光凭感觉，因为感觉只能接触可感世界，而美本身却处于超感觉世界，因而要靠"灵魂回忆"或进入"迷狂"状态。

同样，普罗提诺美的"分有说"是他的"流溢说"哲学的验证。即使到了黑格尔时期，他庞大的《美学》体系仍然是在哲学的框架里，依据逻辑的形式，按照"理念"实现的各阶段和实现动力逐步推演出来。由此可见西方这种哲学传统的顽固性。当然黑格尔既代表着这种古典哲学的高度，

---

① 朱光潜：《西方美学史》，人民文学出版社，1963，第33页。
② 〔德〕策勒尔：《古希腊哲学史纲》，翁绍军译，山东人民出版社，1992，第48页。
③ 北京大学哲学系美学教研室编《西方美学家论美和美感》，商务印书馆，1980，第16页。
④ 〔德〕策勒尔：《古希腊哲学史纲》，翁绍军译，山东人民出版社，1992，第139页。
⑤ 《柏拉图文艺对话集》，朱光潜译，人民文学出版社，1963，第188页。

也预示着这种哲学传统的终结。

实践论美学与这种"西方前美学学科时代"的美学传统既有相似点，也有不同点。相似的是他们都忽略了诗、艺术和人类审美现象的独立性，在某种哲学体系下，把一种本体或具有本体意义的范畴无限地应用到人审美活动的解释中。不同的是，实践论美学往往以人为着眼点，先从历史实践来理解人是怎样构成的，然后再由历史的、社会的、实践的人出发，来理解作为人类活动之一的审美活动。因而我们不能完全把实践论美学归为本体论美学，它只能是一种特殊的认识论——实践认识论美学。这种美学具有更大的隐蔽性，它处处谈人的问题，谈人的情感、人的想象、人的心理，谈直觉，谈"当下即得"，这些似是而非的东西看似契合审美经验，实质上都又被那种"实践的人"自我消解掉。从这方面看，实践论美学最深层的矛盾就是审美经验的人与实践的人之间的冲突。李泽厚也意识到这种冲突，因而他在描述审美经验时强调，"这里的表面描述则只是为了从经验上观察一下，以说明'自然的人化'和'建立新感性'是一个深刻而复杂的问题"①。他用审美现象来验证实践哲学，意在说明人的审美经验无不证明了人如何是实践的人，这也是他强调建立主体性实践哲学，从人类学本体论哲学出发来研究美学的主要原因。正因如此，他不自觉地走进了实践论哲学的中心，重蹈西方前美学学科时代的覆辙，在达到一种哲学高度的同时，忽略了美自身。

章辉认为实践论美学仍属古典美学形态，他为此列举了八条证据，分别是实践论美学对理性的推崇，主体从属于集体，理性和传统，持人类中心论，缺乏审美超越，乐观主义历史进步观，古典自由观，现实主义文艺观等，由此得出"实践美学是古典哲学美学，具体说来是秉承西方近代启蒙运动的哲学精神"②的结论。章辉的批判有其合理性，但没能从思维方法上指出实践论美学的"前美学学科"性。如果从这点看，实践论美学更是古典的。

另外，"实践"是一个特殊的范畴，它可以应用于哲学，去思辨诸如"人何以可能"这样宏大的命题，而不能一劳永逸地理解复杂微妙的美本质问题。当代中国美学对于实践内涵一般有两种解释，一是把实践理解为人

---

① 李泽厚：《美学三书》，安徽文艺出版社，1999，第531页。
② 章辉：《实践美学：历史谱系与理论终结》，北京大学出版社，2006，第164～171页。

类制造工具和使用工具的物质生产实践，二是认为实践不仅包括物质实践，还指人类的精神实践。前者是以李泽厚为代表，后者以朱光潜、蒋孔阳为代表。朱光潜和蒋孔阳所理解的实践概念包含了人类的精神生活，在某些方面能够触及美自身，但实践毕竟有着自己独特的规定性。从后文的分析中可以看出，无论怎样来拓展它的内涵，它对于说明美和审美现象都是无能为力的。

李泽厚出于其人类学哲学的需要，坚决要求把"实践"理解为人类制造工具和使用工具的活动，认为正是使用工具，人类才开始运用客观自然的物质规律来改变自然，人才开始区别于其他动物而成为主体的人。也正是制造工具促成了人的思维、语言和符号能力的发生，"制造工具需要有使用天然工具的活动作为客观方面的基础和萌芽形态的原始语言和目的意识作为主观方面的前提。它经历了一个由物质（使用工具的本能性的劳动实践）到精神（原始语言、意识）再到物质（制造工具）的过程"①。人类是在制造工具中实现主体与客体的交流的，自然被改变，人也被改变，双方都被"人化"了，所以"原始劳动（使用工具的活动）仍然是第一性的"②。而且，李泽厚所强调的实践是群体性的历史性活动。他说："偶发的、个别的、短期的使用工具，不可能诞生自由的双手；偶然的、自发的、个体的制造工具，也不可能诞生真正的人。"③ 可见，李泽厚所说的"实践"既是具体的物质实践，又指人类改造自然的历史的群体的力量，而不是具体的、个人的劳动。当我们凝视夏夜浩瀚的天空时，深邃的苍穹繁星点点，我们专注凝神，任思绪飘飞，也许是广寒宫里嫦娥那寂寞的广袖让你唏嘘哀怜，也许是天边流星刹那的光辉让你震撼心魄，也许是银河无边的广漠让你思维翻飞无羁，都称其为美，但情思不同。这种复杂的审美活动难道说是物质生产实践吗？虽然李泽厚解释说，这是由于人类整体实践改变了自然与社会的关系，是人与自然的内在关系改变的结果，但这种解释对于美来说只能是隔靴搔痒。

李泽厚的实践内涵明显与审美相矛盾，于是很多人在较为宽泛的意义去阐释实践，认为实践不仅包括人的物质生产劳动，还包括人的精神意识活动。朱光潜把人类的实践分为阶级斗争、生产斗争和科学实验三个部分。

---

① 《李泽厚哲学美学文选》，湖南人民出版社，1985，第 184 页。
② 《李泽厚哲学美学文选》，湖南人民出版社，1985，第 184 页。
③ 《李泽厚哲学美学文选》，湖南人民出版社，1985，第 184 页。

生产斗争也就是生产劳动，它包括物质生产活动和精神生产活动。他由此认为，艺术也是一种生产劳动，是人在精神上对世界的一种掌握方式。朱光潜这样定义是为了捍卫审美的主观性立场，有其深刻性的一面。和朱光潜一样，蒋孔阳认为实践应该包括人的意识活动。他认为，人与动物劳动的最大区别就是人是有目的、有意识的劳动，而动物的劳动是无意识的。人类"在劳动之前，已经意识到了他为什么要劳动，以及预料他的劳动所要产生的结果"，"人类的劳动不仅是有意识有目的的，而且是自由的，富有创造性的"①。朱立元则通过对实践概念在西方历史上的流变考察，通过对《手稿》文本的仔细阅读，也认为马克思的实践概念应该包括人的全部活动，他说："实践不仅是直接改造自然的物质生产活动，而且成为人们改变整个世界（主要是现在的社会制度和社会关系）的全部活动，包括政治、道德、宗教以及其它各个领域中的社会斗争和活动，也包括艺术、审美等在内的精神生产活动"，我们"必须超越把实践单纯理解为物质生产劳动狭隘观念，在物质生产、革命实践和个体生存实践的总体关联中寻找审美活动的根基"②。实践抽象成本体，实践成为无所不包的人类活动，我们不仅可以根据实践活动的特征如自由、创造等，说美是自由、美是创造，同样可以说宗教是自由、是创造，认识是自由、是创造，道德也是自由、是创造。

　　实践的确是马克思哲学的伟大发现，它为整个人类生活找到总的根据，给予我们理解社会、历史和人类以天才的启发。但正因为实践是人类总体活动的最终根据，可以说明人的本质和根源，但不能直接用它去澄清人类每一具体活动的机制和结构。李泽厚在《美学四讲》里说："美的本质、根源来于实践，因此才使得一些客观事物的性能、形式具有审美性质，而最终成为审美对象。"③ 现在我们可以仿照这一逻辑无限得出许多命题，比如"认识的本质根源于实践，因此才使得客观世界被认识"，"宗教的本质根源于实践，因此才使得彼岸的世界被想象"……出现这种问题的关键在于实践是一个具有总括意义的哲学范畴，它把人看作一个整体，是对整个人类的全部历史的高度概括，如果用它来解释人的某种具体活动，如认识活动、审美活动和道德等都绝对有效，但不一定有意义，它不能够揭示人类某种

①　蒋孔阳：《美在创造中》，广西师范大学出版社，1997，第 14~15 页。
②　朱立元：《"实践"范畴的再解读》，《人文杂志》2005 年第 5 期。
③　李泽厚：《美学三书》，安徽文艺出版社，1999，第 478 页。

具体现象的特殊性。

二　把人的本质等同美的本质

既然马克思主义实践观是理解人的本质的一把钥匙，那么当然也是理解美的本质的一把钥匙，因为在实践论美学看来，人的本质与美的本质必然相关。实践论美学确立以前，对于美的本质的研究，人们只是在美的客观对象和人类社会存在中上下求索，到了 20 世纪 80 年代，随着对马克思《手稿》研究讨论的深入，中国美学获得了更为开阔的视野，特别是《手稿》中关于人的本质的表述，直接启示了当代美学从美的本质转向人的本质，于是人的问题成为实践论美学得以确立和展开的理论基点。人的本质与美的本质有何种关系？它对于揭示美本质的有效性在哪里？从人的本质到美的本质需不需要中介？当代中国美学家对这些问题并没来得及做出思考，而是直接把人的本质等同于美的本质，以为认清了人的本质，也就弄清了美的本质，以为美就是人的本质力量对象化。

先从逻辑上来看人的本质是否可以是美的本质。关于本质有两种常见的说法：一个是指事物的根本性质，另一个是指事物的共同属性和共同特征。两种说法虽然通俗易懂，但不够科学。就第一种说法来看，事物有许多性质，可哪种是其根本性质，哪种又是其非根本性质？比如人有自然性、社会性，爱智慧的天性，还有自由、劳动、实践、审美等属性，至于哪种是根本性质，这只能是仁者见仁，智者见智了。把本质说成事物的共同属性或共同特点也有待斟酌，虽然苏格拉底和柏拉图也做过这样的表述，但就现代逻辑学来看，它不够科学。以具有相似属性的一类事物金、银、铁、铅为例，它们有许共同属性和共同特点，比如"具有金属光泽"、"不透明"、"富有展延性"及"导热导电性"等共同属性，却无法知晓哪种才是它的本质属性。

现代形式逻辑抛弃了上述两种本质定义方法，将"类"和"属"联系起来，并把两者看成是同一序列的，认为"属概念"亦是"类概念"，"属种关系"亦是"类种关系"，因此可以说本质就是属和类①。黑格尔曾举过一个例子，他说"动物"本身并不存在，它是个别动物的普遍本性，比如

---

① 本部分论述主要参考郭留柱《也谈什么是本质》，《山西大学学报》（哲学社会科学版）1993 年第 1 期。

狗的本质就是它的属、类，即"动物"，所以他说，"但既是一个动物，则此一动物必从属于其类，从属于其共性之下，而此类或共性即构成其特定的本质"①。据此，我们可以得出关于本质的两点结论：第一，本质即是属和类，它是相同属性事物的集合。通俗地说，一个事物属于什么，什么就是这一事物的本质。如鲸、猿、蝙蝠外形差异很大，但它们都属于哺乳动物，哺乳动物就是它们的本质。第二，本质不具有实体，是一个包含大量具体现象的抽象概念。比如，我们只能看到各种形态的具体的床，但不可能找到一个本质的、一般的床。

由此可以看出，人的本质只能是一个大于人的属概念或类概念，是人的集合。它不仅能够包括所有具体的人，如黑种人、黄种人，英国人、美国人，还包括了人的所有属性，如人的理智活动、情感活动、伦理活动、宗教活动、审美活动等等。凡一切具体的人和属于人的活动无不包含在人的本质之中，否则本质就不成为本质。而美和审美主要与人有关，美学要揭示的是这种与人有关的美和审美到底怎样，包括它的构成、它的机制、它对于人的意义等。但实践论美学却指驴谈马，不顾及美自身，一下子把美的本质向上"归类"到人的本质，逃避了美这个事实。就好像有人问你面包是什么，你说是食物，再问你食物是什么，你却说是"物"一样。要知道，本质虽然包含"种"的种种属性，但它是对具体属性高度抽象的结果。如果说审美是人的一种属性的话，人的本质当然包含美的本质，可它是在更高一层上的包含，是舍弃了审美的丰富属性的包含，与美自身相距万里。比如，近几天你头疼难忍，去医院看病，相对于给你看病的那个医生来说，研究你头疼这个"事实"是摆在他面前的具体任务。他要观察、要询问、要用 X 光线检查，要用他的临床经验再结合脑科学知识，做出精确的诊断，然后试探着开出药方，要求你过几天再来复诊。如此三番五次，头疼的病就会治好，这是医生研究具体病状的方法。而如果按照实践论美学研究事物的方法来看，医生不需要做这些工作，他只需要把"头疼"这一具体现象归类到更高的本质，说"这是病"就行了。

以上是逻辑上的推论，现在笔者再就事实做一个简单分析。

人的本质是人对自身存在的反思，它最初表现为对人的起源的追问。就西方来说，历史上大致有三种较有影响的起源说：第一种认为人是上帝

---

① 〔德〕黑格尔：《小逻辑》，贺麟译，商务印书馆，1980，第 80 页。

的作品，上帝按照自己的形象创造了人，人的本质来源于上帝的本质；第二种说法是黑格尔的绝对精神论，他认为绝对观念外化为自然，通过自然发展出人，然后在人的理性中达到对绝对观念的自我意识；第三种观点是18世纪法国唯物主义者和费尔巴哈的观点，认为人首先是一个自然的物质实体，是自然的产物。费尔巴哈把人的自然性当作人的本质，把人和现实社会对立起来。

直到19世纪，马克思主义创始人才为人的本质找到科学客观的依据。马克思关于人的本质的论述经历了三个阶段：一是受费尔巴哈人本主义的影响时期，以费尔巴哈人本主义唯物论批判黑格尔"理性作为人的本质"的唯心论，提出了"人是人的最高本质"的主张；二是马克思超越费尔巴哈，从人的感性活动来说明人的本质，将人的本质定义为"人的本质是自由自觉的活动"；第三个阶段是马克思对费尔巴哈进行彻底清算，于1845年所作的《关于费尔巴哈的提纲》中提出来的，"人的本质，在其现实性上，是一切社会关系的总和"。

实践论美学的主要资源是《1844年经济学哲学手稿》，即马克思人学思想发展的第二个阶段。需要注意的是，《手稿》的主要目的是通过揭示异化劳动批判资产阶级国民经济学，因而他所提到的"人的本质力量""确证"等术语也必须尊重这一基本前提。马克思从两个方面分析资本主义生产条件使工人的劳动成为异化劳动。第一，就工人同产品的直接关系来看，产品构成了一种异己的力量，"工人生产的财富越多，它的产品的力量和数量越大，他就越贫穷。工人创造的商品越多，他就越变成廉价商品。物的世界的增值同人的世界的贬值成正比"[①]。第二，就生产行为活动本身来看，劳动成为一种强制劳动，工人肉体受到折磨，精神遭到摧残。

劳动本身本来是一种自由自觉的活动，因为"人是类存在物"[②]。所谓类存在物是指人使"自己的生命活动本身变成自己意志的和自己意识的对象"，"有意识的生命活动把人同动物的生命活动直接区别开来。正是由于这一点，人才是类存在物"[③]。马克思的意思是说，动物不能把自己同自己的生命活动区别开来，而人却能够意识到自己的生命活动，由于生命活动是作为"类"而存在，人才能够把自己的"类"作为对象，是有意识的存

---

① 〔德〕马克思：《1844年经济学哲学手稿》，人民出版社，2000，第51页。
② 〔德〕马克思：《1844年经济学哲学手稿》，人民出版社，2000，第56页。
③ 〔德〕马克思：《1844年经济学哲学手稿》，人民出版社，2000，第57页。

在物。这样，在改造对象世界的活动中，"通过这种生产，自然界才表现为他的作品和他的现实。因此，劳动的对象是人类生活的对象化"。但在资本主义生活条件下，劳动者不能占有自己的产品，那种体现着劳动者"类本质"的产品却被剥夺了，因此"异化劳动从人那里夺去了他的生产对象，也就从人那里夺去了他的类生活，即他的现实的类对象性，把人对动物所具有的优点变成缺点"①。

可见，马克思是在最高意义，即人的类本质上来谈劳动的。正是从劳动的本质来看，资本主义生产条件下的劳动是异化劳动，因而他所说的"对象化""人的本质力量""确证"等不仅指人类的物质生产力量，也包括人的精神生产活动，指的是整个人类生产实践活动。这里所说的人的本质力量不是某种具体力量，而是在普遍意义上来说的人的一种意识活动。它是抽象的，里面包含着复杂的自然、社会和历史元素，包含了人的一切本质，当然不仅仅是审美本质。

现在我们来看蒋孔阳关于本质力量对象化的一段论述。他说，美除了具有形象性、情感性和社会性外，其根源在于"人的本质力量的对象化"，"这一本质力量，一方面把人和动物区别开来，人的本质力量不同于动物的本质力量；另一方面它是在一定历史条件和社会关系中所形成起来的、人类最先进的一些品质、性格、思想、感情、智慧和才能等。因此一个人的本质力量，应当是这一个人身上最能反映出他这一个人的那些品格、性格、思想、感情、智慧和才能等"②。首先，"本质力量"的内涵使用相当混乱。"一个人的品格、性格、思想、感情、智慧和才能"与"把人与动物区别开的"那种本质力量意义绝对不可能一样，一个是本质，一个是现象，这是实践论美学家普遍所犯的错误。另外，人所有的实践活动都是在一定的历史条件和社会关系中形成的，吃饭、睡觉、性爱等都有社会历史的因素，那我们为什么单单用它来描述美？

把美本质等同于人的本质曾受到过质疑，但没能引起足够的重视。1981年，张芝在撰文批评施昌东把美当作"人的积极的本质力量对象化了的东西"时说，所谓"本质力量对象化"就是把美的本质归为主体的本性、本质或本质力量，"这是缩小了马克思关于人的本质力量对象化的理论意

---

① 〔德〕马克思：《1844年经济学哲学手稿》，人民出版社，2000，第58页。
② 蒋孔阳：《美在创造中》，广西师范大学出版社，1997，第12页。

义"①。薛富兴借彭锋的话说:"没有人的物质性实践,没有先民的制造与使用工具,诚然没有人,当然也就谈不上审美。人的本质就是美的本质,若以此类推,人的本质同时也将是善的本质,真的本质……如此一来,所有的问题都聚会于此,……如果美学研究了半天只知道人的本质,而不知道人类审美活动之真正特性,它存在的理由又在哪里呢?"② 此话可谓一语中的。

---

① 张芝:《美是"人的本质力量对象化"吗》,《学术月刊》1981 年第 3 期。

② 薛富兴:《分化与突围——中国美学 1949~2000》,首都师范大学出版社,2006,第 248 页。

第三章 本体论美学的超越及其迷误

认识论美学出于对抽象玄思美学的不满，按照马克思主义的唯物论和列宁的反映论发展出"新美学"。尔后在 20 世纪五六十年代美学大讨论中，美学家们为了校正"新美学"的机械性，又以马克思主义的社会理论为着眼点，寻章摘句，艰难求索。到了 80 年代，随着日常生活中革命政治权力结构的松动，马克思主义实践论成为中国美学建设的重要资源，构建起实践论美学。

这是一个充满斗争、冲突的分化突围历程，在这一过程中，当代中国美学表现出两个特征。第一，向美回归的热情。认识论美学要求美学关注现实，把美看作美的事物和美的社会生活，进而发展出"见物不见人"的美学。后来实践论美学克服了反映论美学的缺陷，对主体投入一定的关怀，正视人的感性、情感和想象对于审美的重要意义，美学在总体上趋向一种回归自身的态势。第二，对政治意识形态亦步亦趋。这是传统求实致用的文化精神在当代的体现，我们不能对此做出苛责，但它造就了中国当代美学的封闭形态。一些具有独立思考精神的美学家、文艺学家提出宝贵的可资借鉴的美学理论或文艺思想，如主观论、"使情成体"说（周谷城）等，却被"业内人士"扣上反动帽子，恨不得借助政治权力绞杀，美学因而不能以兼收并蓄的姿态从学理上做出从容思考。

这两点构成当代中国美学的内在张力，促成当代中国美学不停地探索前进。当社会文化出现转型时，美学必然呈现出另一种风貌，这就是本体论美学的建立。

第一节　超越实践美学的努力

　　面对实践论美学的诸多缺陷，当代中国美学对其进行反思和超越成为一种必然。20 世纪 80 年代中期，实践论美学就曾遭到批判和质疑。到了 90 年代，后现代文化作为一种解构性力量，更为猛烈地冲击着"带有政治意识形态神圣性"的实践论美学，当代中国美学因而发生了新实践美学与后实践美学之争。这场论争以实践论美学为靶子，一派认为实践论美学已停止发展，毫无新的建树，要求建立起后实践美学；另一派则主张改造实践论美学，建立新实践美学。在斗争中，前者受西方现象学、解释学、语言哲学、分析哲学以及后结构主义的影响，从生命、存在、语言等本体论出发，建立起生存美学、生命美学、存在美学、超越美学、体验美学、修辞论美学等，这些统称为后实践美学。后者在坚持"实践观"的路线下，发展出实践存在论美学、新实践美学等。

一　后现代的文化契机

　　对于任何一种学术理论、社会思潮、文化现象的考察，都要从历史的高度顾及整体社会意识形态的变化。如果把 20 世纪 70 年代末到 90 年代初看成一个整体阶段的话，那么这期间中国社会思想文化经历了从一元解放到多元解放的变迁过程。

　　所谓一元解放是对于马克思主义理解方面来说的，是政治意识形态的解放。《实践是检验真理的唯一标准》的发表为我们重新理解马克思主义提供了理论契机，由先前机械僵化的阶级论转向更为科学的社会论。与此相应的是，对于人的理解也由先前人的社会性、阶级性转向人性和人道主义，因而在 20 世纪 70 年代末期"解冻"之初，哲学、美学领域掀起了关于人性论和人道主义的讨论。但一个面临的问题是，人性和人道主义是资产阶级的意识形态，马克思主义并没有把它作为独立主题来研究。现在突破"人性禁区"的主要办法只有回溯到《资本论》以前早期的马克思经典之中，从马克思的"人是人的最高本质"命题和《1844 年经济学哲学手稿》中寻找宝藏，因为《手稿》是马克思对资产阶级生产条件下异化劳动的批判，书中有大量关于人的本质力量、对象化等的阐述，蕴涵着丰富的人性和人道主义原理，这就是实践论美学集中以《手稿》为对象，迅速成为中国主流美学理论的原因。从表面看，实践论美学是对以往美学局限性的突破，对马克思主义美学的建立具有极大的启发性。但它雄霸一时，吸引众多美学家趋之若鹜的潜在原因并不是其理论本身的独创性，而是"实践"范畴继毛泽东"实践论"的阐释发展之后，在 20 世纪 70 年代末又以"检验真理的唯一标准"的高度挺进"圣坛"，以坚不可摧的姿态和光芒四射的权威让一切思考、怀疑和批判化为乌有。

这样看来，"新时期"是相对于马克思主义来说的，是指跨越了此前对马克思主义理解的机械狭隘性，而进入一个开放性时代，但相对于整个社会思维形态来说，仍然是单向的、一元的。这就使中国文化处在进退、开合的两难格局中。一方面，思想解放推动学术自由、创造自由，西方各种社会思潮蜂拥而至；另一方面不同形式的政治批判仍时有发生。拿文学艺术界来说，早期讽刺喜剧《枫叶红了的时候》曾遭到禁演，许多伤痕、反思小说不断受到指责和非难。特别是 1983 年，人民日报发表《高举社会主义文艺旗帜，坚决防止和清除精神污染》评论，批评当前有些文艺"对党和人民的革命历史，对党和人民为社会主义现代化奋斗的英雄业绩，缺少加以表现和歌颂的热忱。……有的人甚至从根本上否定塑造艺术典型的必要性，把什么'三无'（无主题，无情节，无人物）作为创作方向加以提倡"[1]。这不能不让许多人心有余悸。汝信的一段话也许能够很好地印证当时思想界的现状："马克思主义的人道主义能否得到承认，关键仍在于解放思想。我们有必要破除对人道主义的'恐惧症'，而理直气壮地宣布：共产主义者是最彻底的人道主义者，……'修正主义'的帽子，就让它进博物馆去吧！"但是，在喊出这种旗帜鲜明的口号之后，汝信又小心翼翼地补充道："马克思主义的人道主义是离不开阶级观点的。"[2] 这不是汝信理解力的问题，而是时代使然。

思想界的这种境况反映到美学上，就是实践论美学在 20 世纪 80 年代初期，一方面受到激烈的批判和质疑；另一方面又吸引了大批的追随者，他们不断地用自由、创造、和谐来填补实践论美学的空洞。实践论美学在当

---

[1] 洪子诚：《中国当代文学史·史料选：1945－1999》，长江文艺出版社，2002，第 726 ~ 727 页。
[2] 汝信：《人道主义就是修正主义吗？——对人道主义的再认识》，《人民日报》1980 年 8 月 15 日。

时不可能被超越，因为单一的文化思维模式不能启迪人们去接受具有"圣性"的实践美学以外的思想。只有当多元文化格局出现，人们可以自由判断，自由思考时，才会在新的论争中去发现、选择和创造。

多元文化格局的出现是以后现代思潮在中国兴起为标志，它是 20 世纪 90 年代随着中国政治经济改革开放的深化而产生的。后现代思潮是一个复杂的理论问题，笔者就其基本特点，在普遍共识的基础上作一个简单描述，以深化对于 90 年代以来中国美学格局的理解，否则我们无法全面理解此起彼伏的生命美学、存在论美学和超越美学等后实践美学现象。

在性质上，后现代到底是现代的断裂、继承还是反思，至今仍争论不休，但对它的基本特点——反中心、反整体、反本质的看法则是一致的。王岳川有个整体概括，"后现代主义有其不同于其它文化思潮的文化逻辑：体现在哲学上，是'元话语'的失效和中心性、同一性的消失；体现在美学上，是传统美学趣味和深度的消失，走上没有深度、没有历史感的平面，从而导致'表征紊乱'；体现在文艺上，则表现为精神维度的消失，本能成为一切"①。王岳川从纵的方向、在不同的文化层次上描述出后现代的特点。无论如何，对中心、整体、本质和深度颠覆是后现代最显著的特点。

反中心主要表现为对西方传统哲学的否定。西方传统哲学是按照本体论、认识论，在坚持理性高于一切的原则下建立起来的，它相信人的心灵和理性能够描述出那个客观存在的世界。后现代主义则认为，主客二分的二元论思维方式是一种主观预设，不但不存在能够认识世界的能动的心灵，也不存在被动的、作为检验认识结果的对象世界。后现代接受了德里达的"反逻各斯中心主义"和"反对在场的形而上学"口号，要求执着于对世界和事物认识的哲学让位于语言游戏。这样，在后现代理论的推波助澜下，语言获得了独立存在的意义，一跃成为继自然、人类之后的第三个中心。

反整体同反中心是相伴而生的，它们认为中心构成了对非中心的遮蔽，提倡多元主义。后现代主义否认世界是一个相互联系的整体，否认同类事物之间具有某种同一性，提出"让我们向整体开战"的口号，要求对局部的、暂时的、特定的，相对性的东西投入关注。比如一部作品，它仅仅是一个文本，不具有普遍统一的中心，任何读者都可以读出不同的意义。

反本质就是批判和怀疑理性，倡导非理性。自文艺复兴和启蒙运动以

---

①　王岳川：《走出后现代思潮》，《中国社会科学》1995 年第 1 期。

来，理性成为西方发展的主旋律，渗透到西方社会政治、经济、文化的各个领域。理性主义认为事物的现象是虚幻的，是对本质的歪曲表现，要达到对事物的认识，就必须抓住事物的内在规律，依靠人类的理性。后现代主义不但抛弃了本质与现象的二元对立，还致力于剥去理性的神圣面纱，如福柯通过知识考古证明理性对于边缘性话语的贬低与排斥，利奥塔对元叙事的怀疑等等。

后现代理论的反本质、反理性、反整体和反中心的特征，让许多学者忧心忡忡。比如王岳川在上面提到的那篇文章里说："'后现代性'作为一种精神质素植入中国当代文化，应充分重视其在思维论和价值论上的正负两种价值。"① 因为在他看来，如果把后现代主义的相对主义和反价值体系"策略"横架在整个人类精神领域，那么文化中的价值判断和知识真理标准将失去依据，虚无主义将浸渍人类精神领域，真理、善良、正义将被语言所消解。徐友渔也表现出如此的担心，他认为西方的自由、民主、科学、理性已有好几百年的历史，某些方面已成为桎梏人们思考创新的镣铐，后现代主义的批判，是为了反对僵化和自我满足，激起社会内部活力、想象力的需要。如果把它移入现代化还没有充分发展的中国，"其锋芒所向很可能不是阻碍现代化的、过时的思想文化，而是中国人民世代向往而至今尚未实现的理想"②。这些学者的担心有其充分的依据，因为在一个追求现代化但尚未成功的社会里，大力倡导否定现代化的后现代文化当然是危险的。但是如果把后现代看成是一种去中心、去权威、去愚昧、去盲目崇拜的力量，那么它对于 20 世纪 90 年代的中国来说是不是也有非凡的意义？

事实也正是如此。后现代文化是与中国改革开放的进程同步而行。早在 1985 年，杰姆逊在北京大学的讲演就标志着后现代文化在中国登陆，演讲内容也很快在 1987 年被陕西师范大学出版社以《后现代主义与文化理论》为名出版。但后现代之所以躲躲闪闪，到 1992 年以后才风起云涌，笔者认为这期间除了理论自身的消化原因外，一个重要的因素是社会政治意识形态的许可。如果说 20 世纪 90 年代初进一步深化和加快改革开放步伐政策的确立，使中国社会的政治经济走出僵化单一发展模式，那么作为其直接成果——后现代主义文化在中国兴起，则让中国文化从一元解放最终走

① 王岳川：《走出后现代思潮》，《中国社会科学》1995 年第 1 期。
② 徐友渔：《后现代思潮与当代中国》，《开放时代》1997 年第 4 期。

向多元开放的"新时期"。

在多元文化主导下，在后现代主义思潮的推动下，以往建立起来的崇高、权威、中心没有了，启蒙、理性的情怀消失了，英雄主义理想被日常生活所替代，国际主义和集体主义豪情消解在个人的生命之中。那些依靠经典和权威建立起来的美学范式将被重新审视，而当"实践"范畴不再能够凭借权威来垄断话语时，它对于美学本身的意义到底有多大？美学将对此重新进行发问。

二　后实践美学的"超越"

20世纪80年代中期，正当实践论美学在中国蓬勃发展、产生深刻影响之际，高尔泰等学者先后对其发难，当代中国美学话语开始进入分裂时期。

毕竟发生在80年代中期，高尔泰对实践论美学的批判基本上仍局限于实践论框架。他依据马克思《手稿》，在真与善的对立统一中展开其美学思想。他说："现在大前提——人的本质是自由——已经有了。小前提——美是人的本质的对象化——也已经有了。论证美是自由的象征，已经不能算是大胆的设想。"[①] 他认为善就是人的需要和目的，真就是自然规律，自然按照自身规律走着自己的路，人类通过实践活动把世界导向人的目的，从而达到真与善的统一。但高尔泰没有像实践论美学那样得出美是真与善统一的结论，而是在李泽厚"积淀说"的启发下，提出了"感性动力说"，即人的自由本质通过感性能动作用而不断追求和超越。他说："'积淀'只是量的递增，其结果作为累计的形成物不会产生结构和功能，因此只能是静态的而不是动态的，不会成为引起美的条件。美不是作为过去事件的结果而静态地存在。美是作为未来创造的动力因而动态地存在的，所以它不可能从'历史的积淀'中产生出来，而只能从人类对于自由解放，对于更高人生价值的永不停息的追求中产生出来。……从变化和发展的观点看，即从人类进步的观点看，不是'积淀'，而是'积淀'的摒弃，不是成果，而是成果的超越，才是现代美学理论基础。"[②] 高尔泰虽然批判了李泽厚的"积淀说"，提出了"个体感性说"，但他还是把美感看成以个体感性表现出群体理性的实践，是千百代人的生活经验，甚至说美感是属于全人类的。

---

① 高尔泰：《美是自由的象征》，人民文学出版社，1986，第44页。
② 高尔泰：《美是自由的象征》，人民文学出版社，1986，第109页。

可见，高尔泰等对实践美学的超越是有限的。

还有学者指出实践论美学用生产劳动解释人，进而解释一切是大而不当，因为连人都是劳动的产物，那么与人有关的所有东西何尝不可以用劳动来解释？像这种没有深入到研究对象具体而特殊的规定性之中的理论，实际上等于什么都没有说。这种观点与前面笔者批判实践论美学悬置了美的看法完全一致。既然实践论美学的核心是"积淀"，物质产品是积淀，精神产品是积淀，人性是积淀，美和美感也是积淀，能够解释一切的理论实际上什么也解释不了。为此，有学者提出"突破说"，通过强调个体、感性去对抗李泽厚"积淀说"所强调的群体、理性。那么他们与李泽厚的分歧可归纳如下：在哲学上、美学上，李泽厚皆以社会、理性、本质为本位，我们皆以个人、感性、现象为本位；他强调和突出整体主体性，我们强调和突出个体主体性；他的目光由"积淀"转向过去，我们的目光由"突破"指向未来。

戴阿宝、李世涛对这种讨论的评论较有高度，他们认为与李泽厚对话，实质上就是与李泽厚这一代知识分子对话，对李泽厚的批判实质上是对中国既有的知识观念和学术精神的批判，从一个侧面强力地预示了新阶段的来临。[①] 这样的批判虽然带有激进的情绪色彩，但也指出了此前中国美学研究的一些基本事实：机械地理解经典马克思主义的篇章字句，大而无当没能切合美的实际。

高尔泰等学者对实践论美学的批判，打破了以往追随主流意识形态的思维定式，颠覆了群体、历史、社会在美学话语中的霸权地位，使当代中国美学有勇气正视个体与感性，敢于以开放的胸怀和眼光接纳西方多种哲学美学思潮，预示着当代中国美学多元时代的到来。

（一）走向后实践美学

"后实践美学"的命名显然受 20 世纪 90 年代在我国兴起的后现代文化启发。后现代不是一个时间性概念，它与现代主义到底是什么关系并不重要，它是一种指称，标示着对现代主义的不满、修正和超越。后实践美学就是要借用这一意义去表达他们对实践论美学的态度。后实践美学不是一个美学流派，而是一个旗号，是一种鲜明的态度，代表了所有 90 年代以来

---

① 戴阿宝、李世涛：《问题与立场——20 世纪中国美学论争辩》，北京师范大学出版社，2006，第 263 页。

对实践论美学的批判和怀疑及在此基础上确立起来的新的美学。这一名称最先是杨春时在 1994 年发表于《学术月刊》第 5 期的《走向"后实践美学"》一文中提出来的。他说："中国当代美学的发展经历了'文革'前的'前实践美学'阶段，新时期的'实践美学'阶段，现在又进入了'后实践美学'时期。'后实践美学'是中国美学超越'实践美学'、走向世界、走向现代的阶段。"① 可见，与后现代主义相比，"后实践美学"除了要表达走向现代、走向世界更为开阔的视野，还要在更强烈的时间纬度上暗示出它与以往美学思维方法的差异和对前者的超越。

在这篇文章中，杨春时首先肯定了实践论美学的历史意义。他说，实践论美学的历史合理性主要有四个方面。第一，实践论美学摒弃实体观念，把人们的历史实践作为基本存在，美不再被看成某种实体，而是人的对象，打上了主体的印记；第二，实践作为基本范畴和逻辑起点，一定程度上统一了主体和客体，克服了先前唯心和唯物的片面性；第三，把美学置于历史唯物主义实践论基础上，为审美找到社会历史实践这个坚实的现实基础，克服了传统美学的直观性和纯思辨性；第四，实践论美学从主体出发，揭示了审美的自由性和反异化性质，推动了新时期的思想解放运动，形成了"美学热"。

然后，杨春时为实践论美学列举了十大缺陷，分别是：把审美划入理性活动；把审美划入现实性活动领域；忽略了审美的纯精神性；忽略了审美的个性化特征；未能彻底克服主客二分的二元结构；混淆了审美意识与一般社会意识的区别；没有彻底克服片面的客观性和实体观念；忽视审美的消费性和接受性；缺乏解释学基础；没有揭示审美的特殊本质。杨春时所列举的实践论美学的"十大缺陷"是对当时批判界各派批评的总概括，各条之间也有交叉重复，但基本指出了实践论美学与生俱来的缺陷。之所以说与生俱来，是因为实践是一个在人类学高度上研究人的哲学范畴，它只能与审美的人有关，而不能揭示人类审美的本质和奥秘。

在对实践美学进行一番批判之后，杨春时说，"实践美学在完成理论体系的建构后已经无所建树，停止发展，事实上完成了自己的历史使命"。而当今时代，各种具有叛逆色彩的美学思想悄悄涌现，它们正在努力创造、蓬勃发展，"从而代表了美学发展的新的历史趋势，因此，可以认定中国美学

---

① 杨春时：《走向"后实践美学"》，载《生存与超越》，广西师范大学出版社，1998，第 152 页。

已结束了实践美学阶段，进入'后实践美学'时期"①。杨春时为"后实践美学"概括出三个方面的特点：第一，"后实践美学"更多地汲取当代美学的最新成果，借鉴了现象学、解释学、语言哲学、接受美学以及后结构主义等美学思想，与世界美学对话，恢复了五四以来向西方美学开放的传统，因而具有开放性、现代性；第二，"后实践美学"改变了实践美学一统天下的局面，呈现出多元化格局，已初步发展出超越美学、生命美学、体验美学、修辞论美学等；第三，"后实践美学"虽然试图超越实践美学，但仍然不可避免地受实践美学的影响，有意无意地接受了其许多合理成果，它是在实践美学基础上的新发展，是对实践美学的继承、批判、扬弃与超越。

"后实践美学"在新的文化开放环境下，广泛吸纳西方最新美学思想，拥有了更为开放性的胸怀，掌握了更为丰富的理论资源。一方面，他们以新的视野，从不同角度，以不同方式批判、怀疑当时占据主流地位的实践论美学，形成了文化史上难得的自由批判和大胆怀疑的新景观；另一方面，他们针对实践论美学的局限性，提出了构建中国当代美学的设想，如生命美学、超越美学、生存论美学、体验美学和修辞论美学等等，名目繁多，充分显示出当代中国美学的创造精神，勾勒出当代中国美学多元格局的新轮廓。

（二）批判时代的美学指向

没有彻底的批判意识，就不可能树立起独立创新的勇气。20世纪90年代以来，对实践论美学的批判成为当代中国美学突围的基础。实践论美学自受到高尔泰等学者的质疑以来，一直受到各方面的持久连续的批判。杨春时高举"后实践美学"大旗，要求重新清点实践论美学，只不过是当代中国美学要求广泛吸取西方美学成果，建立起独立自主思考意识的集中而自觉地表达。早在90年代初，潘知常就出版了《生命美学》，其后一直致力于生命美学的思考与完善。该书2002年以《生命美学论稿》为名重新改写出版。1994年，张弘批判实践论美学，提出建立存在论美学的设想，并就本体论问题与朱立元展开论战。进入21世纪以后，章辉通过清理实践论美学发展的历史谱系，对实践论美学做了全面评价。汪济生更有特色，他立足于他早期的"系统进化论美学观"，对李泽厚的《美学四讲》采取细读式批评，以此解构实践论美学思想。

---

①　杨春时：《走向"后实践美学"》，载《生存与超越》，广西师范大学出版社，1998，第159页。

任何批判都是站在一定立场上，持特定标准进行的，其本身必然构成一种向度、一个视点、一种姿态，从而间接反映出当代美学的精神追求。比如潘知常说，实践论美学持本质中心主义，把美作为对象，在逻辑运思下"笨拙地学舌着'历史规律'，'必然性'，'本质'，'合规律性与合目的性'之类的字眼，不但对人世间的杀戮、疯狂、残暴、血腥、欺骗、冷漠、眼泪、叹息和有命无运'无所住心'，不但对生命的有限以及由于生命的有限所带来的人生不幸和人生之幸'无所住心'，而且真心实意地劝慰人们在对象世界的泥淖中甘心情愿地承受种种虚妄，把自己变成对象世界的工具，并悲壮地埋入对象世界的坟墓"①。这里反映出潘知常要求美学放弃传统古典的本质追寻的方法，通过密切地关注在现实中挣扎奋进着的人的生命和苦难，采用描述的方式，去描绘出"美怎么样"。这是一种怎样的美学追求，我们可以暂且不论，但至少反映出 20 世纪 90 年代以后当代中国美学的总体精神指向。这在章辉对实践论美学的批评中表现得更充分。

章辉在《实践美学：历史谱系与理论终结》的序言中说，实践论美学在特定时代，强调人的实践和征服自然的伟大力量，极大地弘扬了人道主义和主体性精神；注重审美的认识性和功利性，突出了艺术的意识形态性，多方面地研究了艺术社会和审美心理学，对文艺的外部研究和内部研究做了深入的开拓。但是任何理论都是属于特定时代的，我们对于实践论美学的评价也应该遵从历史主义原则，今天看来，实践论美学已暴露出自身理论的局限性。下面笔者以章辉对实践论美学的批判为例，采取解剖麻雀的方式来分析"后实践美学"在批判实践论美学过程中所显露出来的理论渴望和精神指向。

首先，就思维方式来看，实践论美学属于古典思维模式，以"实践"为本体，在追求体系性和逻辑性的同时，也显示出自足性和封闭性，导致其无法接纳新的美学思想，从而无法阐释新的审美现象。章辉说，李泽厚本来是重视感性、偶然和个体的，但由于把实践作为本体，而实践又是集体性的、社会性的客观活动，所以如果把美看作实践的产物的话，美就成为先在的、预成的东西，而且必然是非个体。可是，实践的确又是马克思主义哲学的核心概念，那么怎样处理马克思主义实践哲学与美学的矛盾？唯一的办法就是不再把"实践"看作马克思主义哲学的本体。章辉就是这

① 潘知常：《生命美学》，河南人民出版社，1991，第 2 页。

样做的，他说："把实践提高到本体的决定一切的根源的地位是反马克思的。实践美学把实践界定为人类客观的社会的物质活动，以实践直接推演美学范畴，这就导致了一系列理论缺陷。"① 章辉指出实践范畴与美学的直接冲突，但又担心这种说法会取消马克思主义哲学对美学的指导意义，只得说把实践提升到本体地位是反马克思主义的。章辉这个担心一方面显示出中国美学的尴尬局面，另一方面也表现出"后实践美学"对实践美学的批判并未抓住要害。第一，就像笔者在第二章所讨论的那样，"实践"范畴到底是不是马克思主义哲学的本体，仍有争议，并且完全可以再做深入讨论，它不会影响马克思主义对美学建设的启发作用。第二，实践论美学的错误在于把一个"具有本体意义的"范畴无限地应用到美学研究当中，把哲学逻辑套用到美学思维方法里，悬置了美。章辉没能指出这一点，显然他没有真正立足于美自身的立场上做出批判。

其次，就理论观点来看，章辉指出了实践论美学的九个缺陷，分别是起源本质论、实践决定论、美感认识论、误设了美的客观存在、无视接受主体、对自由的误用、把美误作意识形态、对自然美的误解、褊狭的艺术观。这些缺陷基本成为当代美学的共识，没必要再一一详述。问题是，在批评背后隐含着章辉怎样一种美学观呢？

关于本质论，章辉认为实践论美学把美的本源等同于美的本质，认为美起源于劳动从而得出美的本质在于劳动的结论，这与审美的现代形态相反。在文化的现代性看来，审美活动不是对生产劳动的赞美，而是对纯粹自然的亲近。另外，他把实践看作美的最终决定因素，而实践既是人类群体的生活实践，又是物质的客观的，它具有群体性、现实性、物质性、客观性等特点，与审美的个体性、非现实性、精神性、超越性、非理性、超理性等特征相悖。还有，他将美感看作对美的认识，用主客二分的哲学观念掩盖了审美活动中人与世界的相互交融关系，用求知之学代替智慧之学。

从章辉的批判中可以看出，他立足于现代审美文化，从审美经验出发，承认美的个体的、非理性特征，反对传统美学依据概念范畴自上而下地进行本质推测和逻辑演绎，要求把美学建立在对审美活动的考察上。他说："美学理论应该从当代审美实际出发，从当代形态的审美活动中抽象

---

① 章辉：《实践美学：历史谱系与理论终结》，北京大学出版社，2006，第115～116页。

出美的最一般本质，然后推演出美学体系。"① 另外，他受西方现象学和存在主义影响，把美看成超越感性、超越理性的东西，认为美学是人的一种精神追求。他说："美学作为对人的本真生存的探索应该是哲学的最高追求，它关系到生命的意义如何可能的问题，而不应该是黑格尔绝对理念的低级显现。"② 在章辉那里，美成为人类的最高存在，这是"后实践美学"的鲜明特征。

最后，章辉还在中西美学比较的立场上，从现象学、存在主义、解释学和分析美学的角度对实践美学进行评判，并着重考察了"审美超越"这一概念。现象学把人的意识作为研究对象，其意向性理论超越了主客对立的二元论思维模式，直接影响了后来的存在主义、解释学等，成为现代哲学转向的一个重要标志。章辉由此出发，首先批判了实践论美学的思维方式，指出实践论美学把美当作客观存在，把美感看成意识对美的本质的反映，而这种思维方式正是胡塞尔所批判的未经哲学反思的"流俗的意见"。从存在论来看，"审美活动不是反映论意义上的精神意识活动，不是第二位的派生的东西，而是本体论意义上的一种创造生命意义的方式，审美活动是人之本真生存的确证和守护"③。而就美的标准来看，实践论美学认为美感是美的反映，美的标准当然也是客观的，是由历史实践决定的，从而审美活动的复杂性被遮蔽，个体的审美能动性被忽视。章辉站在现象学和存在主义的立场上，借用主体间性理论，并根据马丁·布伯的"我它"关系及"我你"关系指出："我它关系"是"我"为主体，"它"为对象，"我"与"它"对立，主体对客体是认识、经验、利用和占有关系；而"我你关系"是主体间的融合对等，亲密无间，自在无碍的交流关系，是生命与生命的对话。实践论美学背离了这种精神，放大了人与自然的矛盾关系，把崇高解释为人对自然的征服、改造，这与马克思所强调的要合理调节人与自然的物质交换的警示相悖。

就解释学角度来看，实践论美学的"积淀"说像解释学一样，致力于历史传统与个人关系的研究，但两者的追求方向显然相反。解释学认为，任何理解都是建立在"前见"和"视阈融合"的基础之上。"前见"构成了人的历史存在，是人学习语言的结果，因为语言负载着传统的一切。通

① 章辉：《实践美学：历史谱系与理论终结》，北京大学出版社，2006，第137页。
② 章辉：《实践美学：历史谱系与理论终结》，北京大学出版社，2006，第141页。
③ 章辉：《实践美学：历史谱系与理论终结》，北京大学出版社，2006，第175页。

过学习语言，人被抛入传统之中，拥有了传统的思想观念、价值趋向和情感态度。这是理解的前提，唯有如此，我们的视阈才有可能与作品的视阈达到"融合"。理解不是寻找作品的原意，因为作品产生于特定的历史时代，原意不可能被发现。理解是读者对作品生命的重新开掘，在这个创造过程中，读者和作品相互交流，共同迈向一个更高、更新的视阈。可见，"积淀说"和"视阈融合"都表现出对历史的关注，有一定的保守倾向，但两者的旨意却根本相反。"积淀说"忽略了个体的独特存在，没能注意到个体对于传统文化的突破，而把历史、传统作为落脚点，继而把审美归结到历史、实践的积淀之中。解释学只是把传统作为理解的一个共通点，而把主要着眼点放在人的开发创造之中，强调个体的意义，着力于个体价值和未来，认为没有最好最后的理解，只有更好更新的理解，破除了审美权威主义，给予审美以经验和民主。

关于章辉如何从分析哲学的角度批判实践论美学，其立场、观点至此已相当明晰，基本反映出自 20 世纪 90 年代以来中国美学的倾向。当代中国美学完全站在西方现代哲学和美学的立场上，在美学思维方式上，拒绝本质思维，从传统的依靠强大的逻辑力量去追问"美是什么"转向对"美怎样"的审美活动的描述，从古典的形而上学美学转向对现实生活中审美经验的注意。在美学态度上，把个体、感性、身体、欲望等作为焦点，充分肯定了审美的个体性、反抗性、超越性，提出了生命美学、生存美学、体验美学的美学诉求。美由于直接与个体感性相关，自然就成为抗拒人类异化的手段，美学染上了乌托邦色彩，成为一种理想学。美学在排除传统形而上学美学的彼岸性追求，走向现实的同时，又被美学家们看成对抗现实的工具，当作阻止异化的手段，自然而然地又从现实走向神秘的彼岸世界。在这种信念的支配下，当代美学为审美赋予了极高的理想，成为超越、自由、生命等人类的最高存在。章辉说："在西方现代社会，个体觉醒，上帝退隐，传统价值观崩溃，个人在荒谬异化的社会中如何生存，如何赋予虚无的生命以意义成为思想的主题。审美成为挣脱社会束缚，确证生命存在的最高最自由的方式，表现在审美文化上则是现代美学和现代主义文艺流派。……因此必须展开审美活动与个体生命意义关系的研究。"① 章辉认为审美超越是"后实践美学"的核心概念之一，也最能体现"后实践美学"的精神要旨。审美超越性的发现，反映出美学

① 章辉：《实践美学：历史谱系与理论终结》，北京大学出版社，2006，第 171 页。

思想家们的时代敏感性和他们对审美活动现代内涵的理解，"是后实践美学超越实践美学的地方，是中国美学走向现代性的重要一步"①。从 20 世纪 90 年代初杨春时提出审美超越论到章辉对自由、超越的阐释和推崇，当代中国美学对美的理解方式和价值追求始终如一，他们一直把美当作人生的一切，美学由美的科学变成有关美的理想描述学。

三　新实践美学路在何方

面对"后实践美学"的批判，实践论美学坚持者为了能够合理有效地辩护，更好地捍卫实践论美学的合法性，不得不根据"后实践美学"的批评，对其关键性理论范畴进行重新阐释。在此过程中，朱立元、邓晓芒、张玉能、易中天等，在坚持把"实践"作为美学基本范畴的同时，又对传统实践论美学进行批判和扬弃，于是形成了既要坚持实践论美学，又要对其进行升级改造的"新实践美学"。"新实践美学"是指，在与"后实践美学"的斗争中，实践论美学为修正原有的理论错误而最终产生的有别于自身以往理论形态的美学派别。

1994 年杨春时发表《走向"后实践美学"》一文后，朱立元就立即回应杨春时说："实践美学主要代表人物的基本思路、理论框架、范畴推演和体系构建，至今并未过时；他们在发展实践美学过程中借鉴吸收了西方许多较新的观念与方法，因此并不缺乏现代性，完全可以与世界美学直接对话；这些理论体系本身也都呈现出开放性，具有进一步丰富、完善的潜能和生命力。"② 此时的朱立元并没有公开承认实践论美学某些理论的不足，不停地用"强加于人""简单化抽象""莫须有""毫无根据"等词指责对方，辩护略显生硬。另外，他强调实践论美学具有现代性，完全可以与世界对话（2005 年到 2006 年美学界曾就美学的现代性问题进行过热烈讨论，但未能得到一致认可的说法），也有待商榷。朱立元后来对此次批判也有提及，他说："一开始，我为李泽厚先生辩护，先后发表了两篇文章与陈、杨两位先生商榷，然而随着讨论深入，我发现，李先生的实践美学并非十全十美、无懈可击。"③ 随着反思的深入，朱立元 1996 年撰写《实践美学哲学基础新论》，客观指出了实践论美学的三个不足：一是直接把实践范畴用作

① 章辉：《实践美学：历史谱系与理论终结》，北京大学出版社，2006，第 199 页。
② 朱立元：《"实践美学"的历史地位与现实命运》，《学术月刊》1995 年第 5 期。
③ 朱立元：《我为何走向实践存在论美学》，《文艺争鸣》2008 年第 11 期。

美学的逻辑起点，去解决美的本质、美感的本质等基本问题，缺少一系列中介；二是仅仅把实践理解为生产劳动；三是没能从存在论的角度上看待实践论，在存在意义上对人的实践做出全面阐释，从而把实践看作人的基本存在方式①。然后，朱立元说马克思主义哲学并不像以往所理解的那样是辩证唯物主义加历史唯物主义，而主要是以"实践论"为基础的历史唯物主义，"实践论"就是社会存在本体论，社会存在的主要内容就是人们的社会实践活动，也是人的基本存在方式。这样一来，朱立元把海德格尔以来的存在主义哲学植入到马克思主义的实践论中，提出"实践存在论"哲学观，这就是他所说的"哲学基础新论"，这一观点后来进一步被他发展为"实践存在论美学"观。可见，"后实践美学"和"新实践美学"交锋的焦点就是对于"实践"这一范畴的不同态度。

朱立元的转变典型地折射出传统实践论美学的分裂过程。虽然他没有明确地把自己归为"新实践美学"，但他一方面坚持把实践作为美学研究的基础；另一方面又提出用"实践存在论美学"去修正和调节实践论美学的先天不足，表现出新实践美学的基本特征。

"新实践美学"主要发展出两种形态：一是朱立元的实践存在论美学，二是以张玉能为代表的新实践美学②。这两种美学代表了实践论美学的一种怎样的发展方向？

朱立元的实践存在论美学思想首先来自于海德格尔存在主义和马克思

---

① 朱立元：《实践美学哲学基础新论》，《人文杂志》1996 年第 2 期。

② 也有人把朱立元"实践存在论美学"与"新实践美学"看作两个并列形态，如陈士部刊于 2010 年第 5 期《文艺理论与批评》的文章《实践美学的新变：新实践美学与实践存在论美学》就持这样的观点。陈士部的误解可能是因为易中天曾明确提出"走向新实践美学"，邓晓芒又自称自己是"'新实践美学'的一员"（参见《什么是新实践美学——兼与杨春时先生商讨》，《学术月刊》2002 年第 10 期），张玉能于 2007 年出版了《新实践美学论》。这样一来，他就把"新实践美学"看成以邓晓芒、易中天、张玉能等人为代表，以《新实践美学论》为主要表现形态的一种具体美学形态，而朱立元的"实践存在论美学"也是一个具体的形态，两者正好处于平行关系，这样看来也有道理，但窄化了"新实践美学"的内涵。笔者的观点是，凡是 20 世纪 80 年代中期以来针对实践美学所受到的批判，致力于改进、修补、重新阐释实践论美学，而又在美学上坚持马克思主义"实践论"的美学都叫"新实践美学"。90 年代以后，面对批评，李泽厚也不再把实践仅仅看成制造和使用工具的人类活动，并极力阐释"情本体"，他自己甚至也成为"新实践美学"派中的一员。所以，张玉能的《新实践美学论》只能是"新实践美学"的一种具体形态，而不能是整个"新实践美学"。为了避免歧义，是否应该区分出"新实践美学派"和"新实践论美学"仍有待商榷。

主义实践论哲学，是马克思主义实践论与存在主义哲学的贯通。存在主义摆脱自笛卡儿以来的主客二分认识论，把人和世界看作一个不可分割的整体，要求以"此在在世"的观点来审视整个存在，认为人在产生的那一刻就属于世界，是世界的一部分。因此，我们不能把人与世界分开，然后再去谋求人与世界的融合。朱立元认为，海德格尔的观点其实早在 80 年前的马克思那里就得到了表述，不过马克思比海德格尔的高明之处在于"用实践范畴来揭示此在（人）在世的基本在世方式"。朱立元说："在马克思看来，人不是作为一种东西摆放在世界上，世界也不是作为一个现成的场所让人随意摆放，相反，人是从事实际活动的实践着的人，人在世界中存在，就意味着人在世界中实践；实践是人的基本存在方式；实践与存在都是对人生在世的本体论（存在论）陈述。"① 通过对"实践"范畴的存在主义阐释，马克思主义的那种创造人类社会和历史的生产活动被理解成人生在世的生存方式。实践在朱立元那里可谓无所不包——除了指物质生产实践以外，还包括社会改革、伦理道德实践、精神实践等多层面、多维度的活动方式；除了指人与自然、人与人、人与社会的交互关系，还包括人与自我交往等。

朱立元实践存在论思想第二个来源是蒋孔阳的"实践创造论美学"。他说，蒋孔阳先生以人生实践为本源，以审美关系为出发点，以人和人生为中心，以艺术为典范对象，以创造生成观为指导思想的实践美学在今天仍有其生命力，他的美学思想"是启发我形成实践存在论美学观的主要思想来源"②。朱立元把蒋孔阳的实践创造论提升为实践存在论，在承认实践的物质性和历史生成性的基础上，着重强调实践的个人感性存在。

可以看出，实践存在论美学主要是用存在主义思想来重新阐释马克思主义实践范畴，以此改造蒋孔阳实践创造论美学思想的结果。在思维方式上，实践存在论美学由原来的认识转移到存在论上。比如传统实践论美学认为，在人类使用和制造工具的社会实践中，自然的人被"人化"，审美就是人的这种本质力量在对象中的实现。但在实践存在论美学看来，尽管物质生产劳动是整个实践活动的基础，但实践已具有人的存在意义，它包括学习、工作、经济、政治、道德、艺术、审美等全部人类活动③。审美成为人的一种基本存在方式，即是一种基本的人生实践，是人的一种高级精神

---

① 朱立元：《我为何走向实践存在论美学》，《文艺争鸣》2008 年第 11 期。
② 朱立元：《我为何走向实践存在论美学》，《文艺争鸣》2008 年第 11 期。
③ 本部分描述参见朱立元《走向实践存在论美学》，苏州大学出版社，2008。

需要，是见证人之为人，最能体现人本质特征的基本存在方式之一。在美学基本观点上，不再从传统的主客二元模式来思考美和美感问题。实践存在论美学认为，不存在脱离具体审美关系、审美活动的审美主体，主客体都是在审美关系和审美活动的具体关系中实现的。朱立元由此用生成论代替现成论，这是其实践存在论美学的深刻之处，它看到了美的对象与审美主体都不是独立存在的，而是在审美活动中的一种临时性存在。

以朱立元实践存在论美学为代表的"新实践美学"是拯救实践论美学的一次规模性行动。在坚持马克思主义实践论哲学对美学的主导意义的同时，要么采取通过与现代西方哲学相融合的办法，要么通过重新界定实践意义等方法，去赋予"实践"以新的内涵，从而极力突破传统实践论美学的缺陷和不足，但这必然带来诸多问题。

第一，"实践"意义被不断扩容，变成无所不包的人类活动。如果把"实践"泛化，既指道德实践、人的精神文化活动，包括人的交往活动，那么"实践"这一范畴对于美学的意义是什么呢？开荒种地，春耕秋收时，我们说这是实践；变革社会，管理国家时，我们也说这是实践；在实验室里观察试验，在办公室里撰写论文时，我们说是实践；面对青山绿水，心无所驻地审美时，我们说也是实践。这样的"实践论"对于说明人类心灵的审美奥秘并没有什么直接意义。事实上，在《走向实践存在论美学》一书中，我们可能感觉到"实践论"与"审美论"的分离。朱立元在前面花费了大量篇幅来讲实践论、讲存在主义，再举出自己的观点，认为马克思实践就是人的基本存在方式。然后，他进入美的领域，对审美现象进行描述，有些地方相当深刻，例如他认为美并不是现成的，而是在审美和审美活动中动态生成的。从全书体系来看，即使没有"实践存在论"这个哲学前提，朱立元也能把美的问题解释清楚，也能独立成篇。并不是像传统实践论美学那样，从实践推导到人，解决人的问题，然后再从人的本质力量推导到美的问题，必须环环相扣。这就出现了一个十分奇怪的问题：美是什么，大家似乎都心知肚明，但没有人愿意做出更系统的探讨，偏偏拿诸如审美的个体、感性去附会出一种哲学理论，美学似乎不是为了研究美，而是要从具体的审美现象中得出某种特殊的哲学结论，本末倒置地为某种哲学理论举证。

与朱立元不同，张玉能对实践的结构和类型进行了重新厘定。他认为，实践是一个多层累性和开放性结构，包括物质交换层、意识作用层和价值评估层。在类型上，实践包括物质生产、精神生产和话语实践；在功能上分为建构功能、转化功能与解构功能；在发展程度上分为获取性实践、创造性实践、自由性实践；等等。美和审美就包含在这种实践之中，而且实践的各层都不同程度地与审美相关联①。简单说来，实践就是指人们为了自己肉体存在的需要，而从自然界获取生存资源过程中产生的与之相关的一切人类活动，包括精神的、意识的、伦理的、审美的，也包括认识、判断和评估，还包括人类的语言活动和各种精神活动。通过这样的解释，实践与审美的感性、个体性的冲突没有了，但实践概念被扭曲了，在马克思那里有整体性和基础性的实践，到现在却变成了人类生活的全部。马克思说过"社会生活在本质上是实践的"，被张玉能改造成"社会生活全部是实践"了。马克思的意思是，人类社会生活的一切现象，都可以在实践中找到"根源"，如社会、国家的产生，婚姻制度的变化等，都可以追溯到实践。而现在，张玉能却把这一切都看成实践，也就是说人类的一切活动都是实践。

　　第二，把马克思主义实践论与西方现代哲学思想任意嫁接，或者过度阐释"实践"的意义，必然导致对西方哲学或者马克思主义哲学某种程度上的误读。像"实践""存在""此在"等范畴，它们都不属于字典或辞书上的意义，而是隶属于特定的哲学体系，必须放回到马克思主义哲学和存在主义哲学中来理解，如果根据字面意思或断章取义任意拼贴的话，必然导致严重的错误。比如朱立元认为，海德格尔的"人在世界中存在"的思想，"我们的老祖宗马克思比海德格尔早八十多年就已发现并作过明确表述：'人并不是抽象的栖息在世界以外的东西。人就是人的世界'"②。马克思说过这句话不错，只不过后面还有半截，是个逗号，意义还没结束就被朱立元截断了。这句话出自《黑格尔法哲学批判·导言》，原句是："但人并不是抽象的栖息在世界以外的东西。人就是人的世界，就是国家，社会。"③ 马克思说这句话的目的是批判宗教把人的本质变成"幻想的现实性"，而并不是朱立元所臆测的"批判了"主客二分的认识论问题。另外，"人就是人的世界"是相对于宗教来说的，宗教颠倒了世界观，把人的世界变成是神创造的，变成了神的世界，这与海德格尔"存在"毫不沾边，甚至根本相反。

---

① 张玉能等：《新实践美学论》，人民出版社，2007，第 3～73 页。
② 朱立元：《我为何走向实践存在论美学》，《文艺争鸣》2008 年第 11 期。
③ 《马克思恩格斯选集》（第一卷），人民出版社，1995，第 1 页。

把两种哲学融通起来，进行新的创造完全必要，马克思主义就是在广泛吸收借鉴西方各种哲学成果后实现哲学变革的。但这种融通必须持科学态度和批判眼光，相互进行取舍，而不是由一个主观前提出发。当发现存在主义的优势时，就说马克思主义那里早就有存在主义了；当发现解释学的优势时，立即说马克思主义也有解释学的萌芽。这种机械的马克思主义观仍然是当代中国美学发展的桎梏。

第三，马克思美学的建构是一个长期的历史过程，而绝不是一个急功近利的任务。并且即使将来有一天，我们真正建立起科学的马克思主义美学，也应该把它纳入到整个美学史中去看待，它只能是人类历史发展某阶段中人们研究美的一种科学的看法，而不可能是一劳永逸的真理。马克思主义的真理发展观早就告诫过我们这个道理，但许多人在一边高呼自己是马克思主义者的同时，一边却从根本上背离了马克思主义所具有的批判精神、怀疑精神和实践精神，似乎相信马克思主义美学可以终结一切美学。

第二节　陷入本体论的漩涡

有人认为，现代西方哲学抛弃了本体论，因为现象学、存在主义和分析哲学无一例外的都对传统的本体论进行深刻的批判。这是对现代西方哲学的误解。现代哲学对本体论的批判并不是抛弃本体论，而是实现了本体论研究的转向，即排除了古代本体论哲学的独断论倾向，对人类认识界限重新进行划定；克服传统的主客二分认识论局限性，把客观世界作为人的意识现象；从实体观本体论转向现代的生存本体论，将存在看作"存在者的存在"。现代哲学就是在这种新的本体论观念上发展起来的。比如分析哲学，通过语义分析，摧毁了传统哲学的范畴体系，但并没有瓦解西方哲学的结构体系。它把语言作为本体，通过谈论语言来谈论世界，通过分析语言来寻找哲学问题的症结，因为在它看来，传统哲学所热衷的形而上学问题都是由于误解语言所产生的，如果能对语言进行澄清就可以消除哲学中"悬而不能结"的死症。所以，从严格意义上讲，分析哲学不是一种哲学形态，而是一种哲学工具，其中心问题还是致力于哲学问题的解决。

这样一来，以西方现代哲学为理论资源的后实践美学和实践存在论美学，自然也在思维方式和思考对象两个方面带有现代西方哲学色彩。在思维方式上，摒弃二元论思维模式，实现一元论观察视角。在思考对象上，由审美主体或审美客体本质推论，转向对存在本体的描述。我们所热衷的存在主义把此在（人）作为发问对象，作为存在展开的方式，解释学和分析哲学都是把人的理解问题和语言问题作为关注中心，因而"后实践美学"自然而然地把"人"作为美学研究中心。再加上受此前叔本华生存意志本体论，尼采的权力意志本体论，狄尔泰、柏格森等生命本体论哲学的影响，人的生命、存在、超越、自由成为"后实践美学"的追求目标，并被上升到本体的高度，"后实践美学"因而陷入本体论的漩涡之中。美成为生命、自由、存在和超越的缩影，成为实现生命自由的工具和手段，当代中国美学再一次显示出它的"非美化"的宿命性结局。

一　本体论与本体论美学

本体论是西方哲学最基本的概念，也是把握西方哲学变化发展的命脉。但在西方哲学史上，并没有一个连贯清晰的"本体"和"本体论"概念，虽然本体和本体论的基本内容是西方哲学的主要构成部分，但由于不同哲学家或哲学派别使用不同的概念或范畴来指称这些内容，再加上各个时期各哲学流派的本体论倾向和侧重点各不相同，因而很难从西方哲学的历史描述中直接显露出本体或本体论的含义。另外，对中国人来说，由于翻译和理解上的一系列麻烦，导致许多人至今仍把本体和本体论混为一谈。为保持本文概念前后逻辑的一致性，并能最终较为科学地导引出"本体论美学"这一称谓，这里拟先对西方哲学史上本体和本体论做一简单说明。

先说本体。"本体"（substance）这个概念最先是由亚里士多德提出来的，主要包括两大类：头等意义或"第一本体"和次等意义或"第二本体"①。两类的具体指称比较复杂，从陈康先生论述中大约可知，本体有两层含义，一个是最高意义的宇宙世界的本原，一个是次一级的相当于某类事物的本质。但总的看来，本体讨论的是事物所追求的最高目的，即"不动的推动者"。这个问题是自古希腊早期以来一直探讨的宇宙万物的"始基"和"本原"问题的继续和深入。

在古希腊早期，人们就开始追问世界的"始基"是什么，对这一问题的关注蕴含着人们开始凭借理性在经验世界的多样性中寻求统一，对变化

---

① 汪子嵩、王太庆编《陈康：论希腊哲学》，商务印书馆，1990，第284～285页。

不定的宇宙万物做出终极解释的渴望，是人类哲学思维开端的标志。所以罗素曾说："每本哲学史教科书所提到的第一件事都是哲学始于泰勒斯。"①那是因为泰勒斯第一个提出水是宇宙的"始基"即本原的问题，后来出现了阿那克西美尼的"气"、赫拉克利特的"火"等。这种"始基"或"本原"说到毕达哥拉斯是个转折，他把"数"作为万物的本原，认为它是产生万物的神秘力量，超越此前把客观可感的实体看作世界本原，而进入了更高层次。

较毕达哥拉斯稍晚的色诺芬尼和巴门尼德真正成为西方本体论先驱。色诺芬尼反对当时流行于希腊的多神观，认为那些神都是人按照自己的样子创造出来的，具有实体性，而神圣的神只能有一个。于是他描述了一种超越时空、超越感知世界、永恒不动的神，潜在地表达了一种全体、整体、普遍、统摄一切、全知全能的观念，这个观念直接启发了巴门尼德。

巴门尼德把"存在"作为世界的根本，认为单纯的感觉世界是骗人的、虚幻的，不能作为思考对象，只有"存在"才是永恒不变的，是可以思考的。他批评赫拉克利特和毕达哥拉斯把生灭变化的世界当作真实性，因而不能求得真理，唯一通向真理之路只有一条，那就是唯一真实、永恒不动的"存在"。"存在"就是永恒不动的、连续不可分的、完整的"一"。"非存在"是不能被思想、被表述的，因为它是生灭变化的，非连续、非完整的。"存在"与"非存在"成为巴门尼德思想的核心。②巴门尼德把运动的世界和生灭变化的世界万物归为"非存在"，否定其真实性，要求人们超越可感觉的变化无常的自然世界或现象世界，用理性去认识变动后面永恒不变的"存在"，这正是西方哲学本体论和知识论得以确立的前提和基础。就

---

① 〔英〕罗素：《西方哲学史》，何兆武、李约瑟译，商务印书馆，1963，第49页。
② 关于"存在"与"非存在"的解释，具体可以参见汪子嵩、范明生等《希腊哲学史》（第1卷），人民出版社，1997，第592~680页。巴门尼德的"存在"是与"非存在"相对应的。"非存在"并不是无或虚，它与"存在"相对，指生灭的、可分的、非连续的、运动着的东西，因而是不能用思想来认识和表述的东西，即现实的现象世界。巴门尼德的"存在"与"非存在"世界发展到柏拉图就是两重世界学说，即理念世界和感性世界。巴门尼德提出的"存在"与"非存在"，使近现代西方学者感到难以用现代英、德、法等语言表达清楚，译成汉语就更困难了。另外，西方的哲学家在使用这两个概念的时候所赋予其的内涵实际上并不相同。而中国哲学中的"有""无"恰恰和巴门尼德的"存在"与"非存在"相反。中国的"有"指个别的、变化的感性世界中的万事万物，相当于巴门尼德的"非存在"；"贵无论"，"无"中有"有"中的"无"指无生灭、真实存在的、要靠推理才能把握的东西，恰好相当于巴门尼德的"存在"。

像马克思所说的："不用想象某种真实的东西而能够真实地想象某种东西。从这时候起，意识才能摆脱世界而去构造'纯粹的'理论、神学、哲学、道德等等。"① 从这一意义上来说，巴门尼德是西方哲学的鼻祖。

就最原始的意义看来，本体在西方哲学中主要指那种最高的、最普遍的终极实体，这一实体要么是精神的，要么是物质的。据此看来，如果就本体的最高意义来说，本体与本原同义，是万物之源，是形成万物的质料。实质上，在后来的西方哲学发展中，本体的意义要比这复杂得多。

现在，我们可以来谈本体论了。对"始基""本原"的探讨，发展到巴门尼德时上升到"存在"这一层面。后来柏拉图对巴门尼德进行批评，说他的"存在"概念太抽象，不能说明世界的多样性，便提出"理念"说，在"理念"的基础上，他发展起来一种凭借理性在虚幻的现象背后去寻求绝对、永恒、真实的存在的哲学模式。这一抽象思辨的哲学思维方式激发了亚里士多德，他在《形而上学》中提出应该有一门专门研究"是"的学问，这就是后来人们所说的"本体论"。亚里士多德说："有一门学术，它研究'实是之所以为实是'，以及'实是'由于本性所应有的秉赋。这与任何所谓专门学术不同；那些专门学术没有一门普遍地研究实是之所以为实是。它们把实是切下一段来，研究这一段的质性；例如数学就在这样做。"② "实是"就是"是（存在）"，希腊文"on"，拉丁文"ens"，英文译为"being"，德文译为"sein"。该词在汉语里兼有"是""存在""有"的含义，后来被误译为"本体论"。20 世纪 40 年代陈康先生主张译为"万有论"，50 年代学界又普遍将该词译为"存在论"，似乎都不能尽表其义③。90 年代有学者主张译为"是论"，虽然拗口，但能较好的表现出这门学问的特殊性。由于"存在论"一名已广泛流传，"是论"现在仅作学理讨论，哲学界仍沿袭"本体论"一名，因而讹误很多。

可见，"本体论"是关于"是"或"是者"的学问，而"本体""存在"等只是"是者"之一，这个理解十分重要。"后实践美学"动辄就是

---

① 《马克思恩格斯选集》（第 1 卷），人民出版社，1972，第 36 页。

② 〔古希腊〕亚里士多德：《形而上学》，商务印书馆，1959，第 56 页。

③ 关于本体、本体论翻译和意义问题可参见汪子嵩、范明生《希腊哲学史》（第 1 卷），人民出版社，1997；柏拉图《巴曼尼德斯篇》，陈康译，商务印书馆，1982；俞宣孟《本体论研究》，上海人民出版社，2005。本部分描述参照黄颂杰、章雪富《古希腊哲学》，人民出版社，2009。

"存在"，误解甚深，本书将在下章有关存在主义美学中进一步讨论。还需要说明的是，亚里士多德提出建立一门研究"是"的学问，但并没有创造出"本体论"这一名称，"本体论"直到 17 世纪才出现，据说由德国人郭克兰纽（Goclenius，1547—1628）创构出"ontology"一词，为这种哲学命名。沃尔夫后来最先为"本体论"做出了定义。①

关于本体论哲学提供了一种怎样的思维范式，也就是说，本体论的思维方式有什么特点，笔者认为本体论是关于"是"的学问，它其实是一种依靠形式逻辑法则，通过范畴之间的逻辑联结来研究世界的方法。比如"这是苹果""苹果是水果""水果是果实""果实是种子""种子是胚芽""胚芽是生命""生命是神""神就是世界"，这样层层推进到"无法再思考"领域，找到这个终极因（康德称之为"物自体"）。因此"是论"（本体论）中的"是"可以指一切东西，即使是不存在的东西，只要我们能够对其赋予哪怕一个虚构的观念，都落在"是"的范围。所以，从本质来看，"本体论"其实是从个体世界、现象世界、可感世界里最终找出整个宇宙、自然万物背后最根本的、最高的存在，这是所有本体论的唯一宗旨。这样看来，把它译为"本体论"似乎倒说明了一些问题。

事实上，中国和现代西方哲学界就是这样来定义"本体论"的。如《中国大百科全书·哲学卷》说，在西方哲学史中，本体论是指关于存在及其本质和规律的学说，它在古希腊罗马哲学中主要是"探究世界的本原或基质"。在现代西方哲学界也有一种共同的倾向，即"以对'存在'（existence）的研究取代、或至少是部分取代对'是'的研究，以作为本体论的对象。如美国著名的哲学家蒯因把本体论简单地概括成对于'何物存在'（What is there?）这个问题的讨论"②。本体论在西方哲学史上也是形态缤纷，各种样式的学说令人目不暇接，但一个基本的事实是：虽然西方哲学经历从古代的"本体论"到近代的"认识论"再到现代的"存在论"的转向，但"本体论"却是一根万古长青的红线，"知识论""存在论"都建立在"本体论"基础之上。如果要说本体论的最大变化是什么，那就是在古代希腊时期的哲学是自然哲学的态度，大都把哲学的研究对象限定于自然界，而现代西方哲学则抛弃了主客二元论思维模式，从"存在"本身来研

① 〔德〕黑格尔：《哲学史讲演录》（第四卷），商务印书馆，1978，第 189 页。
② 参见俞宣孟《本体论研究》，上海人民出版社，2005，第 20～21 页。

究世界。但和传统本体论相同的是仍然着眼于那个最高的、最终极的、最普遍的东西，只不过视角和方法略有不同罢了。这一点在笔者后来讲海德格尔的存在主义哲学时将重点涉及。

那么，什么是本体论美学？在美学成为一个学科出现之前，美只是哲学研究中一个意识较为模糊的东西，它融合在认识论和伦理学之中，康德在写完《实践理性批判》之后，才意识到纯粹理性和实践理性、现象世界和自由世界之间的断裂，从而着手构建《判断力批判》。这种模糊的意识自然而然地让美学研究成为哲学的绝对附庸，特别是在柏拉图提出美之为美的"美本身"命题之后，就自然而然地把美推向宇宙万物终极存在的深渊。

本体论就是利用抽象思辨能力和逻辑规则，在客观现实之外预设一种超现实的普遍永恒，相信现实事物的产生和存在都基于这种普遍的永恒。哲学如果能够把握住它，就可以照猫画虎，从这一特定的预设点出发，像数学一样精确清晰地描述出整个现实世界。本体论哲学就这样在"预设论"和"还原论"中往返穿梭。而美只是世界万物的一个普遍现象，必然依附于某种宇宙"本体"，是它的"分享""流溢"或特殊表现，也只能从它那里才能得到说明。这样一种受制于"本体论"的哲学思维方式，通过对某一预设的普遍永恒"本体"的还原，来说明美产生的根源、性质、功能和结果的美学就是本体论美学。

二　在本体论的漩涡中

"后实践美学"从现代西方哲学中引进了"生命""存在""超越""自由"等名词，而这些词汇在现代西方哲学中都是作为最高的本体论范畴出现的。再加上"后实践美学"受存在主义哲学的影响，无一例外地把作为存在的"此在"，即人的命运作为思考方向，创建出生命美学、生存论美学、超越论美学和体验美学等，认为美就是生命、就是存在、就是超越、就是自由，从而使当代中国美学实现了由实践论到本体论的转向。下面笔者以潘知常的生命美学为中心，来分析后实践美学的本体论思维模式。

潘知常的生命美学建构在他对实践美学的批判上。他在 1991 年出版的《生命美学》一书的绪论中说，当代中国美学在取得很大成绩的背后，潜藏着三个触目惊心的失误，它们分别是研究对象的失误、研究内容的失误和研究方法的失误。单就研究对象来说，潘知常认为不论是以美为研究对象，还是以美感、艺术为研究对象，一直以来都把它们当作一个外在于人的东西，只能以理解物的方式去理解美学，以与物对话的方式与美学对话，从而消解和遮蔽了生命自身的活动。就研究内容来说，美学忽视了"内在生命的活动，忽略了体验，忽略了有限与无限的关系，忽略了作为生命意义的秘密"。我们不能在美学中看到生命的绿色，听到人们的欢乐和哭泣，感受不到挚爱和人类的生存之根。在研究方法上，我们沉溺于美学体系、美学范畴之中，以之蒙蔽了生命、也蒙蔽了自己，"先是抽干生命的血，剔除生命的肉，把他钉死在美学体系、美学范畴、美学论著及论文的十字架上，使之成为不食人间烟火而又高高在上的标本"。美学用体系和范畴消解了人、抽象了人，这本身就是一个滑稽的事实。

（一）美学的生命视点

潘知常是站在生命的高度对美学做出上述三点批判的。他认为美不是外在于人的对象，而是生命的构成部分，甚至是生命的全部；美学的内容不是一种逻辑体系的演绎和架构，而是一种描述和体验；美学关注的不是自然美、社会美等，而是在泥土中挣扎、欢笑、哭泣的各种生命形态。美学应该"是生命的自我拯救"，"它是思着的诗，诗化的思，也是回到生命本身"，它要"以人类的自身生命作为现代视界"①。潘知常以生命为中心、为指向，为美学开启另一扇窗户。

走出传统美学误区，走向生命美学。在这一视域下，美学摆脱了认识论、伦理学、心理学和社会学的视界，倾向于关注审美的本体意义、存在意义、生命意义。然后潘知常以举例的形式，从五个方面描述了生命美学是怎样通过审美来关注生命的。

第一，美学只有以生命为视野，"审美活动在现实社会中作为人类生命活动的最高表现以及在理想社会中作为人类生命活动的普遍形式这一性质才会被充分突出出来"②，审美活动作为人类感性的超越与生成的中介作用也才会被充分突出出来。第二，美学以生命为视野，可以排除以往把审美活动看作把握世界的一种方式，或者把审美活动等同于道德活动、科学活动的错误。因为"从人类自身的生命活动来说，所谓本体的角度，是指的'生命如何可能'或'生命的存在与超越如何可能'，即指的生命的终极追

---

① 潘知常：《生命美学》，河南人民出版社，1991，第 6~7 页。
② 潘知常：《生命美学》，河南人民出版社，1991，第 7 页。

问、终极意义、终极价值"①。它显然要高于科学活动、道德活动等那种被分解了的生命活动。第三，美学以生命为视野，可以看到审美活动的核心地位，有助于准确地把握审美活动的本质。人的理想本性由以往的自然存在、社会存在上升为超越存在，审美活动不再是对于美的把握，而是"一种充分自由的生命活动，一种人类最高的生命存在方式……从终极关怀的角度推进着人类自身价值的生成"②。第四，美学以生命为视点，超越了主客二分模式，不再把审美活动划分为审美主体和审美客体，而进入更本真的生命存在。第五，美学以生命为视野，发现美只有在审美活动中才能呈现出来，才能发现其既不是自由的形式，也不是自由的象征，"而只是自由的境界"。

潘知常之所以不厌其烦地描述这五点，旨在说明生命美学是怎样把生命、自由作为最高本体，然后把美或者人类的审美活动还原成生命、自由的。潘知常自己也说："以生命活动作为视界的美学显然已经不能等同于国内已有的美学。或许，应该称之为生命哲学或审美哲学，称之为本体论美学或第一美学？或许，应该称之为人类学美学？这种种名称当然都有其合理之处。"③ 生命美学放弃了传统美学通过逻辑去追问"美的本质"，而试图通过描述"审美活动"进而揭示生命怎么样。

（二）人的自由本质与审美承担

那么什么是人的生命，人的审美活动有何特征，两者关系如何？这就涉及生命美学的主要内容和基本逻辑思路。

这里要先说人是什么。像实践论美学一样，对美或审美活动的探讨，必须首先追问人是什么。潘知常认为，这可以从人的自然存在、社会存在或理性存在三个方面来说明。就人与自然关系来讲，人不仅是一种自然存在，更是一种超自然存在。所谓超越自然存在，就是人通过实践活动，对自然必然性包括客体必然性和自身必然性的扬弃。关于人的社会性存在，以往人们把社会性存在作为人的最高存在，其实是一种误解。社会性存在是在人扬弃自然必然性后面对的另一个更为复杂的必然性，但它仍是一种必然性，就像动物的畜群生活，人仍未区别于动物。我们不能把社会视作

① 潘知常：《生命美学》，河南人民出版社，1991，第 8 页。
② 潘知常：《生命美学》，河南人民出版社，1991，第 10 页。
③ 潘知常：《生命美学》，河南人民出版社，1991，第 12 页。

外在于人的对象，视作不以人的意志为转移的历史规律，"而应倒转过来，从人来规定社会的本质"①，让人的活动既加入一定的社会关系，处在社会的必然性中，又要扬弃一定的社会关系，开辟新的社会关系。因而人的自然存在、社会存在和理性存在都不能说明人的本质。真正能够揭示"人之所是"的只有实践。人只有通过实践活动来证明自身，因为实践活动是人与动物相区别的人所独具的生命活动。它有两个特征：第一，实践活动是一种自由的活动，自由就是对必然性的自我抗争和对存在的自我超越；第二，实践活动是一种本体存在，是生命的敞开，是光明之源。然后，潘知常说："人的实践活动是什么，毫无疑问，人就必然是什么。……既然实践活动的根本特征在于对必然性（客体的或自身的）否定和扬弃，在于对世界和人自身的再造，一言以蔽之，在于自由，那么，人之所'是'也应该在于自由，或者说，在于不断向意义的生成、向自我的生成。"②

可见，生命美学并没有放弃"实践"范畴，只是不再把它当作具有本体意义的范畴，而是降到次一级，以之来说明人的生命的本质属性即自由，取而代之的是以生命为本体，这是潘知常生命美学（包括"后实践美学"）逻辑的起点。他把人的最高本质看作自由，这一规定性仍然是从马克思实践范畴推导出来的。有人曾注意到"后实践美学"在某些方面有与"实践论美学"的融合趋势，潘知常自己也说，"生命美学之所以要对实践美学提出批评，并不是由于实践美学以马克思主义实践原则作为自己的理论基点这一正确选择——在这个方面，生命美学与实践美学并无分歧"，"实践美学把实践原则直接应用于美学研究；生命美学则只是间接应用于美学研究"③。这是一个值得关注的问题。"后实践美学"并不是抛弃马克思的实践原则，而是用自由、超越等本体代替了实践的本体地位，把"实践"推到了后台，但它仍然是美学思想结构的重要元素。

既然人的最高本质是"自由"，但人的生命现象是有限的，常常受到外在世界的制约，所以如何去实现自由？当然不是通过实践活动，而是通过审美活动。潘知常说："生命活动是一个与人类自由的实现相对的范畴，而实践活动、理论活动、审美活动则无非是它的具体展开（犹如自由也相应地展开为基础、手段、理想等三个重要维度一样），其中，实践活动对应的

---

① 潘知常：《生命美学》，河南人民出版社，1991，第34页。
② 潘知常：《生命美学》，河南人民出版社，1991，第34页。
③ 潘知常：《再谈生命美学与实践美学的论争》，《学术月刊》2000年第5期。

是自由实现的基础，理论活动对应的是自由实现的手段，审美活动对应的
是自由实现的理想。或者说，实践活动是实际地面对世界、改造世界，理
论活动是逻辑地面对世界、再现世界，审美活动则是象征地面对世界、超
越世界。"① 从这里看，审美活动虽然只是对应着自由的理想，但潘知常在
展开时，却把实现自由的全部任务都交给审美活动。因为作为物质生产活
动的实践和作为科学研究的理论活动都是为人类认识和改造世界提供基础
和手段的，而只有审美活动是与自由直接相关的。

因此，审美活动的最本质特征就是超越有限生命，实践人的自由本质。
潘知常说："审美活动对于生命的超越，意味着使有限的生命企达无限的生
命，成为自由生命或审美生命。这审美生命不但征服生命，而且理解生命，
与生命交流、对话，为生命创造出意义，创造出从有限超逸而出的永恒的
幽秘。"②

潘知常认为，审美活动对于生命的意义创造主要包括三个方面：第一，
审美活动是生命的创造。审美活动创造生命的主要标志就是它能够构成人
对于自身生命的不断否定和不断超越。人的生命处于被动和偶然之中，受
到自然形态和现实生活的约束，人只有通过审美活动，不停地超越，才可
以不断地发现新的生命活动，才能够进入自由的王国，才能够成为真正的
"人"。第二，审美活动是生命意义的创造。生命不是对外部世界一味地占
有和利用，而是对于恬美澄明的内部世界的创造。这恬美澄明的世界不是
一个物理世界，也不是一个精神世界，而是一个意义世界，审美活动正意
味着对于这个意义世界的创造。第三，审美活动是对生命的独特意义的创
造。潘知常说，对于生命意义的创造不同于科学知识的学习，也不同于对
道德伦理的服从，因为这都是群体性的，而生命的意义是创造是个体的、
特殊的而不是对前人的重复。

（三）审美活动的特质

审美活动就是对生命的理解和观察，是那种不断向意义生成的理想本
性对人的一种终极关怀。说它是终极关怀是指它首先不同于现实关怀。现
实关怀并未涉及"生命如何可能"这一本体论的问题，也不能解决生命有
限性的问题。首先，现实关怀的最高价值准则只是同情；其次，现实关怀

① 潘知常：《再谈生命美学与实践美学的论争》，《学术月刊》2000 年第 5 期。
② 潘知常：《生命美学》，河南人民出版社，1991，第 97 页。

所导致的只是"兼济天下"的功利化关怀和"独善其身"的超功利化关怀；最后，现实关怀的最终结果只能是什么也无法关怀。也就是说，现实关怀的根本失误在于："对人的自身价值和外在价值、对于人的自由活动与人的对象性世界的关系的割裂与颠倒，在于人的外在价值和人的对象性世界的绝对推崇。"① 由于生命的意义在于不断地向意义生成，因而对于人生的关怀只能是一种终极关怀。这既是审美活动所要承担的生命的职责，自然也就是审美活动的特质。

审美活动对于生命的终极关怀不同于宗教关怀。宗教关怀是一种虚无关怀，它其实是对自身现实生命的肯定，是对生命的消解与放弃，把所有的意义与价值都推到幻想的彼岸。而审美的终极关怀首先表现的是对现实的否定，这种否定并不是逃避现实，恰恰是通过否定而趋向最理想最真实的现实。另外，审美活动作为终极关怀，还表现出超前性。审美活动敞开了人的全部可能，它"把尚未到来的东西、尚属理想的东西、尚处于现实和历史之外的东西，提前带入历史，展示给沦于苦难之中的感性个体"②。这样一来，审美活动为生命设定样板，成为生命存在的根据。

（四）小结

生命美学把自由作为人的本质，把审美看作自由、生命实现的依据。潘知常的生命美学张扬着个性主义色彩，许多观点是对传统认识的反叛，比如他说"社会性"对于人来说仍然是一种必然，是畜类群体生活，无法把人与动物区别开来，这种观点仍然有待商榷，并且其中的许多看法可以说是"离经叛道"，这正是西方后现代文化的典型特征。潘知常在 1995 年出版的《反美学》中说，现在的美学研究首先就是要消除中心。假如说已往美学研究"是对'中心'的研究，运用的是'抽象'的方法，最终导致一种封闭的体系"，那么现在，我们必须反对它，建立起一种反美学。反美学"是对'边缘'的研究，运用的是'消解'的方法，最终导致一种开放的对话"③。

潘知常的"反美学"方法反掉的只是美学逻辑的严密性。生命美学包括"后实践美学"的抒情性语言和狂放激情使文本染上浓郁的田园牧歌情

---

① 潘知常：《生命美学》，河南人民出版社，1991，第 113 页。
② 潘知常：《生命美学》，河南人民出版社，1991，第 129 页。
③ 潘知常：《反美学》，学林出版社，1995，第 37～39 页。

调。他不满意"实践"本体的僵硬，而以更为空泛的"生命""自由"等本体取而代之，再把"实践"降到次一级范畴，作为人实现自由的一个基础，让美承担起解放人、创造意义和超越现实的重任，这种思维方式仍然是"本体论"的思维方式，因而不可避免地陷入本体论的漩涡，并带有理想浪漫的古典主义色彩。

正像薛富兴所评价的那样，其一，"潘知常先生因不满实践美学而首倡生命美学，但是，他对实践美学仍有很大的理论依存关系，他仍然承认历史唯物主义实践观是人类生命阐释之基础性环节，仍然盛谈自由，认为审美是人类自由个性的全面实现"[1]。其二，"生命美学仍属于哲学美学。在哲学层面上，潘知常先生虽然提出了生命本体论，但是，就人类生命需要、功能、活动形态等基本方面，就审美活动与其他人类生命活动之关系细节而言，尚无较为明晰、深入的说明"[2]。散文牧歌式情调、实践论哲学的阴影、本体论思维模式是生命美学三大特色。

（五）余论

潘知常的生命美学为我们解剖"后实践美学"的本体论思维方式提供了一个样本。但生命美学包含范围很广，我们可以从广义和狭义两个方面来看。狭义上除了潘知常的生命美学之外，还有封孝伦的生命美学[3]。至于广义生命美学，潘知常在《再谈生命美学与实践美学的论争》中说："生命美学即后实践美学，包括在实践美学之后出现的生存美学、生命美学、体验美学、超越美学……等等，在此意义上，生命美学代表着一种美学思潮，而并非某一具体的美学理论。"也就是说，所有谈及生命的美学都可以称之为生命美学。由于受存在主义的影响，"后实践美学"都把人的生命作为本体，而把体验、超越、自由、生存等作为生命的高级形态，其思维方式和我们上文所介绍的潘知常生命美学如出一辙。照此说来，"后实践美学"完全可以称之为"生命本体论美学"。

---

① 薛富兴：《分化与突围》，首都师范大学出版社，2006，第350页。

② 薛富兴：《分化与突围》，首都师范大学出版社，2006，第350~351页。

③ 对于封孝伦的生命美学，薛富兴给予较高的评价，他说潘知常的生命美学只是略具形制，但尚未成熟，而"封孝伦先生的生命美学理论更为成熟、典型。20世纪90年代，封孝伦也发表了一系列文章反思当代美学，专著《人类生命系统下的美学》（安徽教育出版社，1999）则是其生命美学理论的系统表述"。这种看法有其合理性，但也仅限一家之言，细节问题有待讨论。参见薛富兴《分化与突围》，首都师范大学出版社，2006，第351页。

再拿杨春时的"超越美学"来看。杨春时最先主张用生存哲学代替实践哲学。他在1993年的《走向本体论的深层研究》一文中认为,实践本体论有着种种局限,"应当对实践范畴加以扩展,使其具有最高的抽象和最大的普遍性,这就是生存"。他认为,实践不过是人的基本形式之一,没有"生存"这一范畴更具有包容性,万事万物都相对于人而存在,人的生存因而能够涵盖世界一切。"因此,不是物质存在,也不仅仅是实践活动,而是生存才有资格作为本体,作为哲学出发点。这就是说,只有生存才是哲学反思唯一能够肯定的基点,作为第一哲学的本体论只能从这个基点出发,而不是从其他未经批判过的经验出发,从而建立生存本体论哲学"①。他们还是想找到一种更具包容性,更具有本体意义的范畴,可见当代中国美学的泛化倾向何等顽固。杨春时的超越美学就是基于这种认识,以"生存"为本体代替实践美学的核心范畴。生存既然成了本体,那么人的一切都是生存,审美当然也是一种生存方式,审美作为生存方式与其他生存方式的根本不同就在于它要承担起人的"超越",所以"超越性是审美的本质"。审美如何实现人的超越?首先是对现实的超越,其次对理性的超越,最后是对社会的超越②。像潘知常一样,超越美学也体现出理想主义色彩,是对理想人生的虚幻想象。

如果说实践论美学还带着一种古典哲学的精致,在缜密的哲学体系内探寻人的本质来源,试图以此解开人类审美的"斯芬克斯之谜"的话,那么"后实践美学"则放弃对人的本质的追寻,把生命的所有最高理想都赋予超越和自由等,并把审美作为全部生命状态的承担者,美与审美呈现出浓厚的乌托邦色彩。这样一来,"后实践美学"一改实践论美学那种宏大叙事格调,而带有一种田园牧歌式的浪漫情怀,成为对生命、自由和超越等人生理想的描述。"后实践美学"标志着当代中国美学进入"牧歌"时代。

第三节　迷误:美被放大

把实践论美学中具有本体意义的"实践"替换成"生命""存在""自

---

① 杨春时:《走向本体论的深层研究》,《求是学刊》1993年第4期。
② 杨春时:《超越实践美学,建立超越美学》,《社会科学战线》1994年第1期。

由"等本体范畴，确立起本体论思维方法，然后再把人生还原为生存、自由和超越，让审美承担起实现最高人生意义的重担，美于是成为人的最高存在，成为人的全部存在，成为人生命的一切。如果说"实践论美学"专注于人的历史构成而悬置了美的话，那么"后实践美学"由于把美放大为生命的全部，成为对理想生命形态浪漫描述，从根本上忽略了"美自身"，美是什么当然不得求解。可见"后实践美学"同样堕入"泛美论"的深渊。"后实践美学"走进这种迷途的根本原因是对以海德格尔为代表的存在主义的误读和误解。

一　美是生命的全部？

对生命投以关注的目光，并不始自"后实践美学"。纵览中外美学史，生命一直是被关注的焦点。那为什么偏要说"后实践美学"放大了美、拔高了美从而使美学不能够切入美自身？"误解"一说有何根据？审美与生命究竟有什么关系？对于后一个问题，我们当然不可能像数学或物理学那样，给出一个关于美与生命的精确关系式，却可以从一般性的历史描述中，找到一种较为普遍的看法。

就西方美学史来看，生命问题与人的问题在哲学上很难区分，很多场合所说的生命就是指人的生命，而人又往往指有理性、有情感、有意志的充沛的生命。因此我们必须根据问题的需要略作取舍，仅只关注历史上从生命整体上去考察美或审美与生命关系的美学思想。启蒙时代以来，西方哲学仅把人的理性看作最高存在，而忽略了人的完整性。直到康德的出现情况才略有改观，他在写完《纯粹理性批判》和《实践理性批判》之后，感觉到理性和感性之间、自然和自由之间存在着巨大的分裂，于是以《判断力批判》来弥合，这是人类第一次对人性完整性进行哲学反思。此后席勒发挥了康德的学说，提出了人的"感性冲动"和"形式冲动"，认为两者构成分裂，需要文化教养来达到统一，这样"人就会兼有最丰满的存在和最高度的独立自由"，倘若这种情况在经验里出现，它就会唤起一种新的冲动，即"游戏冲动"①。康德和席勒为人们研究严格意义上的生命与美的关系奠定了理论基础，他们是生命美学的先驱。然后是叔本华和尼采，他们通过对人类非理性情感活动的强调，创立唯意志主义或生命意志哲学，成

① 参见朱光潜《西方美学史》，人民文学出版社，第437～438页。

为西方反理性主义的先驱，是西方生命哲学的一种早期形态。

在叔本华唯意志哲学中，审美直观具有重要地位。他认为审美直观是一切真理之源，人获得真理，不是靠理性和科学，而是靠艺术，即审美直观来发现真理。世界是痛苦的，人生是悲观的，但审美直观却可以为人解脱这愁苦。这首先是因为审美直观是超然的、幻觉的、非功利的，"在审美直观中，审美主体和审美对象都解脱了日常现实生活中一切关系的束缚，不再是个人或个别对象。审美主体已上升为认识的纯粹主体，……他坦然物外，撤消了一切意志、人格和欲求，他把对象从世界历程的洪流中抽拔出来、孤立起来，使这成为超时空的纯然客观的对象，上升为本质、理念"①。其次，审美直观还可以让人忘却他的个体存在，忘记他的意志，达到一种物我两忘、主客合一的境界，这种境界似乎是主体自失于对象之中，实际上却是主体把客体摄入自身。对于叔本华来说，审美直观即艺术，是超越理性的人类最高的理智，是知识的最高形式。

尼采哲学思想也是以人为中心，并把艺术与人生紧密联系起来。他认为"艺术是生命的最高使命和生命本来的形而上活动"②。审美的人生才是真正的人生，人只能通过审美，才能返回到原始的生命本能中，用可感的艺术形象使生命本能中受压抑的各种艺术因子复活，实现对人生的救赎。尼采说："假使人不是诗人，不是谜之解释者，不是偶然品之救济者，我何能忍受做一个人！"③尼采对艺术与人生的关注主要表现在他对"日神精神"和"酒神精神"的阐释。"日神"为大地万物赋形，让一切光彩夺目，把人带入幻想的境界，使人忘却人生的苦难，放弃对智慧的追求，沉浸在虚幻的梦境中，体会着诗意般的人生，享受着审美的愉悦。"酒神"是一种"醉"的精神，象征被解放、被展现的原始激情。在"酒神精神"的笼罩下，被压抑的原始激情得以展现，个体生命和个体意识进入一种忘我的境地，在沉醉与迷狂中，被束缚的生命状态得以解除，从而在心灵深处领略到与世界本体相整合的满足，感受到自然永恒的生命力④。

唯意志哲学家把艺术和审美提高到生命高度，尼采甚至把艺术看作真

---

① 参见李醒尘《西方美学史教程》，北京大学出版社，2005，第308页。
② 〔德〕尼采：《悲剧的诞生——尼采美学文选》，周国平译，生活·读书·新知三联书店，1986，第2页。
③ 〔德〕尼采：《查拉斯图拉如是说》，楚图南译，湖南人民出版社，1987，第172页。
④ 参阅董学文《西方文学理论史》，北京大学出版社，2005，第227~228页。

正的生命。那么我们是不是可以说，叔本华和尼采都在强调审美是生命的全部形式或最高形式呢？为此，我们必须回到他们的生命意志哲学中，才能做出较为全面的理解。

叔本华把康德"物自体"和现象界二元对立理论改造为意志和表象说，认为意志是唯一实在的自在之物，万事万物都是意志的表象，都本源于意志，是意志的客体化结果，其基本核心就是"世界是我的表象"，"世界是我的意志"。叔本华所说的意志既可指某一个人的意志，但又不是指个人意志，因为宇宙、个人等概念只是相对于空间和时间来说的，而时间和空间照康德看来都是现象。叔本华对此深信不疑，他认为我的意志不是处在时空之中，不存在单独意志和宇宙意志，它就是意志。罗素解释得比较明白，他说："我的分立性是由我主观方面的空间时间和知觉器官生出的一个错觉。实在乃是一个庞大的意志，出现在全部自然历程中，有生命和无生命的自然历程都一样。"① 也就是说，意志是超越主客、超越时空、超越历史的全部宇宙。世界万物都是宇宙间的意志客体化的产物。但意志对于叔本华来说是邪恶的，它是我们苦难的根源，因为意志永远不会满足，永远不会达到一种固定的满足。幸福的东西根本没有，因为在我们的愿望不能实现时我们感受到痛苦，而在我们愿望实现后又感受到餍足。叔本华、尼采哲学都是在这个基础上发挥出来的，区别是两人的态度各不相同。

面对这个悲惨的世界，我们的出路在哪里？叔本华给我们指出了两条路：一个是献身于哲学深思、道德同情和艺术审美直觉，进入排除一切功利目的和自我人格的忘却的境界；另一个是走禁欲、涅槃、绝食以至自觉死亡彻底否定意志的道路。后一条路是他从印度宗教中得到的启发，并对此大加赞赏，因为意志是痛苦的根源，要消除痛苦最有效的办法就是通过否定肉体，斩断"我"与世界的关系来否定意志，所以禁欲、绝食和死亡是最直接有效的。叔本华的虚无主义思想也表现在这里。至于审美，他虽然进行了精彩的描述，但在他看来是虚幻的、想象的世界，并且审美也只能是瞬间的感受。"只要这纯粹被观赏的对象对于我们的意志，对于我们在人的任何一种关系再又进入我们的意识，这魔术就完了"② 。另外，对于大多数人来说，都不能进行如此纯然的客观的审美，外部世界时时在干扰他，

---

① 罗素：《西方哲学史》（下），商务印书馆，2003，第 306 页。

② 叔本华：《作为意志和表象的世界》，商务印书馆，1982，第 276 页。

意志时时在引诱他，人们总是在周围世界里不停地追求满足意志的东西，不可能时时处处审美。

尼采的确把艺术看作是最本真的生命，但是我们必须理解尼采所说的生命是一种什么样的生命。尼采站在西方传统文化全面崩溃时代巅峰上，为那些桎梏人们心灵的传统文化的毁灭推波助澜，所以提出"要对一切价值重新估价"，并宣布"上帝死了"。他坚决彻底地批判理性主义和基督教文化，从根本上否定哲学形而上学的知识论传统和宗教神学宇宙观，让人们重新回到生命本身。从上面所描述有关"日神精神"和"酒神精神"来看，他更倾向于"酒神精神"，因为"酒神精神"驱动人们趋向本能，使人的本能和原始生命得以展现，其"醉"的精神直接与生命本能相通，所以他说"艺术在此是作为反对一切否定生命的意志的唯一具有优势的力量而登场的，特别需要指出的是：它反对基督教，反对佛教，反对虚无主义……艺术是生活的有效兴奋剂，它永远催迫人们投入生活，投入永恒的生活之中"①。可以看出，尼采所说的生命是一种原始的本能的生命，是自然的生命，是本真的生命，不是我们所理解的社会化的生命，超现实的生命，致力于精神追求的生命，相反尼采希望用原始本能生命去对抗社会化了的生命。

现在基本可以明白，虽然叔本华和尼采都不同程度地强调审美直观与生命的关系，但并没有认为审美是人的最高本质或是生命的全部形态，他们反而承认审美的虚幻性、无功利性。尼采虽然把艺术提到生命的高度，只是为了借助艺术昭示出生命的那种原始力量，剥离陈陈相因的传统文化外衣，让自然生命获得新生。重要的是，他们不但不认为艺术是对现实的超越，是理想生命实现的手段，反倒把艺术当作躲避现实，摆脱痛苦的手段，是心灵的避难所。朱光潜认为叔本华和尼采的全部理论可归结为两条，一是"艺术反映人生，即具体形象表现内心不可捉摸的感情和情绪"，二是"艺术是对人生的逃避，即对形象的观照使我们忘记伴随着我们的感情和情绪的痛苦"②。面对人生痛苦，叔本华把艺术当作是心灵"安慰"，尼采则把它作为生命和欲望的"纵情狂热"。

柏格森生命哲学占据当时法国哲学舞台的中心。出于防止对科学理性

---

① 〔德〕尼采：《权力意志》，贺骥译，漓江出版社，2000，第253～257页。
② 《朱光潜全集》（第二卷），安徽教育出版社，1987，第360～361。

滥用的谨慎，他提出直觉概念。理性运用语言、概念、符号对世界的描述只达到外部，停留在相对领域，直觉却可以进入对象内在生命，把握绵延，感受生命冲动。但是柏格森所说的直觉并不是平民化的，而是一种凭借超人意志力反抗正常思维的能力，是超越人类限制性条件的一种努力，要借助于天才才会实现，这样他就把艺术创造与哲学思维一样看成超人化。对于艺术欣赏来说，艺术具有"麻醉"和"暗示"功能。我们身上由于生活需要和语言所形成的追求实用、功利、类化的倾向，阻碍我们与实在之间的通道，艺术就是通过对这种阻力的"麻痹"，让我们充分感受到绵延和生命冲动，倾听比人的最深度的情感还要更深一层的生命呼唤和生命节奏①。柏格森、叔本华和尼采有一脉相承的共同点，即艺术是对意志、生命的认识和感受，这与他们反对理性传统有关。

再就中国现代美学来看，生命论和情味论可以说是中国古代艺术论的传统。到了 20 世纪，由于受西方生命美学的影响，许多美学家都致力于对这一问题的探讨，热衷于从生命的角度来解释美，如宗白华、朱光潜、吕澂、范寿康、张竞生等，他们都十分重视美与人生的关系，早期鲁迅还提出"进步生命"说。此外，诸如"人生艺术化""艺术人生化"等观点都把美放在人生的关键节点上，反映出知识分子改造民众的渴望，这也是启蒙时代的需要。但是，即是在这样一个时期，也没有哪位美学家把美当作生命的全部，认为美是生命的本质。如宗白华认为美就是生命，生命就是宇宙自然的本质，生命的感性表现就是"动"，就是"活力"，这"活力"就是一切"美"的源泉，但他并不认为美就是生命的全部。他在论艺术意志与生命境界时认为，艺术境界是生命境界的反映，但艺术境界与生命境界各有规定性。艺术境界以其韵律、节奏、形式、色彩组成一个有情有相的小宇宙，这小宇宙是圆满自足的，内部一切都是必然的，因此是美的。人生也有各种不同的境界。宗白华按照人与世界接触的不同层次，把人生划为五种境界：功利境界、伦理境界、政治境界、学术境界和宗教境界。这五种境界各有其特殊的追求，功利境界主于利，伦理境界主于爱，政治境界主于权，学术境界主于真，宗教境界主于神。那么艺术境界在哪里呢？他说，艺术境界"介于后二者的中间，以宇宙人生的具体为对象，赏玩它的色相、秩序、节奏、和谐，借以窥见自我的最深心灵的反映；化实景而

---

① 参见蒋孔阳、朱立元主编《西方美学通史》（第六卷），上海文艺出版社，1999，第 173 页。

为虚景，创形象以为象征，使人类最高的心灵具体化、肉身化，这就是'艺术境界'"①。宗白华甚至没有为艺术境界或审美境界留下地盘，只认为艺术境界是最高心灵的具体化，而最高心灵是什么，宗白华没有说，但从字里行间看来，肯定不是审美心灵。

潘知常曾写过《向善·求真·审美》一文，认为人类的生命活动中有求真活动、向善活动和审美活动三种价值追求。三种追求就其活动过程、活动心理、活动角度、活动原则和活动结果来看根本不同，而且潘知常还特别地申明，审美活动有其特殊性，对审美活动的特殊性进行研究才是美学研究"大显身手"的地方。这些看法非常深刻，充分体现了我们走出了认识论、实践论等误区后独立思考的敏锐性。但是，潘知常却把审美的特殊性误解为审美活动的不平凡性，片面地把美夸大、拔高，认为审美高于求真活动，也高于向善活动。他认为求真活动是前提，求善活动建立在求真活动的基础之上，而审美活动又建立在求善的基础之上，三者是"依次递进的关系"，并且还在注释中特别强调，"假如只是意识到三者之间的横向差异，是肤浅的，还应该深入到三者的递进问题，否则就无法在完全的意义上把握审美活动的真谛"②。有了这些前提，他最后自然得出审美活动是人类生命的最高存在方式，是对人的终极关怀这样的结论。然后，他以热情的笔调写道，审美活动维护着生命的冥思、激情、灵性，允诺着人生的幸福、社会的美好和人类的未来。潘知常之所以出现前后矛盾，就是因为他忽略了美自身的特质，是"后实践美学"普遍所犯的错误。

不仅"后实践美学"放大美，"新实践美学"如实践存在论美学何尝不是如此。他们都在生命、存在、生存、超越、自由等未加严格界定和考察的术语里打转，把审美活动等同于生命活动，甚至视为高于现实的生命活动，并把它提升到"终极关怀"的高度。值得注意的是，后期的李泽厚也走向夸大美、放大美的误区，他把哲学研究作为美学研究的基础，而就重要性来说，把美学研究置于哲学之上，当作人学研究的全部。他在《主体性的哲学提纲之二》中说："自由审美可以成为自由直观（认识）、自由意志（道德）的锁匙。从而理性积淀——审美的自由感受便构成人性结构的顶

---

① 参阅陈望衡《20世纪中国美学本体论问题》，武汉大学出版社，2007，第133~134页。
② 潘知常：《向善·求真·审美——审美活动的本体论内涵及其阐释》，《河南师范大学学报》（哲学社会科学版）1997年第2期。

峰。……在主体性系统中，不是伦理，而是审美，成了归宿所在。"① 他还在《关于主体性的哲学提纲》中说："美的本质是人的本质最完满的展现，美的哲学是人的哲学的最高级峰巅。"②

薛富兴有一段痛快淋漓的批驳，他说"后实践美学"带着本体论的情结，均以审美论人生之高境，"自己研究什么，就把什么说成是人类生命活动中最重要的部分，实在是由自恋而自大的职业病。将审美置之云霄，以此寄托人生，安身立命，必欲称王而后快，足呈一己之意，难服众人之心；貌似势如破竹，气度恢弘，实则管窥蠡测，徒增笑柄。美学家要有一颗平常心，虽有爱美之心，但也要顾及到人生不只审美之事实，要有人类精神现象学之全局观，要顾及到审美之外其他精神文化之方方面面，要注意到每一种精神活动不可替代的特殊价值，要意识到审美活动所不能。其研究结论要能符合大众审美之基本事实，要能经得起其他领域专家们的检验"③。薛富兴冷静的批判可能难以令人接受，但有几分"众人皆醉唯我独醒"的滋味。当代中国美学需要他的这种"残酷"的冷静，毕竟是"良药苦口利于病"。

二　对存在主义的误读

生命、存在、自由、超越等成为 20 世纪 90 年代以来当代中国美学的核心词汇与西方存在主义影响有直接的关系。新时期以来，经历"十年浩劫"的中国人民带着一种对命运追思的渴望，先后兴起了"萨特热"、"弗洛伊德热"和"尼采热"。生命是真实的吗？人性是可靠的吗？善恶选择有依据吗？歧路彷徨的人们需要通过这类拷问，扫除人生道路上的阴霾。在纷至沓来的西方人文主义哲学思潮中，存在主义一直是我们追捧的对象。刘悦笛在审视存在主义对中国影响时说："回溯整个世纪百年中西美学的交流历程，贯穿始终的外来美学思潮，非'存在主义'莫属。"④ 到了 80 年代，萨特的存在主义由于否定偶像，抨击既有价值观念，致力于对人的存在的"心理学描述"，大力倡导人性自由，而成为整个社会关注的焦点。它激发人们重拾个人尊严，再造生命活力，在自我创造中实现价值，于是人的问

---

① 《李泽厚哲学文存》（下编），安徽文艺出版社，1999，第 645 页。
② 《李泽厚哲学文存》（下编），安徽文艺出版社，1999，第 631 页。
③ 薛富兴：《分化与突围》，首都师范大学出版社，2006，第 361 页。
④ 刘悦笛：《存在主义东渐与中国生命论美学建构》，《山西大学学报》2005 年第 7 期。

题、生命问题、价值问题、自由问题成为社会时代主潮。

但是从总体上来说，我们是根据"需要"来接受和解读存在主义的。根据黄见德的描述，存在主义被系统地介绍到中国是以徐崇温主编的《存在主义哲学》为标志。由于刚刚进行过人性、异化和人道主义的讨论，所以该书在进行述评时，"都是阐明存在主义的哲学倾向和主题，如哲学观（存在观）、人道主义（价值观、自由观、异化观）以及存在主义和马克思主义的关系等思想展开的"，以为存在就只是人的存在，就是关于人在这个世界的生活意义。由此推想，它就必然涉及人的本质、人的价值、人的自由、人的异化等问题，所以"该书论述的主要内容自然是存在主义的人道主义，其中特别着重分析了存在主义的价值观、自由观和异化观"，还做出了把马克思主义和存在主义结合的尝试，"把人的问题看作是存在主义同马克思主义的结合剂，并企图用存在主义的人道主义取代马克思主义的历史唯物主义乃至整个马克思主义哲学"①。

笔者的旨意并不是他们对存在主义的描述有什么错误，而是按照解释学的观点来看，不存在客观的、认识式的理解，阐释只是"此在"自身展开的一种方式。但这里需要指出的是，为了迎合时代需要，我们过度强化存在主义的人性、人道主义和异化等主题，误认为存在主义征服西方的原因是它的"人的主题"。

存在主义是一个泛称，各种存在主义在倾向上有很大悬殊。以海德格尔为例，继20世纪80年代萨特是中国了解存在主义的窗口之后，90年代以来海德格尔又成为我们研究存在主义的中心。虽然此时对于存在主义的研究已达到较高水平，但由于"前见"的影响，当我们不是在纯粹的哲学场域谈论"存在主义"时，总是把它同此前已广为接受的萨特的生存论混为一体，总是有意或无意地把"存在"理解为人的终极关怀或生命的一种理想境界。特别是90年代以来的美学，为了超越理性和社群文化的拘囿，充分关注被边缘化了的个体存在和感性生命，无不把超越、自由看作目标，而把审美看成手段。为了实现商品经济时代重建人性的梦想，为了满足工业化阶段环境保护的需要等，美学自然把存在主义作为理论资源，承担起救赎的职责，认为存在问题就只是人的问题，美学问题也就是人的存在问题，由此建构起超越美学、生命美学、存在美学和生态美学。

① 黄见德：《西方哲学在当代中国》，华中理工大学出版社，1996，第341～343页。

不能说这些理解有什么根本性错误，但差之毫厘，谬以千里。海德格尔存在主义哲学之所以能够令西方思想界惊叹，并不是因为其"人学主题"。西方哲学有着优良的人文主义传统，其中不乏"人的哲学"。海德格尔如果不做任何思想和方法的转换，光凭他的"人学"思想是不会产生那么大影响的。海德格尔真正的意义在于他彻底颠覆了几千年来人们看问题的方式，促成了哲学思维方式和方法论的彻底变革。胡塞尔的现象学把意识作为研究对象，通过"意向性"理论为我们提供了一个奇特的视角——诸事万物都是我们意识中的物，而我们的意识又都是对应着某物的意识。据此，我们完全可以把原来那种以人为中心观察世界的方法颠倒一下，对世界做出这样的思考：不是我们去认识事物，而是世界万物不断地对着我们的意识显现其自身。第一个受胡塞尔启发做出这样思考的哲学家就是海德格尔，所以他说："胡塞尔给了我眼睛。"① 这个"眼睛"是海德格尔重新审视和批判传统哲学的武器，也是海德格尔哲学的起点和出发点。

"存在"在希腊哲学早期就被强烈关注。它在印欧语系中是个联系动词，没有任何意义。正是因为它空无一物，而又无所不能，巴门尼德便把它作为世界和思维的起点，确定为本体。希腊文里的"存在"（on）大致对应着英语"being"，"being"既有名词性特征，又有动词性特征。当名词时指"存在者"，如一张桌子、窗外的树等，都很容易被理解，而作动词时指"去存在""去成为"。英语中找不到能够表达这样一个意思的单词，后来海德格尔建议用"beings"指"存在的事物"，用"being"指"任何存在者的去存在"这样一种状态②。

两千多年来，西方哲学对于"存在者"表现出一种排他性的专注，而忽略了"存在者怎样存在"这个根本的问题，也就是说传统的西方哲学一直用"存在者"遮蔽了"存在者的存在"。比如一张桌子，传统哲学用抽象的名词，对它做出一个终极概括，说"桌子"是人工制品，而人工制品又是物质的东西，然后再随着思维进一步跳跃，说"桌子"是物质，"但关于

---

① 转引张汝伦《二十世纪德国哲学》，刘放桐、俞吾金主编《西方哲学通史》，人民出版社，2008，第283页。

② 参阅〔美〕巴雷特《非理性的人——存在主义哲学研究》，段德智译，上海译文出版社，2007，第225~226页。

这张桌子，它没有给我提供一点有用的信息"①。现在，海德格尔要"回到事情的本身"，让"桌子"自己发话，让"桌子"自己把它本身的"存在"展示出来，而不是像传统哲学那样，用一个预设的抽象概念去统一它、规定它，造成一种隐蔽。

既然要追问"存在"，那么"我们应当在哪种存在者身上破解存在的意义？我们应当把哪种存在者作为出发点，好让存在开展出来？"海德格尔说，要想把"存在"充分展示出来，这种存在者必须具有"观看、选择、通达"的能力，据此它才能够"使这种存在透彻可见"，"我们用此在这个术语来称呼这种存在"②。"此在"就是我们所说的人。但是，海德格尔为什么不用"人"这个词？因为"人"是一个具有固定性质的概念，一个堆积着历史意义确定的词，我们一望便知人是什么，"人"已被"人"的概念锁藏起来，于是以"此在"呼之。"此在"是一个场域，其本质在于"人在世界中"。海德格尔也谈本质，但这个本质不是传统哲学意义上的本质，它不是通过概念、判断的推理来实现对事物的抽象，而是什么也不包括，只是指出一种状态。同样如此，海德格尔所说的真理，也不是传统哲学意义上的真理。海德格尔否定那种把真理当作一个符合事实的陈述或命题，而认为真理就是不隐藏，而又无遮无蔽地显现。可见，海德格尔从方法论上、思维方式上、视角上、哲学语言上，全面挑战了西方传统哲学。

笔者只是在最普遍意义上对海德格尔存在主义哲学进行描述，这种描述简略到了极点，甚至只能构成进入存在主义哲学大厦的一个基本性的准备工作，就像我们会见客人时简单整理一下衣冠那样。但是，正是这样一种基本性的理解也往往被我们有意或无意的阉割掉。"后实践美学"出于对人的关心，片面地把海德格尔存在主义简化为"人的存在"，从而发挥出人的生存问题和人的自由问题。

这里面至少包含着对海德格尔的三种误读。第一，"此在"在海德格尔那里的确是中心，但他的目的是要通过发现"此在"的展开过程来研究存在，而不是像我们所误解的那样是研究人的生存状况。"存在"始终是其哲学思考的方向。第二，他所说的人也不是我们常说的认知、情感、伦理等

---

① 〔美〕巴雷特：《非理性的人——存在主义哲学研究》，段德智译，上海译文出版社，2007，第227页。

② 〔德〕海德格尔：《存在与时间》，陈嘉映、王庆节译，生活·读书·新知三联书店，1987，第9~10页。

三分法的人，而是"在世界之中"的"此在"。"人"有三个一般性特征，即心情或感情、领会、语言，这是存在的情态，是海德格尔的基本范畴，已完全区别于传统哲学质、量、空间、时间等范畴。正是带着这三种情态，"人"被抛入世界之中，开始了他不平凡的历程。我们常常难以理解的"烦""畏""死"等都是"此在"在这一过程的展开状态。第三，《存在与时间》是海德格尔早期代表作，在该书中根本没有把美和审美看作存在的全部展开方式，因而很少谈及美，只是到了中晚期，他才大谈语言、诗歌和艺术，原因是海德格尔关注问题方式的转变。陈本益先生对此有十分清晰的说明，他说："中期的海德格尔，其存在论已经不以此在的人为重心，而是大谈真理。这时，真理的基本意思仍是'真实的本性'，仍是'揭示'和'敞开'，但已主要不是此在的揭示和敞开，而是揭示和敞开本身，或者说是存在本身的揭示和敞开。可见这种真理观已经不再以此在的人为中心了。"① 也就是说，由于中期海德格尔关注存在本身的展开过程，因而他推崇诗歌艺术，把艺术定义为"是真理的自行置入"，他研究艺术的目的还是为了研究存在的显现和展开问题，而不是艺术与人的生命价值问题。因此，他所说的真理就是指存在的显现，当存在自己显现出来时就是美，而不是我们所想象的那种追求理想，超越现实，抵达生命的最深处，对人进行最高关怀的人生真理。

张贤根在《存在·真理·语言——海德格尔美学思想研究》的导论中引用麦基的话说："海德格尔的主题不是揭示人的行为或我们心灵的活动，而是通过确立我们通常所说的存在的最本质的东西，来阐明存在这个概念。"② 生命美学、超越美学等后实践美学倒相反，他们打着存在主义大旗，把存在误读为人的生命的存在，把真理理解为生命的最高意义，带着席勒的审美理想，结合古今中外生命美学的片言只语，让审美成为实现生命价值的最高手段。这是"泛美论"的必然结果，同时也导致美学的进一步"泛化"。另外，后实践美学口口声声说自己超越了二元论思维模式，说吸收了存在主义的伟大思想，但实际上他们仍停留在二元论思维的模式之中，把主客对立表现为最高心灵和现实生活的对立、理想和社会的对立，由此看来这根本是反现象学、反存在主义、反海德格尔的。

---

① 陈本益：《用存在去解释和对存在的解释》，《河南师范大学学报》（哲学社会科学版）2004年第1期。

② 张贤根：《存在·真理·语言——海德格尔美学思想研究》，武汉大学出版社，2004，第2页。

对存在主义的误解从我们需要人道主义、人性关怀和反对异化的那天起就命中注定了，因为正确地理解存在义需要思维方式和表述方式的双重转变。海德格尔热衷于词源考证，对自己所使用的每一个关键词都细心甄别，就极好地说明了这一点。熊伟先生早在1987年写的《"在"的澄明——谈海德格尔的〈存在与时间〉》中就指出国内以人文主义的主体性去片面解读海德格尔的错误倾向。他说，在海德格尔的真理观中"并不是人在这里作为中心，而乃是在者整体本身在其无蔽状态中在此成为中心。人只不过是通过可说与不可说的说（希腊人所谓的逻各斯）而达到此无蔽境界并与之浑为一体。这样的真理观讲在，讲此在，讲存在，以至讲我在世，都不是人类学的讲法，也不是心理学的讲法，更不是生理学、生物学的讲法。归根到底，它不是要讲在者而要讲在者的在，而且是起存在作用的成为我在世这样的在"[①]。然而，由于我们长期浸淫于抽象的集体的理想之中，习惯于把个人日常生活提升到一种宏大的民族、国家叙事之中，工作是为人民服务，学习是为真理而奋斗，斗争是为全人类的幸福，生活、生命自然就是超现实、超社会、超庸常的抗争，把审美活动想象成生命的最高、最美、最理想状态。这种传统的心理定式在美学领域的"显现和展开"，正是古典的理想主义在现代文化的复活。

---

① 熊伟：《"在"的澄明——谈谈海德格尔的〈存在与时间〉》，《读书》1987年第10期。

第四章 一个向度：回到美自身的领域

　　美被遮蔽、美被悬置、美被放大——它们都不同程度地离开了美自身。怎么办？

　　半个世纪以来，我们上下求索，广采博取，从马列主义的反映论到马克思主义的实践论，从实践论再到本体论，不停地转换视域，寻找方法和理论资源，试图打开人类审美的暗盒。我们一次次超越自己，又一次次被自己超越，论争、发难和商榷无不显出当代中国美学反躬自省的精神。每一次美学形态的转换都建立在对前一形态的批判和反思基础之上，显示出现当代中国美学特有的魅力。

　　我们再稍稍重复一下前文，回顾一下中国美学寻找"美"的历程。以蔡仪为代表的自然客观论美学是建立在批判朱光潜的唯心主义美学基础之上的，要把那种抽象玄思的美学拉下神坛，注入现实生活的内容。但蔡仪却陷入了物质论，成为见物不见人的美学，美因而被遮蔽。为此实践论美学出场了，它对人投以热情的关怀，从人的生产活动、人的社会生活、人的历史等方面全方位地为美寻找根源，充分注意到人在审美中的作用。但实践论美学却不幸误入另一歧途，用具有本体论意义的"实践"解释人的历史生成过程，美于是被遗忘，成为人类历史上空的漂浮物，淹没在众声喧哗之中。为了回到个体、尊重感性，我们又从现代西方哲学中得到启示，借鉴现象学、存在主义、解释学等方法，把生命、自由作为本体，建立起本体论美学。本体论美学关注人的现实生命和生存，充分尊重个体的感性生活和生命自由，把审美看成对生命的确证、对生命自身的审判、面向未来的终极关怀。遗憾的是，本体论美学放大了美，把美看成人的最高本质。美是什么，成了一个"假大空"的命题。"美"似乎很难显露尊容。

　　怎么办？通过历史描述，我们似乎已有些眉目，那就是承续当代中国美学固有的反思精神，带着"向美回归"的热情，坚定不移地向"美自身"前进。海德格尔看到传统形而上学对"存在"的研究陷入误区之后，于是高扬胡塞尔"回到事情本身"旗帜，回到了前苏格拉底哲学时代，从"存在"本身重新开始，翻转了研究"存在"的路径。他的方法极大地启发了我们——完全可以拨开历史迷雾，让美学研究真正地面向"美自身"。当代中国美学不是一直在追求"美自身"吗？只不过受政治意识形态的影响和文化磁场的同质化干扰，每一次发问之后都又重新落入另一窠臼。而现在，在多元文化背景下，在后现代文化场域里，我们完全可以戒浮戒躁，真正地对"美自身"展开思索。

　　例如，潘知常批判当代美学研究没能够关注美时说："就像研究地球不能只注意到它是围绕着太阳公转，而且要注意到它的自转。例如'酒是什么'，假如我们回答说是粮食，那无疑是错误的，因为酒虽然来源于粮食，但已经不是粮食。那些公式化的审美，正是因为把求真活动直接搬到审美活动之中，结果反而成为假的了。而且，假如审美活动不能在自身找到衡量尺度，而要在自身之外去找一非审美的客观尺度，那只能是美之毁灭。"①这种反省是深刻的，不幸的是他把美当作生命而误入歧路。

　　"美自身"与"美本身"含义本来相近，但由于柏拉图的发问，"美本身"在形而上学里被思辨、被演绎而有了特定的历史意义，成为穿越时空的最高本质的代名词，在这层意义上又与笔者所说的"美自身"根本不同。"美自身"就是美自身，就好像我拍拍胸脯说"这就是我"，看来这真有点存在主义的味道。不过美自身与此还有点不同，它要借助思维来解剖美发生的机能和状态，不管是心理学的、生理学的还是哲学方法，就像李泽厚展望审美心理学时所说的那样，审美心理学前途是远大的，它"将从真正实证科学的途径来具体揭示我们今天只能从哲学角度提出的文化心理结构、心理本体、情感本体的问题。我相信，迟早这一天将会到来"②。李泽厚之所以对审美心理学寄予如此厚望，是因为他充分感受到美学研究必须切入美自身。美自身是我们进一步理解人类审美活动的前提，为我们更深入认识文学、艺术等性质特征提供基础和依据。

　　那么，美自身是不是就根本解决了美的问题呢？就像天文学要研究星

---

　　①　潘知常：《向善·求真·审美——审美活动的本体论内涵及其阐释》，《河南师范大学学报》（哲学社会科学版）1997 年第 2 期。

　　②　李泽厚：《美学三书》，安徽文艺出版社，1999，第 505 页。

球、大气，但不能穷尽宇宙；分子学要研究分子构成，但不能穷尽物理；生物学要研究细胞和蛋白质，但不能囊括物种一样，任何一门科学都不是知识的终结，而是那个领域里知识的不断展开。回到美自身就是要回到美的领地，避免总是在美的外围指指点点，一会儿说美和认识一样是人们把握外物的方式，一会儿又说美是人类历史发展的结果，或者干脆说美就是人类生命的最高形式。这些只是"与美有关"或是对美的误解，而不是美自身的问题。回到美自身不是一种方法论，而是一个向度，它要把美学研究转移到"美"上面来，其目的不是要"一揽子"解决美的全部问题，然后摊摊手说一声："OK，美学结束了。"相反，它不是结束，而是开始，是在一个新的向度上重新开始。

第一节　康德何以成为源头

回到"美自身"，初听起来似乎是一个空泛而又无法把握的口号，现在，我们必须把它放置在具体的人类思想历史进程中，去彰显它丰富而又坚实的内容。

马克思在《〈政治经济学批判〉导言》中谈到了两种研究方法。一种是从具体实在出发，通过对一个混沌的关于整体的表象进行更切近的规定，在分析中达到越来越简单的概念。这种方法把完整的表象蒸发为抽象的规定，其思维方式表现为一个综合的过程，误把思维起点当成思维的结果，最终像黑格尔那样陷入概念的幻觉。另一种是"从表象中的具体达到越来越稀薄的抽象"，在获得一些最简单的规定性后，再回过头来结合某种具体的表象，然后形成"一个具有许多规定性和关系的丰富的总体"，"抽象的规定在思维的行程中导致具体的再现"[①]。后一种方法就是我们所说的"逻辑与历史相统一"的研究方法。这种研究方法为我们考察"美自身"起点提供了科学的依据。当我们根据哲学、美学思想发展的逻辑顺序，在风云变幻的哲学、美学现象中抓住最本质东西时，就会确立起思想的起点，为"美自身"找到坚实的内容和历史根据，就会发现"美自身"不是一个空泛的概念，而是一个有着"许多规定性和关系的丰富的总体"。

---

① 《马克思恩格斯选集》（第二卷），人民出版社，1972，第 102～103 页。

一　康德开辟的新视域

德国哲学史家文德尔班在描述 18 世纪末 19 世纪初德国哲学时文采飞扬地说，当德国在政治上表现出地位低下、软弱无力时，却培养出世界第一流的思想家和诗人，此时的德国由于把哲学同诗歌结合起来，形成了一种战无不胜的力量。"哲学史在这时与一般文学最紧密地联结在一起，相互影响，相互激励，延续不断，翻来覆去。关于这点，十分显著地表现在美学问题和美学观点中"①。哲学发现，美学"在她前面展现出一个崭新的世界，这个世界过去她只偶尔瞥见，而今她可完全占有这片幸福的乐园。无论在实质上或在形式上，美学原则都占据统治地位，科学思维动机同艺术观的动机互相交织，终致创造出在抽象思维领域里的光辉诗篇"②。文德尔班揭示了这样一个事实：德国古典哲学不仅构成了德国古典美学的理论基石，并且把美作为其关注的核心内容，美成为哲学交响乐中最激动人心的旋律，这是鲍姆加登要求哲学改变贬低、轻视感性认识的偏见，把人类的感性认识纳入哲学研究对象的结果。这标志着西方美学进入自觉的时代，美分有了自己的领地，不再像以前那样仅是一个用来验证某种哲学原理的实例。

因此，我们应该从德国古典哲学开始我们的工作。而真正为德国古典哲学奠定基础的是康德。文德尔班说，黑格尔哲学是"人类理智迄今所思考过的所有一切"创造性总结，但黑格尔是建基于康德哲学之上，其哲学力量"寓于康德学说中……康德就其观点之新，观点之博大而言，给后世哲学规定的不仅有哲学问题，而且有解决这些问题的途径。他是在各方面起决定作用和控制作用的精神人物。他的直接继承者在各个方面发扬了他的新的原则并通过同化过去的思想体系而完结其历史使命"③。康德之所以在各个方面成为后来西方哲学"起决定作用和控制作用的精神人物"，因为他是第一个真正深入人类心灵的最深处，心无旁骛地致力于人类心灵秘密工作的人。他依据逻辑从"先验心灵本身"出发，揭示出人与自然、人与自我相互交往的秘密，为哲学提供了真正清晰的东西。正是在这种意义上，几乎西方后来任何哲学思潮和流派的思想，都难以逃出康德所施予的魔咒，

① 〔德〕文德尔班：《哲学史教程》（下卷），罗达仁译，商务印书馆，1993，第 727 页。
② 〔德〕文德尔班：《哲学史教程》（下卷），罗达仁译，商务印书馆，1993，第 728 页。
③ 〔德〕文德尔班：《哲学史教程》（下卷），罗达仁译，商务印书馆，1993，第 728 页。

康德自然就成为西方哲学史上承前启后、开辟崭新天地的人。

康德时代的形而上学面临两大问题。第一，以实际感性经验为对象的自然科学获得了极大的成功，但自然科学抛弃了或者说不再关心传统哲学所一直关心的自由、上帝、道德及真理等问题，相反要用机械宇宙论来囊括一切人类本性，把自由、道德等都看作像宇宙自然那样按照机械规律运动的东西。这样一来，形而上学必须解决科学发展所带来的两大挑战：一个是怎样解释或怎样证明科学知识，即自然的问题；另一个是怎样拯救形而上学，理解人类自由和道德问题，即是心灵的问题。两者就是康德所说的，他一直思考着的"头上的星空"和"心中的道德律"问题。

第二，近代以来所发展起来的唯理主义和经验主义都不同程度地遭遇困境。唯理主义认为，真正的知识不是来自感官知觉或经验，感觉和经验不可能构成普遍性知识，在人的理性或思想中肯定有天然的、先验的、与生俱来的原则，知识和真理就来源于那些"自明性"原理的演绎。经验主义则相反，他们认为没有与生俱来的真理，一切知识真理都发端于人的感觉经验。唯理主义和经验主义相对于具体的哲学家来说，并不是固定的身份标签，只是相对来说的倾向。从总体来说，他们都承认经验和理性，不过侧重点不同罢了。唯理主义和经验主义各执一端，在一些关键问题上相互争执。到了康德时代，理性主义以其对理性的盲目信任，没能对理论前提进行批判和检验，表现出明显的"独断论"特色。经验主义发展到休谟时期，在其体系推断内否定人的理性能力和因果关系的客观性，导致了哲学怀疑主义。"因此，康德对于科学有着极大的崇敬，却由于理性主义的独断论和经验主义的怀疑论而面对着哲学的严重问题"①。

如果像近代自然科学所企图的那样，把人作为自然物理的一部分纳入自然的客观法则中，那么人类道德、自由的独立价值将何处安身？人的尊严将怎样体现出来？人显然不同于自然界的其他万物，他有着自己的道德意志，有着独立自由的心灵。康德因此认识到，必须重建形而上学，通过恢复人类理性的尊严去维护人类本身的独立价值。而解决这些问题的唯一途径就是对理性本身进行进一步深入的探索，对人类认识能力作一番必要的考察，即在认识之前首先考察这种认识能力的本身。这是康德面对时代挑战必须做出的第一步选择。他在《纯粹理性批判》的第一版序言中说，

---

① 〔美〕斯通普夫：《西方哲学史》（第七版），丁三东等译，中华书局，2005，第423页。

曾经有一个时候，形而上学被称为一切科学的女王，今天时代的时髦风气导致她明显遭到完全的鄙视，因而，必须重新审查人类的理性，找到理性永恒不变的法则，为理性提供合法性保障。这种"自我认识的任务"，亦即康德所说的纯粹理性批判。所谓纯粹理性批判，即是"对一般理性能力的批判，是就一切可以独立于任何经验而追求的知识来说的，因而是对一般形而上学的可能性和不可能性进行裁决，对它的根源、范围和界限加以规定，但这一切都是出自原则"，再依据这个原则，把理性"完备详细地开列出来"①。想要重建形而上学，恢复人类的自我价值，就必须对人的认识能力的来源、条件以及范围和界限进行全面检阅，清楚地确定什么是这种认识能力所能够达到的，什么是其所不能达到的。

康德基于这样的认识来彻底审查"理性本身"：理性原则的有效性完全与其本身在经验意识中产生的方式方法无关，无论这种经验意识是个人的抑或是人类的。也就是说，康德要完全撇开那些与经验有关的东西，面对理性本身，找到理性最基本的合法有效性原则，这就是他的"先验批判哲学"。康德以此为视角，宣称"一切哲学都是独断的"，在这种意义上来说，他实际上是对西方传统哲学的思维原则和思维出发点做了一次全面而又严格的审查。先验哲学的方法使康德获得了较为清晰的视野，因而能够"深入意识的最深处探索关于世界和人生的合理性，并从而从各个方向确定一切实在的非理性内容所开始的界限"②。带着这种信念和理想，康德以先验批判的哲学方式分别检验了人类的认识原则、伦理原则和情感原则，在传统的理论认识、道德实践和审美等三大领域里翻开了崭新的一页。康德所探讨的问题在内容上为德国古典哲学奠定了基础，其先验哲学思维方式在方法上为欧洲现代哲学开疆辟土。

比如，在认识论方面，康德科学地考察了理性在人类认知的不同阶段所表现出来的可能形态，即人的先验感性能力、先验知性能力和先验理性能力，并且进一步明确了各种理性形态的功能、发挥条件、能力界限及其有效性基础，第一次在纯粹视域下对人类理性能力做出如此精确而又细致的分析，不仅彻底打破了"独断论"哲学的迷梦，也提出形而上学的科学性问题。这一问题后来成为西方哲学的一个重大课题，其后的每一种哲学

① 〔德〕康德：《纯粹理性批判》，邓晓芒译，人民出版社，2004，第1～3页。
② 〔德〕文德尔班：《哲学史教程》（下卷），罗达仁译，商务印书馆，1993，第731页。

思潮几乎无一例外的都是遵循康德的路线通过反思形而上学开始的。再如，康德通过探讨"先天综合判断如何可能"的问题，认为理性思维是一个具体的、独立于经验之外的活动。这个观点后来直接启发了黑格尔把世界看成绝对精神的自我展开过程，所以黑格尔一边称赞康德的"先天综合判断"命题"里面所包含的思想是伟大的"，一边又不无遗憾地说"他对于这个思想的发挥却停留在十分普通的、粗糙的、经验的观点之内，不能说是有什么科学性"①。黑格尔的精神哲学正是从这里出发大做文章。

关于康德的影响，高宣扬在《德国哲学通史》中评价说，康德不仅为日后德国哲学发展奠定了基调，也为整个欧洲思想和文化开辟了新的希望。他不仅导引费希特到谢林再到黑格尔完成德国古典哲学的发展历程，还通过影响德国文学和艺术的发展，推动新型美学思想的完善化进程。康德思想不仅导引了施莱尔马赫折衷主义思潮的出现，为19世纪中叶和下半叶的多样化文化的出现奠定了基础，而且还导引了弗利斯和赫尔伯特等人现实主义思潮，引申出叔本华的哲学②。康德的影响是纵深的、多领域的，想要精确地列举康德在哪些方面影响了后来哲学，几乎是不可能的。即使那些反对康德的哲学家如耶可比、舒尔策、哈曼、赫尔德等人的身上，也能够找到康德思想激发的诱因。因为康德对西方哲学的影响并不主要在于其具体内容，而在于其启发性。

以现代西方哲学为例，洛克莫尔在《在康德的唤醒下：20世纪西方哲学》导言中说，"康德所涉及的问题、使用的术语以及他的洞察力，在19世纪和20世纪都形成连续不断的论争。康德的重要性和丰富性在于他影响了诸多领域，包括伦理、道德、美学、自然科学和科学哲学，更主要的是他对于知识问题的关注"。洛克莫尔考察了20世纪影响较大的西方马克思主义、实证主义、现象学和英美分析哲学四大现代哲学思潮，认为"无论就其深度还是广度来说，康德毫无疑问影响了20世纪四大哲学思潮"③。这种影响主要是方法上的，就哲学论争方式来说有两点受惠于康德：一是超越了希腊哲学的单一视角，而有意或无意地运用一种更加宽广深刻视角去观察各种各样的哲学观点；二是不约而同地普遍把康德学派当作参照，去

---

① 〔德〕黑格尔：《哲学史讲演录》（第四卷），商务印书馆，1978，第261页。
② 〔法〕高宣扬：《德国哲学通史》（第一卷），同济大学出版社，2007，第216～217页。
③ Tom Rock, *In Kant's Wake: Philosophy in the Twentieth Century* (Massachusetts: Blackwell, 2006), p.7 – 10.

评价和批判 20 世纪哲学①。洛克莫尔的评价是客观的，就康德哲学的具体观点来看，其影响是有限的，而康德所提供的观察问题的方式，所涉及问题内容的丰富性使现代哲学难以回避。

如果说西方近现代哲学全部受康德影响当然有夸大之嫌，但一个基本事实是：由于康德以先验批判方式深入人类心灵本身，在本原上或深或浅地触及人类认识、伦理和审美的深层奥秘，以致后来的西方哲学，即使是 20 世纪现代哲学，都能在康德那里找到被他翻动过的痕迹。康德是在事情的本原上就其自身来思考问题的，而任何一种廓清迷茫、拨乱反正的工作必须从原点出发，自然就会在源头那里与康德汇合。正是在这个意义上，笔者认为康德是其后风云变幻的各种哲学美学思潮、流派的源头。

二　康德美学的本原性

《判断力批判》是康德最重要的美学著作。其实，康德并不是把其《判断力批判》当作美学著作来用力，而是为了弥补其哲学体系中自然与自由、必然性与目的性、理论理性与实践理性的分裂而做的联结，是他的批判哲学不可分割的一部分。康德美学和康德哲学的联系如此紧密，以至于不了解他的《纯粹理性批判》和《实践理性批判》，就几乎无法深刻把握他的《判断力批判》。然而这种思想体系上血肉相连的逻辑关系，正好预示着人类审美现象的顽固性。美一方面有其区别于人类心灵其他活动的独特性，另一方面又与人的认识、伦理等活动紧密相关。

康德前两个批判把世界划分为各自独立的封闭系统，一个是只涉及知解力和自然界的必然，另一个是只涉及理性和精神界的自由，两者各自为政，互不沟通，留下了一条宽阔的鸿沟。但是人类毕竟是生活在自然之中，必然要把道德自由在现实自然中表现出来，从理论上来讲，二者应该有一个中介和桥梁。在《纯粹理性批判》中，有一种处于知性和理性之上的判断力，它负责把人的感觉所提供的杂乱繁多的经验材料，按照逻辑纳入各个范畴之中进行联结，但这是规定性判断力，是逻辑性的，它抽掉了自然界的丰富多样性，以适应知性的先天范畴。还有一种判断力，是一种根据特殊去寻找普遍的反思判断力，它不依据知性范畴所提供的先天普遍性原

---

① Tom Rock, *In Kant's Wake: Philosophy in the Twentieth Century* (Massachusetts: Blackwell, 2006), p.161.

则，而是自己为自己定原则，"好像有一个知性（即使不是我们的知性）为了我们的认识能力而给出了这种统一性，以便使一个按照特殊自然规律的经验系统成为可能似的"①。这样就可以把那些用知性眼光看来可能是偶然的现象也看成符合某种多样统一，这就是反思判断力，即是康德《判断力批判》中所讨论的判断力。这种判断力联结了自然和自由，因而成为中介和桥梁。

康德的全部美学思想就是基于反思判断力而展开的。他把自然形式的合目的性原则确定为判断力的一个先验原则。所谓目的有两层意思：一是事物的形式好像符合我们的认识功能，即形式的合目的性，这是主观目的；另一个是自然界的有机物符合它们的构造本质，即质料的合目的性，这是客观目的。前者是审美判断，后者是审目判断，

现在已基本清楚，审美判断是一种居于理性和知性之间，因而是关乎快感和非快感的一个主观的东西。康德说，如果对一个直观对象的形式的单纯把握结合着愉快，而并没有与该对象的某一固定的概念相联系，那么这个表象就不是和客体有关，而只是和主体有关，因而这愉快所表达的就是主观形式的合目的性。康德还说，如果作为先天直观能力的想象力"通过一个给予的表象而无意中被置于对知性（作为概念的能力）相协调一致之中，并由此而唤起了愉快的情感，那么这样一来，对象就必须被看作对于反思的判断力是合目的性的。一个这样的判断就是对客体的合目的性的审美判断……这样一来，该对象就叫作美的；而凭借这样一种愉快（因而也是普遍有效地）下判断的能力就叫做鉴赏"②。这是康德给予美的基本规定。他关于美的主观性、形式性的看法十分深刻，黑格尔因此称赞说："这是关于美所说过的第一句合理性的话。"③

康德最大的特点是在纯粹视域下分别研究人的知、情、意三种心意能力，最大可能地抛弃那些"自明性"的前提假设和先决条件，从人的认识到伦理再到美的步步推导，使问题能够以其本来面目自动显露出来。他带着道德理想，在完成前两大批判之后，觉察出人类与自然之间的裂痕，水到渠成地推导出判断力在自然的必然性与人的自由之间的桥梁作用，再进一步推导出美的本质特征，在内容上使美学成为一门独立完整的科学。克

① 〔德〕康德：《判断力批判》，邓晓芒译，人民出版社，2002，第15页。
② 〔德〕康德：《判断力批判》，邓晓芒译，人民出版社，2002，第25~26页。
③ 〔德〕黑格尔：《哲学史讲演录》（第四卷），商务印书馆，1978，第299页。

罗齐评价康德说，他是 17 世纪美学思想集大成者，后来所有超越他的美学思想都是以他为起点，"美学史家们至今在这个领域中依然奉给他一个恺撒式的或者拿破仑式的地位，好像这'两个成剑拔弩张之势的世纪'都转向他，听候他的裁决"①。

康德美学思想像其哲学一样，也是从问题本身开掘出来的，因而具有本源性。他的许多思想被不同时代的人继承、批判和吸收。他们在特定的时代里，根据时代思潮对康德的思想加以变形、加工或改造，形成了各有特色的流派。曹俊峰在《康德美学引论》中分近现代和当代两个时段对其进行了梳理。他说，费希特把美的根源归之于主体，在艺术论上和天才论等方面，都是康德思想的延续和发展。谢林对于崇高的论述，认为崇高也是由于其体积和范围的广大超越了我们的把握能力，或是由于其威力强大超过了我们的肉体力量等观点，显然来自于康德。特别是席勒，曾声明他的看法大多是以康德的原则为依据，他的有关崇高的论文，其中有一篇副标题就是"对康德某些思想的进一步发挥"等。还有施莱尔马赫、赫尔巴特、叔本华等，这些都是正面接受康德美学思想的人，他们或者发挥，或者拼接。还有一些通过对康德的批判，反其道而行之建立起自己的美学思想，如赫尔德，他看到康德美学缺乏历史感，提出美学要体现出历史主义精神，美不能像康德那样归之为主体，它有客观方面的内容等。

20 世纪以来，康德美学再显威力。克罗齐的关于审美和艺术的非功利性、审美与艺术不同于道德、审美无概念非逻辑等观点，都是受康德美学思想的启发。此外康德美学中的想象力、表象、形式、审美感受等学说对其他表现主义美学家，如科林伍德、鲍桑葵等人也产生了或多或少的影响。现象学与康德的批判哲学有着明显的亲缘关系，它的所谓意向性理论源头可以追溯到康德的主体建构表象理论。还有存在主义、解释学美学等都借鉴了康德美学思想。最后，曹俊峰总结："实际上受康德美学影响的远不止这些人……可以断言，只要审美和艺术活动还存在，只要还有人对审美和艺术作形而上的思考，康德美学作为一份有价值的思想遗产就会继续发挥它的作用，产生影响。"②

各种美学思潮之所以都能在康德那里找到影像和根源，是因为康德从

---

① 〔意〕克罗齐：《美学原理　美学纲要》，朱光潜等译，人民文学出版社，1983，第 250 页。
② 曹俊峰：《康德美学引论》，天津教育出版社，2001，第 429～443 页。

"美自身"出发，触及了问题的本原，无论历史的河流后来如何奔腾咆哮，源头那里的涓涓细流始终是孕育它的母体。

第二节 美何以有"自身"

真正的美学是从发现"美自身"那天开始的。

克罗齐认为，美学这门学科所要回答的问题"是诗、或艺术、或幻想在心灵活动中的作用，以及因此而涉及的幻想与逻辑认识及实践、道德活动的关系。这样反过来也就提出了逻辑认识及实践、道德活动的作用问题，亦即心灵在其所有形式的各种关系和矛盾对立中的作用问题。'开列人类心灵的清单'，这是思辨的新口号，美学问题既是这个清单的一部分，又渗透在整体之中。不把全部心灵弄透彻，要想把诗的性质或者幻想创造的性质弄透彻是不可能的；不建立美学，要想建立心灵哲学也是不可能的"①。在克罗齐看来，美学真正开始于"主观主义"年代，因为只有主观主义才能让我们正视心灵，才能舍弃那些"非美学"东西的干扰。而真正在纯粹视域下"开列人类心灵的清单"的是康德，他把美与认识、美与道德之间的复杂关系揭示出来，从与人类筋肉相连的复杂心灵活动总体中首次把错综肯綮的"美"剥离出来，把美作为心灵的一个独立部分单独讨论，"美自身"才得以显露真容。

一 康德为美"划边定界"

当我们被问及"美是什么"的时候，实质上已被推入一种歧义之中："美是什么"到底指的是"美的本质是什么"，还是"什么样的感觉才是美的感觉"。美的本质是什么，两千多年来，我们一直不曾放弃追问，问题指向比较明确。但什么样的感觉才是美的感觉，显然要复杂得多，它不完全是我们常说的美感问题，美感问题是美感的来源、本质、审美经验等问题，而它指的是美的界定的问题，美的标准问题（这里的标准并不是说审美有标准）。也许这样表述更清晰：什么样的体验才算是美的体验，或者"美不

---

① 〔意〕克罗齐：《美学原理　美学纲要》，朱光潜等译，人民文学出版社，1983，第243～244页。

是什么"。

比如我们享受一顿美餐，或在炎炎夏日痛饮一杯冰水，顿觉神清气爽，会连连称美；在读完《青春之歌》后，林道静为理想和革命事业献身的毅力和勇气让你热血澎湃、扼腕称道，你会感觉到美；或者闲庭信步，默诵一首小诗，自我陶醉于它的节奏和韵律之中，我们会说美；看到一个慈善家的身影，也许他已风烛残年，脊背佝偻，步履蹒跚，我们也会禁不住升起敬仰和赞美之情。所有这些都以美呼之，其内容却根本不同。

杜夫海纳也曾表达同样的意思，他说："我们是怎样谈论美的呢？美这个词，在日常用语中是作为形容词来使用的，在哲学或美学的科学用语中，则变成了名词。这就像逻辑学家所说的那样：宾词变成了主词，转过来又能被用作宾词。"① 美是一袭宽大的长袍，它裹住了太多的东西，如果我们不加以区分的话，就会说美是快乐、美是善、美是知识，各执一端、莫衷一是，美学研究是无法在这种内容与对象无固定所指的情况下展开的。只有当运用一定的标准，为美划定一个可靠的边界时，"美"才能作为一个研究对象呈现出来。这就好像研究"幸福"一样，如果不对"幸福"进行定义，不同的人对于幸福的感觉不同，有人把吸毒后的感觉看作幸福，有人把赌博赢钱看作幸福，有人把欲望的满足看作幸福，也有人认为幸福就是快乐。这样一来，作为研究对象的"幸福"是不存在的。也许有人会问，这不就是在说美的本质吗，西方美学不是一直在研究美的本质吗？但笔者要说的是为美定性的问题，也就是什么样的感觉才是美，应该为美划定怎样的界线的问题。这并不完全是美本质问题，就好像我们说"居住在新疆的人"并不就是新疆人的本质，"所有带苦味的食品"并不就是食品的本质一样，标准划定的范围与其本质有紧密的关系，但并不完全相同。

就西方美学史来看，对于美的研究一直是在两个层面上展开的。一个是遵循柏拉图的"难题"，寻找那种"加到任何一件事物上面，就使那件事物成其为美"的"美本身"，这个任务几乎主导了整个西方美学史的内容，先后产生了"和谐说""理念说""流溢说""真善统一说""完善说""关系说""理念的感性显现说"等。还有一层，就是上文所说的从美的标准入手，为美找到固定可靠的内容。波兰美学史家塔塔尔凯维奇曾表述过相似的观点，他认为西方美学史上有两种关于美的研究：一种是关于美的"界

---

① 〔法〕杜夫海纳：《美学与哲学》，孙非译，中国社会科学出版社，1985，第9页。

说"（即笔者所说的第二个层面），一种是关于美的"理论"（即笔者所说的美本质那一层）。"界说与理论之间的差别，可由阿奎那所提出的两个命题明白地例示出来：'那使人观而生快者'是一界说，而'美包含在光辉与适当的比例之中'则是一种理论。前者旨在教我们如何去认识美，而后者则旨在教我们如何去解释它"①。界定就是为美确定具体内容，使其获得清晰明确的规定性，从而成为美学研究的具体对象，但西方美学史由于对美本质的偏好，恰恰在这个环节暴露出虚弱性，这不能不说是致命的。

这一点我们可以从美的概念发展史上看出来："希腊人之美的概念，其用意较我们的要广泛得多，外延所至，不只是及于美的事物、形态、色彩和声音，并且也及于美妙的思想和美的风格。在《大希庇阿斯篇》中，柏拉图将美好的性格和美好的法律引作美的实例，在《会饮篇》中，那被他指为美的观念的东西，他也同样称之为善，因为在其中他所关心的美，还不只是可见、可闻这美。"② 这个时候的美并没有实际内容，而是一种表达赞同的情感。直到公元前 5 世纪，雅典的智者们才缩小了原先概念的外延，将美界定为"那透过了视、听而予人快感的东西"，这种把美和愉悦或快感等同的观点，在美学史上产生了长久的影响③。现在，美的内容进一步具体化，它以快乐为内容。

但事情并没有完结，就像我们上文所举的例子，快乐的内容也是千变万化，大都与人生理本能的满足有关，这对于具有理想色彩的哲学美学家来说，显然是不能接受的，因而还必须进一步对美进行界定，对快乐进行的内容进行区分。比如德谟克利特认为："人生的目的在于灵魂的愉快，这与快乐完全不同，人们由于误解把二者混同了。在这种愉快中，灵魂平静地、安泰地生活着，不为任何恐惧、迷信或其他情感所苦恼。"④ 德谟克利特认为真正的快乐应当是灵魂的平静，应该是高尚、智慧和品德的完善。所以对于当时流行的"美就是快感"的观点，他不得不进一步进行限制，他说，"大的快乐来自对美的作品的瞻仰"，"不应该追求一切种类的快乐，

① 〔波〕塔塔尔凯维奇：《西方六大美学观念史》，刘文潭译，上海译文出版社，2006，第 130 页。
② 〔波〕塔塔尔凯维奇：《西方六大美学观念史》，刘文潭译，上海译文出版社，2006，第 127 页。
③ 参见李醒尘《西方美学史教程》，北京大学出版社，2005，第 15~16 页。
④ 黄颂杰：《古希腊哲学》，人民出版社，2009，第 68 页。

而应该只追求高尚的快乐","在使人乐意的事物中,那最稀有的就给予我们最大的快乐"①。

"快感"后来就基本成为西方美学的内容,较少有人再对此做精确区分。虽然柏拉图在《大希庇亚篇》中用否定的、带着谆谆告诫的语气说美不是适宜,不是有用,更不是我们常说的"视听给予的快感"②,但他不是为了通过内容来求得美的性质,而是为了引出"美本身"的需要。即使到17、18世纪,哲学家们仍然以快感来论美,如沃尔夫说"产生快感的叫做美,产生不快感的叫做丑"③。意大利历史学家和新古典主义美学家缪越陀里也说:"我们一般把美了解为凡是一经看到,听到或懂得了就使我们愉快,高兴和狂喜,就在我们心中引起快感和喜爱的东西。"④ 英国经验主义美学家博克同样认为:"我们所谓美,是指物体中能引起爱或类似情感的某一性质或某些性质。"⑤ 美是一种情感,与爱、与人的快感有着亲密的关系,这样一个宽泛的内容,对于美学来说显然有点麻木。难怪克罗齐在其《美学论纲》中说古代没有美学,只是一些彼此脱节且毫无联系的美学碎片,属于美学的史前阶段⑥。这是本质论影响的恶果,它转移了人们的视线,让人们沉浸于抽象的本质演绎,而没有耐心去针对快乐的内容进行区分,进而弄清楚美的内容。因而在康德以前(鲍姆加登虽然提出了学科名称,但是把它作为另一门哲学来看待)美学的内容是模糊的,它与知识、美德、愉快混杂一起,谈到情感也是笼统的情感。就此来看,克罗齐的话一点都不偏激。

美学到康德手里,才真正结束了它的流浪生涯,才从"愉悦"这个大本营里独立出来,领到自己的封地,拥有自己确定性的内容。

康德根据形式逻辑的质、量、关系和模态四个方面分析美和审美判断。他关于审美判断的质的契机,即第一契机就是为美做本质规定。康德在《纯粹理性批判》中考察知性判断时,把"量"放在第一位,而在《判断力批判》中却把质量颠倒过来,把质放在第一位。这是他有意为之,因为他

---

① 北京大学哲学系美学教研室编《西方美学家论美和美感》,商务印书馆,1980,第18页。
② 《柏拉图全集》(第四卷),王晓朝译,人民出版社,2003,第44~61页。
③ 北京大学哲学系美学教研室编《西方美学家论美和美感》,商务印书馆,1980,第88页。
④ 北京大学哲学系美学教研室编《西方美学家论美和美感》,商务印书馆,1980,第89页。
⑤ 北京大学哲学系美学教研室编《西方美学家论美和美感》,商务印书馆,1980,第118页。
⑥ 〔意〕克罗齐:《美学原理　美学纲要》,朱光潜等译,人民文学出版社,1983,第243页。

觉得要考察反思性判断力，就得先为知觉经验定性，先把它给予人的快感与其他快感区分开来，只有在此基础上才能对其特点进行具体的分析论证。所以他说："在考察中我首先引入的是质的功能，因为对于美的感性判断（审美判断）首先考虑的是质。"① 传统美论把美不加分析地归结为愉悦，掩盖了审美的独特性，使美成为一个空泛无依的东西，这对康德来说显然是不能接受的，因而他的第一步工作就是将审美愉快从其他愉悦中分离出来，让美获得自治权。

康德把愉悦分为三种，即快适的愉悦、善的愉悦和美的愉悦。他从有无利害关系、愉悦与主体的关系、愉悦与客体的关系三个方面来进行区分。

就有无利害关系看，审美愉悦是不带任何利害的。一般来讲，愉悦都是与对象的实存结合着，与人的欲求能力相关联，但审美愉悦"单是对象的这一表象在我心中是否会伴有愉悦，哪怕就这个表象的对象之实存而言我会是无所谓的"②。我们并不关心对象的实存，而只是评价心中那个审美表象是不是符合内心那种愉快与不愉快的情感，"我"与表象是评价关系，而不是依赖关系。快适则不是这样，快适就是在感觉中使感官感到喜欢的东西，既然感官喜欢就一方面与"我"的欲求有关，另一方面与实存有关。比如饥肠辘辘的人吞食一块面包带来的愉快之情，就是快适，它一方面取决于面包的存在，另一方面取决于人们饥饿的需要。善的愉悦也是如此。不同的是，善掺杂了理性的思考，是间接地与对象实存结合着。

就愉悦与客体关系来说，快适完全依赖于物的存在，是物的质料与内容直接刺激感官而引起的。这种愉悦完全是客观的，不自由的。善的愉悦既受事物的表象制约，又受人的理性制约，其中有概念和目的在起作用，与事物的存在紧密相关。只有审美愉悦丝毫不关心对象存在，因为鉴赏判断是没有概念、没有目的的静观。就愉悦与主体的关系来说，康德认为，"快适、美、善标志着表象对愉快和不愉快的情感的三种不同的关系"，"快适对某个人来说就是使他快乐的东西；美则只是使他喜欢的东西；善是被尊敬的、被赞同的东西，也就是在里面被他认可了一种客观价值的东西"③。快乐不仅局限于人，动物也有快乐，而美只有人类才有。喜欢不需要任何理由，只是对象的形式适合了某种心意。善表达的是一种尊敬的情感，这

① 〔德〕康德：《判断力批判》，邓晓芒译，人民出版社，2002，第37页。
② 〔德〕康德：《判断力批判》，邓晓芒译，人民出版社，2002，第39页。
③ 〔德〕康德：《判断力批判》，邓晓芒译，人民出版社，2002，第44页。

种情感只适用于理性存在，与感性无关。

康德在人类各种各样的愉悦中披沙拣金，把美的愉悦与其他愉悦分离出来，使人们看到"一方面，它和抽象智力的领域有明确的界限，另一方面，它又同感官愉快和道德满足的领域有明确的界限"①。美从此不再混迹于认识、道德和感官愉快之中，有了清晰明确的边界。康德最后坚定地说，"美就是那种不带任何利害的愉悦"，"一个这样的愉悦的对象就叫作美"②。据此，我们可以把本节开篇所举的那些愉悦划界归类：享受一顿美餐，虽然我们连连称美，但它是快适的愉悦；为林道静而扼腕称道，里面包含着确定概念是认识的愉悦；对慈善家的赞美之情是与理性相关的善的愉悦。它们都不是纯粹的美，只有闲庭信步，徜徉于韵律节奏中的陶醉才是美，因为那是不带任何利害的愉悦。

找到美的标准，为美划边定界，按塔塔尔凯维奇的话来说，这是"界定"工作，这使得康德接下来的"理论解释"工作有的放矢。邓晓芒说，康德"对美感性质的分析使美与快适、善以及认识都明确区分开来，具有了自己独特的研究范围，并具有了在情感方面的'构成性原则'，这是康德美学一个极重要的贡献，它提供了美学从其他学科中独立出来的根本依据，使美学走上了真正独立发展的道路。所以我们说，康德才是作为一门独立学科的美学的真正创始人"③。康德的美学大厦就奠基于坚实可靠的美自身上。

当然，审美无利害并非康德独创，较早提出"审美无功利性"思想的是18世纪英国美学家舍夫茨别利。他反对把美感看成动物性的快感，认为美感比动物性快感要高尚得多，美就是善，恶就是丑，美与道德一样是无个人利益的。这一观点后来又被另一位英国美学家博克进一步发展。总体看来，西方美学家们也都试图把美的愉悦与其他愉悦区别开来，但从"美

---

① 〔英〕鲍桑葵：《美学史》，张今译，广西师范大学出版社，2001，第215页。
② 〔德〕康德：《判断力批判》，邓晓芒译，人民出版社，2002，第45页。
③ 邓晓芒：《冥河的摆渡者》，武汉大学出版社，2007，第38页。邓晓芒认为第一契机和第二契机都是用来规定美的范围的，笔者与他略有分歧。笔者认为只有第一契机即质的规定方面是对美的范围的规定，是对美的内容的划定，后面三个契机都是在质的规定的基础上展开的。第一契机认为，那能够给予无利害愉悦的对象是美的意象，既然无利害，就是与客体的性质、质料无关，与主体的需要无关。与客体质料无关，就意味着没有给予这对象以固定的概念（第二契机）；与主体的欲求无关，规定了这判断的无目的性（第三契机）。正是因为有不确定的知性参与其中，那种"心意状态"必然会得到普遍的传达（第四契机）。

就是愉悦"到"美是视听给予的愉悦",再到舍夫茨别利"美和善一样是一种高尚的愉悦"来看,他们仅限于外延范围的确定,而康德却从内部,从表象与主体内部的心意状态再联系着人的知性来界定,涉及认识、意志、情感、想象力等诸多问题,最终把美与认识、美与伦理道德区别开来。这种内部划界要深刻得多,涉及的问题也丰富得多,因而也就更具本原性和开放性。

二　"美自身"的构成要素

美是一个给予愉悦的对象,但它所给予的愉悦不是与理性相关的、有确定概念的认识和善的愉悦,也不是那种无概念的、与对象的实在密切相关的愉悦,而是一种不带任何利害的愉悦。反过来说,只有那种能够给予人以"无任何利害"愉悦的对象才是美。康德为美"划边定界",使之有了确定的区域范围,"美自身"也能够以"自治独立"的形态呈现出来。就像一个在特定空间地域里的国家,其基本构成要件是民众、文化和领土领空,然后组成各种不同的国体、政体一样,"美自身"也有其最基本的构成要素,那就是情感、形式和想象力,这三者在康德美学思想中密不可分。科学地说来,它们是一个问题的三个不同侧面。

（一）情感

我们可以把康德美学思想分为三个时期:早期以《对美感和崇高感的观察》为代表,对审美情感问题进行经验论分析;第二个时期是以《判断力批判》为代表的批判时期;第三个时期以《实用人类学》为代表,在人的综合能力整体框架中讨论了人的审美情感。

在这三个阶段中,情感一直是康德所关注的核心内容,他在《论崇高感和优美感》中开篇就说:"与其说快乐或烦恼的不同的感受(Empfindungen)取决于激起这些情绪的外在事物的性质,还不如说取决于每个人所固有的、同这种激发才带有愉快或不愉快的情感(Gefühl)。因此,使某些人感到愉快的东西,却引起另一些人的厌恶。如热恋的激情常常使局外人困惑不解,惹起一个人强烈反感的事物,却使另一个人完全无动于衷。对人类本性中这一特征的研究领域十分广阔,并且埋藏着丰富的矿藏可供开掘,开掘这些矿藏既令人愉快,又富有教益。"[①] 这个时期康德对情感的描述仅

① 《康德美学文集》,曹俊峰译,北京师范大学出版社,2003,第11页。

仅是直观经验的，但他通过观察发现，激起人怎样的情感不在于事物本身的性质，而在于主观的情感状态。他认为情感是每个人都固有的独特的精神状态，是一种非凡的感受能力，不管是美学或哲学都应该对这个神秘的宝藏进行开掘，显示出康德对主体内心世界的独特兴趣。在《实用人类学》中，他更是从人的知、情、意三个方面出发，用专章讨论"愉快和不愉快的情感"。他认为人的情感首先就是快感和不快感。其中，快感可以分为理性的和感性的两种。理性的快感包括描述性的概念引起的和理念引起的两种，感性的快感则包括感官引起的满足感和通过想象力引起的鉴赏和品位。

康德在《判断力批判》中依据传统的人类心意机能的三分原则，为情感划定了独立的领域。从人类学的角度出发，他把人的心意机能分为认识能力、愉快及不愉快的情感能力和欲求能力，三种能力分别对应着人的知性、判断力和实践理性。认识能力与自然现象相连，它依靠知性为自然立法，合规律性是它的先天原则；欲求能力规范人的意志，它依赖理性为人立法，合终极目的性是它的先天原则；愉快不愉快的情感与判断力相联系，自然的合目的性是它的先天原则。从这三者两两对应的关系中可以看出，既然判断力对应着愉快不愉快的情感，其判断结果也必然成为情感评判的一个对象。也就是说审美必然发生在情感的领域，和人的愉快和不愉快的情感能力相联系。

审美虽然发生在情感领域，但并不是全部情感，而是一种特殊的情感。我们的美学家往往失足于此，在谈及美时有的甚至高扬"情本体"大旗，一股脑儿把"情"收归美的旗下，这看似公允，实是对美的误解。我们可以先从经验上来做出解释。当判断力是以某个固定明确的概念做出判断，比如某种科学发现或某种助人为乐的行为，它引起与认识或善相关的愉快，这是知识或善的愉悦，不是审美判断也不是审美愉悦。当判断力依据主体欲求做出判断，比如为发财买彩票幸运中奖，它引起的是快适情感，当然也不是审美愉悦。只有当一个判断的表象既不与某个明确概念相联结，又不与人的特定欲求相关却又能引起愉快的情感，这个判断才是审美判断，这种情感才是审美情感。康德是这样表述的："每个意图的实现都和愉快的情感结合着；而如果这意图实现的条件是一个先天的表象，比如在这里就是一个反思判断力的一般原则，那么愉快的情感也就通过一个先天根据而被规定，并被规定为对每个人都有效的。"① 也就是说，审美愉悦有先天根据，它是由反思判断力的一般原则决定的，这原则就是自然的形式的合目的性原则，审美情感或审美愉悦就产生于自然的合目的性这个判断之中。

审美判断其实就是主观的合目的性的判断，这种目的不是指那种包含该客体的现实性根据的概念的目的，如"哺乳动物"这个概念就包括狮子、老虎、猩猩的根据和目的，这是与事物的完善性相关的内在目的，是合主观情感目的，或者说合想像力和知性协和一致的目的。康德说审美判断的"规定根据是主体的情感而不是客体的概念"。那么主观情感目的又是什么？它其实是一种假设的"好像"的目的，是通过与知性的概念判断进行比拟的一个假设。比如面对夏日蔚蓝色天空上随风飘动的浮云，我们可以通过概念性认识把这一纷繁杂多的感官材料纳入多样性统一之中，说云是水蒸气的结果，它在风的作用下变换形状。当我们不用关于云或者风的概念来认识，而是静观那倏忽变化的万千形态，感觉出它们既像成群结队的牛羊，又像微风兴起的波浪时，也同样把那种多样丰富的感官对象纳入一种多样性统一之中，不过这种多样性统一只是同上面那种概念性认识相比较而来的，是想象力似乎合知性的"目的"，它是主观的，因而是"主观的合目的"。康德说："在这种比较中想象力（作为先天直观的能力）通过一个给予的表象而无意中被置于对知性（作为概念的能力）的协调一致之中，并由此而唤起了愉快的情感。"② 正由于合主观目的，于是产生了愉悦的情感。可见，审美愉悦是由于表象"好像"使想象力符合了知性原则而产生的无利害关系的愉悦。

那么这种愉快情感的实质是什么？康德认为，当一个审美判断产生时，审美表象激起主体丰富的情感活动，这种情感就是在想象力和知性协和一致的游戏中，主体所产生的一种普遍可传达的"内心状态"。它包括互为条件的两个方面，一个是想象力和知性协和一致的游戏"状态"，另一个是相信必然可普遍传达的愉悦情感。前者是相对于人的诸认识能力来说的，后者是相对于主体的情感能力来说的。

先看第一个方面。想象力和知性协和一致的游戏"状态"单从想象力方面来看，实际上是指想象力摆脱了知性概念的束缚，而实现自由创造，

① 〔德〕康德：《判断力批判》，邓晓芒译，人民出版社，2002，第22页。
② 〔德〕康德：《判断力批判》，邓晓芒译，人民出版社，2002，第25页。

并且好像是合规律的创造。康德说:"由这表象所激发起来的诸认识能力在这里是处于游戏中,因为没有任何确定的概念把它们限制于特殊的认识规则上面。"① 这样想象力就不像通常具体的认识那样归属于确定的知性概念。从知性方面来看,知性也不像一般的认识那样带着某种固定明确的概念,根据逻辑认识来活动,而是有着许多不确定的概念的自由的活动。所以康德说:"审美的判断力在评判美时将想象力在其自由游戏中与知性联系起来,以便和一般知性概念(无须规定这些概念)协调一致。"② 两者结合起来看,即是当一个审美判断产生时,想象力和知性的自由活动所激起的一种"内心状态"。康德的这个观点有深刻的启发意义,他告诉我们,审美虽然没有明确的概念,却包含着许多不确定的意义,蕴含着比确定意义更为丰富的意义。康德自己也说:"我把审美(感性)理念理解为想象力的那样一种表象,它引起很多的思考,却没有任何一个确定的观念、也就是概念能够适合于它,因而没有任何言说能够完全达到它并使它完全得到理解。"③ 这就是为什么艺术作品有着丰富的意蕴的原因,也正是在这个方面我们的美学家往往把美误解为认识。

再看第二个方面。康德认为,审美情感的实质就是"相信有理由对每个人期望一种类似的愉悦"。也就是说,当我们做出一个审美判断时,这个表象由于结合着想象力,把那些感性直观的杂多材料复合起来,知性也把那些不明确概念结合在一起。这样,在想象力和知性的协和一致的活动中所形成的审美意象由于"好像"符合了知性目的,符合了主观的、假设的认识目的而产生愉快的情感,并且相信这个意象必然是可传达的,同样必然也会引起别人的愉悦。就像康德所说,"如果他宣布某物是美的,那么他就在期待别人有同样的愉悦:他不仅仅是为自己,而且也是为别人在下判断"④。

审美意象并不是一个具有普遍性的认识或善的愉悦,我们为什么有理由相信它可以普遍传达,并且相信别人也会得到同样的愉快?其奥妙就在于这种合目的性的形式中有知性的活动。康德说:"但可以被普遍传达的不是别的,而只是知识和属于知识的表象,因为就此而言只有知识及其表象

---

① 〔德〕康德:《判断力批判》,邓晓芒译,人民出版社,2002,第52页。
② 〔德〕康德:《判断力批判》,邓晓芒译,人民出版社,2002,第95页。
③ 〔德〕康德:《判断力批判》,邓晓芒译,人民出版社,2002,第158页。
④ 〔德〕康德:《判断力批判》,邓晓芒译,人民出版社,2002,第47页。

才是客观的，并仅仅因此才具有一个普遍的结合点，一切人的表象力都必须与这个结合点相一致。"① 康德的意思是：正是由于审美活动中有知性活动，它提供了一个结合点，因而相信这个表象是可普遍传达的。只不过它传达的不是某个概念，也不是某个具体的表象，而是那种"自由游戏、协和一致的内心状态"。所以康德说，"在一个鉴赏判断中表象方式和主观普遍可传达性由于应当不以某个确定概念为前提而发生，所以它无非是在想象力和知性的自由游戏中的内心状态（只要它们如同趋向某种一般认识所要求的那样相互协调一致），因为我们意识到这种适合于某个一般认识的主观关系正和每一种确定的认识的情况一样必定对于每个人都有效，因而必定是普遍可传达的"②。由于这诸种表象力（知性和想象力）协和一致的心意状态可以传达，而这种内心状态又是引起审美愉悦的根据，因此审美愉悦就是那种期待可以普遍传达的情感，就是那种有理由相信别人也会同意的情感。

想象力和知性协和一致的"内心状态"就是一种相信必然可普遍传达的情感状态，康德又把它叫做"合目的性的游戏中的这种自由情感"③。"相信必然可普遍传达"构成审美的一个主观原则，其实质上就是共通感，即对人类生命共同体的感受。这是康德做出的最高设定，属于"物自体"范畴，人们正是在这个意义上说康德美学是主观论美学。康德说："所以鉴赏判断必定具有一条主观原则，这条原则只通过情感而不通过概念，却可普遍有效地规定什么是令人喜欢的、什么是令人讨厌的。但一条这样的原则将只被看作共通感，它是与人们有时也称之为共通感的普通知性有本质不同的。"④ 美就是那种相信可普遍传达的想象力和知性自由游戏引起的情感状态，该观点对于我们有极大的启发性。比如我们对服饰的要求，剪出怎样的发型，穿着什么样式的衣服，纯粹是个人选择，没有普遍的公式和概念，但我按照个人选择这样实施的时候，从根本上来说，就是我相信别人会对我的选择进行赞赏和认可。作家搞小说创作时，使用什么样的文字风格，小说构思技巧怎样，创作了怎样的人物，他有着怎样的经历，他的命运是什么，性格怎样，这些是作家个人的选择，但这里的每一步都包含了

---

① 〔德〕康德：《判断力批判》，邓晓芒译，人民出版社，2002，第52页。
② 〔德〕康德：《判断力批判》，邓晓芒译，人民出版社，2002，第53页。
③ 〔德〕康德：《判断力批判》，邓晓芒译，人民出版社，2002，第149页。
④ 〔德〕康德：《判断力批判》，邓晓芒译，人民出版社，2002，第74页。

作家对于读者的信任，用接受美学来说，就是"隐含的读者"。

康德为美确立起情感的内容，其基本的合理性在哪里？我们可以简单反观一下西方美学的情感问题①。在苏格拉底、柏拉图和亚里士多德时代，他们把情感当作理性的对立面，在哲学思考中压制、降低情感的地位，排斥情感。到了中世纪，奥古斯丁区分了两种快感，一种是因为有用而体验到的快感，一种是因为爱而体验到的纯粹快感。这对后来美学家把审美情感规定为纯粹的非功利的情感有直接启发意义。近代的经验主义和理性主义已摆脱了把情感问题与肉欲等问题联系起来的狭隘性，通过对美感的探讨来讨论情感问题，或者把美感看成对客观存在的一种反映，或者强调情感的精神性，认为情感是一种精神性的快感等，不同程度地从各个方面对情感进行关注和研究。特别是18、19世纪德国的浪漫主义运动，他们以情感的态度看待世界，全面否定理性而崇尚情感，崇尚想象和主观性，热爱大自然，反对古典主义束缚个人的清规戒律，主张个性解放和抒发情感。浪漫主义以德国古典哲学为基础，是对启蒙理性的一次全面反抗。从歌德、席勒、雪莱、拜伦到19世纪末期的唯美主义、象征主义，个体的情感、想象和天才等在美学和艺术中不断地被突出和强化，并一直延续到20世纪以来的非理性主义、审美直觉主义、精神分析派、表现主义等现代美学思潮，充分反映出西方美学以尚理为主流到以尚情为主流的历史性转变。

对审美情感的本质论证是康德美学的一大贡献，他第一次在先验哲学高度揭示出情感在人类审美活动中的地位。他虽然痛恨浪漫主义，却又在理论上为浪漫主义及西方情感论美学奠定基础。所以，以赛亚·伯林把康德看作是"拘谨的浪漫主义者"。他写道："康德痛恨浪漫主义。他憎恶一切形式的放纵和幻想，即他称之为'幻象教派'的东西，憎恨任何形式的夸张、神秘主义、暧昧、混乱。即便如此，他还是被推举为浪漫主义的父执之一。这多少有些讽刺的意味。"② 其实这不是讽刺，只不过是康德没有预料到他的理论的时代意义和历史需求。自康德以后，情感成为西方美学不可回避的内容。

（二）形式

康德哲学被称之为形式哲学。他把人的认识分为感性形式、知性形式

---

① 参阅朱立元主编《西方美学范畴史》（第二卷），山西教育出版社，2006，第188~270页。
② 〔英〕以赛亚·伯林：《浪漫主义的根源》，吕梁等译，译林出版社，2008，第72页。

和理性三种，按顺序从自然到人类理性深处呈阶梯状分布。它们有自己的先天形式，正是这各自的先天形式，才使得认识成为可能。感性认识的先天形式是时间和空间，"物自体"刺激人的感觉，人拿时空这种先天形式去经验，于是形成时空中的现象界；而人的感官在经验现象界时，感觉提供杂多的经验材料，然后再由知性的先天形式即知性范畴来构造、联结。理性不与感性打交道，它只是运用知性形式通过"范导"使知性活动系统化。主体先验形式和感性经验相结合认识才会发生，即思维无内容则空，直观无概念则盲。

康德哲学的这种特点决定了形式也必然是其美学思想的一个重要元素。

我们知道，知性、实践理性和判断力分别有自己的先天原则。知性的先天原则是合规律性原则，理性的先天原则是合终级目的性原则，而判断力的先天原则是主观合目的性原则。主观的合目的性原则又叫形式的合目的性原则。从字面意思来看，所谓"形式的合目的性"指的是不从对象的内在根据出发，也不是依据某一个概念来把握对象，而是通过想象力和知性的共同作用，去实现知性概念对杂多的多样性统一。可见，形式性和主观性是审美判断力的两个基本特征。由于主观性在一定意义上来讲是通过形式性、情感性和想象力表现出来的，不能构成一个独立要素，我们只讨论形式在审美判断中的性质、地位和意义。

康德在美的第三契机推出来的关于美的说明中写道："美是一个对象的合目的性形式，如果这形式是没有一个目的的表象而在对象身上被知觉到的话。"① 这里包含两部分的意思：第一，审美活动是一种合目的性活动（具体合什么目的，我们在讨论"情感"那部分中已做了详细分析，这里不再赘述）；第二，"美是一个对象的形式"。一个对象何以成为形式，康德对其限定是"如果这形式是没有一个目的的表象而在对象身上被知觉到的话"，意思是：这形式是一个表象；这形式不与该客观对象的目的相关，否则的话它就是合客观目的性，而不是主观的合目的性；这形式是从对象身上被知觉的。这个形式如果合主观目的的话，它就是一个审美表象。

比如，我们观察一只在天空中展翅飞翔的雄鹰。雄鹰成为我们心目中的一个表象，我们追随着它上下翻飞的身影，凝视着它那宽大有力的翅膀，

---

① 〔德〕康德：《判断力批判》，邓晓芒译，人民出版社，2002，第72页。

但我们并没有去认知这雄鹰，并没有把"雄鹰"这个概念的目的规定性拿来判断这只飞翔的雄鹰是否完善，也没有去从物理学角度考虑空气浮力，只是通过知性和想象力把鹰的飞翔（注意审美对象是鹰的飞翔，而不是雄鹰，许多人在举这样相关的例子时往往首尾不顾，漏洞百出）这个形象作为一个整体，而根本没有考虑鹰的身体结构是如何同空气浮力相互适应的。这个时候，"鹰的飞翔"已经不是"鹰在空中飞翔"这件事情本身，而成为一个形式，一个合主观目的的形式，这就是一个美的意象，它相当于朱光潜所说的"物乙"。

可见，一个审美表象就是一个单纯的形式，它不与产生该形式的原来那个对象的任何概念和目的有关。康德说："鉴赏判断只以一个对象（或其表象方式）的合目的性形式为根据。"① 所谓的"合目的性"，当然不是合那种决定事物存在根据的内在客观目的，而是指对象的表象在形式上合乎审美主体的主观目的。还要注意的是，审美主体的主观目的也并不是满足了主体的欲望和需要，而是符合了那个先天原则，即想象力和知性协和一致这个先天原则，这就必然是在感性形式上的协和一致。

现在我们可以清楚地知道：所谓形式，是就提供形式的原来的客观对象而言的。由于它不再涉及对象客观目的和某一确定性概念，因而只是一个纯粹的满足想象力和知性协和一致的形式，也就是说"形式"只是相对而言的形式。人们正是在这一点上误解了康德，说康德是形式主义者，批评他把审美形象只看成一个空洞无物的形式，这种误解十分顽固。事实上，正是因为美的表象（形式）与原来那个提供表象的客观对象分离开来，使我们不再去关心那个客观实在对象时，这美的表象才具有了更加丰富的意义。比如我们观赏一棵松树，当我们仅把眼前这棵松树看成是一个形式，而不去关心这松树有多少年的历史，这松树是否可以做成家具供我享用，也不去关心这松树属于什么科的植物，它对于保护水土流失有何作用时，我们恰恰摆脱了松树概念和松树本身的客观目的对我们的束缚，松树这个形式才能够获得更加丰富的审美意义。我们对它的形象进行静观，看它那遒劲的松枝，粗壮的树干，盘根错节的根系，临风威严的气势；我们对它的形象进行思考，认识到人的生命应该如此顽强，认识到人的气节应该如此坚贞等。形式还是空洞的吗？其原因就是如果就想象力和知性协和一致

---

① 〔德〕康德：《判断力批判》，邓晓芒译，人民出版社，2002，第56页。

的游戏这一审美先天原则的实现可能来说，审美表象只能是一种感性形式，而就审美表象本身来说，它却不是单纯的形式，而具有主体的想象力和知性的自由活动所赋予的不确定意义。贝尔正是在这个意义上发挥出"有意味的形式"的命题。

就客观对象来说，由于审美表象不与客观实存相关，因而是形式。同样就主体来说，审美表象也不与主体的意志相关，是纯形式的。康德把感官的刺激、魅力和感动等都排除在鉴赏之外，批判经验主义美学和理性主义美学后提出一种纯粹鉴赏判断的观点。他说："一个不受刺激和激动的任何影响（不管它们与美的愉悦是否能结合）、因而只以形式的合目的性作为规定根据的鉴赏判断，就是一个纯粹鉴赏判断。"① 进而主张区分出纯粹意义上的"自由美"和一些在派生意义或含混意义上的"依存美"（依据某种概念）。这是康德进一步证明审美只与纯形式相关而做出的定义和区分，即真正的审美判断是纯粹的鉴赏判断，真正的审美表象是纯粹的形式，真正的美是自由美。在举例时，康德虽然显得力不从心，只找到有限的一些花、许多鸟、海洋贝壳、幻想曲和装饰线等，有些人也据此对康德进行批判，笔者认为这多少抱有偏见的成分。康德是想通过对这些混杂的东西进行分离，显示审美的本真特点，其意义刚好在于去揭示审美的原本机制，从另一方面来说，这恰巧是他的贡献。

我们来看一下西方形式美学的历史。赵宪章在其《西方形式美学》一书中认为，西方形式美学有三个高峰：一是古希腊罗马美学，二是以德国古典美学为代表的19世纪西方美学，三是20世纪现代美学。虽然在古希腊就出现了从形式来讨论艺术的观点，但"形式"真正被美学接纳为一个独立的范畴是在近代西方美学时期，其中康德"所提出并精心阐发的'先验形式'概念是对形式美学的重要贡献"②。黑格尔在康德的基础上，把形式与内容对立起来，将美和艺术的发展历史看成理念（内容）不断摒弃物质（形式）的历史。值得一提的是唯美主义的形式主义美学，他们受康德的"纯粹美"的启发，提出"为艺术而艺术"的口号，将艺术引向纯粹的形式，把形式主义美学发展到极致。进入20世纪以来，形式美学获得了极大的发展，从俄国的形式主义到稍后发展起来的英美新批判，为我们认识文

① 〔德〕康德：《判断力批判》，邓晓芒译，人民出版社，2002，第59页。
② 赵宪章：《西方形式美学》，上海人民出版社，1996，第12页。

学艺术的性质提供了丰富的视角。后来结构主义的"结构形式"，符号美学的"符号形式"，神话原型批判的"原型"等，"对于活跃和丰富我们对于文学和艺术的理性思考，特别是对于开阔我们关于审美和艺术形式的理性思考，无疑是大有裨益的"①。

康德有关审美形式的深刻论述及形式主义美学的历史告诉我们，美与形式有着紧密的关系，我们既不能借口康德"先验形式"的空洞性，而冠之以"形式主义"之名全盘否定，也不能片面发展"形式"理论，走上极端道路。应该从康德审美形式学说中汲取营养，广泛考察20世纪西方形式论美学思想，在吸收借鉴的基础上大胆创造。

（三）想象力

必然普遍传达的情感、无目的的形式这都是静态的，审美毕竟是多种心意机能共同协和一致的活动，那么情感是怎样产生的，形式是怎样创造出来的，审美判断在心理层次上的具体活动又是如何？这就涉及想象力的问题，它也是"美自身"的重要构成要素之一。想象力是主体的一种基本能力，它在认识领域、道德领域和审美领域都起着重要作用。就审美来说，它在很大程度上决定着鉴赏能力和鉴赏品位的高低。不过康德所说的想象力和我们常说的想象力在意义上有些出入。

想象力是主体的一种特殊能力，它主要负责综合感性直观材料，康德说："想象力是把一个对象甚至当它不在场时也在直观中表象出来的能力。"② 它解决的是怎样将感性直观材料综合统一起来，运送到知性那里的问题。康德说："一般综合只不过是想象力的结果，即灵魂的一种盲目的、尽管是不可缺少的机能的结果，没有它，我们就绝对不会有什么知识，但我们很少哪怕有一次意识到它。"③ 想象力综合是一个形象综合，它不涉及概念，具有盲目性。但想象力综合对知性来说却十分重要，知性只有在想象力提供综合的基础上，才能用概念来把握，为我们提供真正意义上的知识。

有了这些分析做基础，就可以方便地讨论想象力在审美判断中的作用机制。在审美过程中，想象力摆脱了在认识过程中的知性概念和客体的逻

① 赵宪章：《西方形式美学》，上海人民出版社，1996，第20页。
② 〔德〕康德：《纯粹理性批判》，邓晓芒译，人民出版社，2004，第101页。
③ 〔德〕康德：《纯粹理性批判》，邓晓芒译，人民出版社，2004，第70页。

辑表象双重制约，成为一种自由的想象力，下面就来具体分析这种自由的想象力在审美过程中的活动原理。

就审美表象内部来看，审美情感就是想象力和知性协和一致的内心状态。那么，想象力和知性怎样协和一致呢？想象力负责对感性杂多的材料进行综合，形成直观表象，交由知性拿出概念来进行规定。但自然界有如此多样的形式，知性先天给定的那些规律并不能概括某一客体对象的全部的生动丰富属性。比如"红玫瑰"这个概念，它只是对玫瑰花的红色属性进行抽取，而舍弃了它的许多生动可感的偶然的非本质属性。康德说："对于这些变相就也还必须有一些规律，它们虽然作为经验性的规律在我们的知性眼光看来可能是偶然的，但如果它们要称为规律的话（如同自然的概念也要求的那样），它们就还是必须出于某种哪怕我们不知晓的多样统一性原则而被看作是必然的。"① 康德的意思是说，那些被我们舍弃的凭经验来看是偶然的东西，也是符合先验形式，符合某种我们尚未知晓的规律。也就是说对象除了某一方面属性与某一特定知性概念统一以外，还有一种多样统一，那就是在形式上"似乎"符合了知性的需要，从而实现了多样的统一。当我们不是把眼前这朵玫瑰花的红色属性抽取出来并与"红玫瑰"这个概念相联系，只是凭借想象力，把它作为一个丰富的总体想象着，当它"好像"符合知性要求而实现了多样统一之后，它就会成为一个美的表象。

说来说去，还是想象力和知性协和游戏这一先天原则，我们现在不过是就想象力这一方面来说的罢了。想象力创造的直观性表象不再受到知性所提供的确定性概念的限制，此时是"悟性对想象力而不是想象力对悟性服务"②。可见在审美过程中，想象力不像在认识活动中那样，通过综合各种具体表象，去"再现"外在事物，而是"生产性"的和"自发性"的去构造对象，这种生产性和自发性就是想象力的创造性和自由性。审美想象力的自由性和创造性特点表现在审美经验中，就是人们喜欢花样翻新，厌恶整齐和单一。康德曾举了一个胡椒园的例子：一个商人在他的著作里描绘热带雨林的风光时，说自然风光时间一长吸引力逐渐减少，人工胡椒园由于经过人工布置和管理，会产生更强烈的魅力。康德认为恰恰相反，一

---

① 〔德〕康德：《判断力批判》，邓晓芒译，人民出版社，2002，第 14 页。
② 〔德〕康德：《判断力批判》，宗白华译，见《宗白华全集》（第四卷），安徽教育出版社，1994，第 287 页。

整天停留在胡椒园里，知性就会经由"合规则性把自己置于他处处所需要的秩序井然的情调里，那对象将不会太长久地令他感到有趣，甚至于对他的想象力加上了可厌的强制；与此相反，那富于多样性到了豪奢程度的大自然，它不服从于任何人为的规则，却能对他的鉴赏不断地提供粮食"①。康德认为任何合规则性往往会限制想象力的自由运动，而把它引到一定的认识方向或伦理方向。丰富变化的大自然由于不服从人工规则，就给想象力提供了宽阔的舞台。这样，康德不仅打破了自希腊以来把美看成是比例、和谐、对称的传统认识，揭示了审美想象力的自由创造性特征，也颠覆了西方轻视自然美，偏重艺术美的审美观念，充分表现出康德不囿前言，尊重事实的理论精神。

关于想象力在审美直观中的自由活动，康德有一段话很具启发意义。他说，虽然想象力在"领会一个给予的感官对象时被束缚于这个客体的某种确定的形式上，并就此而言不具有任何自由活动（如在写诗时），但却毕竟还是可以很好地理解到：对象恰好把这样一种形式交到想象力手中，这形式包含有一种多样的复合，就如同是想象力当其自由放任自己时，与一般的知性合规律性相协调地设计了这一形式似的"②。这一点笔者在上文谈形式时已做了论析，认为正是因为审美表象作为形式，才具有了丰富的意义。这里康德虽是就想象力的自由创造来说的，但也从一个侧面证实我们理解的正确性。康德实际上从想象力的角度说出了审美直观的秘密，那就是客体的直观表象恰好合乎了某种自由而又合规律的形象创造。

由于历史和文化原因，中外美学史上对于情感和想象力关注的角度和表达方式各不相同。就情感来说，由于西方哲学对于理性的偏好，自柏拉图时代就把它当作抑制和排斥的对象。到经验主义哲学那里，休谟在《人性论》中系统地讨论了人的"情感"问题，但他对情感的研究是与社会伦理和政治紧密联系的。与此正好相反，中国自古以来就形成了一个重视情感的传统。孔子说："质胜文则野，文胜质则史，文质彬彬然后君子。"（《论语·雍也》）要求文艺作品必须文情并茂。到了魏晋南北朝时期，陆机在《文赋》中以"诗缘情"代替"诗言志"说，把文学的本质概括为"情"。然后再经唐、宋直到明代的"唯情说"，提出所谓"因情成梦，因梦

---

① 〔德〕康德：《判断力批判》，宗白华译，见《宗白华全集》（第四卷），安徽教育出版社，1994，第288页。

② 〔德〕康德：《判断力批判》，邓晓芒译，人民出版社，2002，第77页。

成戏"，以"情"来对抗宋明理学中的理，形成了主情主义文学观。

而就想象力来说，西方以前大都把艺术看成"迷狂"和"回忆"，没有充分尊重它在文艺活动中的作用。直到经验主义时期，休谟才论述了想象力对于文艺作品的重要性。他认为想象力是人的精神所具有的一种创造力量，可以形成奇特的观念，而文艺作品恰好是想象的产物。而在休谟一千多年前的中国，魏晋南北朝时期文论家刘勰在《文心雕龙》中就为"神思"设立专篇，来论述想象的问题，并把想象看成是一种心理活动，其特点是可以突破现实世界，为艺术带来明朗的情感形象。

中外美学实践和康德美学思想启发我们：虽然情感、想象和形式构成美的三个要素，但三者并非是相互独立、毫不相关的实体，而处于一种水乳相融、难以分割的胶着状态。形式就是情感的形式，是想象力的直观表象，三者统一于感性形式，以感性形式呈献出来。另外，情感本是一个复杂的多层次系统，它既有低级的欲望也有较高级别的道德情感和审美情感等。虽然康德在人的心意机能中为它划出独立区域，但它与人的认识机能和伦理道德密切相关，我们不能笼统地说美就是情感，美与情感的关系怎样，到底是一种怎样的情感，这是美学有待进一步开掘研究的课题。所以，我们说的"美自身"的基本构成要素并不是实体要素，它只是美学研究的方向和指针，而不是为美学画地为牢。

第三节 "美自身"的美学决断

既然美有明确的"边界"，有基本构成要素，那么就有自己性状的特殊规定性，美学必须遵守这些基本规定，坚持这个向度。否则，无规矩无以成方圆，美就会被误解、被"泛化"，出现诸如"性爱美学""牙齿美学"等，成为可以任意涂抹的"雪花膏"。"美自身"是一个向度，在此向度上，美学必然接受"美自身"的决断。这种决断并不是告诉我们美到底是什么，美到底是什么是美学永无止境的回答的内容，"美自身"不可能解决这样的问题，它只能根据美学研究现状，来"决断"出美不是什么。

美毕竟是人类生活中的一种特殊现象，美学在坚持自身的情况下，在"美自身"的牢固基础上又必须旁逸斜出，去关注与人有关的自然、社会、人生和现实，建立起真正的美学人类学、美学文化学、美学社会学。但此时所谈的人生、社会是在"美自身"的向度上的人生、社会,有"美自身"的限度,有"美自身"的节制,有"美自身"的规范。唯此,美学才不会去盲目地追逐哲学和社会思潮,当存在主义哲学盛行时,我们就说美是存在、美是人生、美是生命;当社会学思潮占统治地位时,我们就说美是实践、美是人类把握自然的一种方式等令人啼笑皆非的局面。

一　美的独立自足性

审美经验是什么,它是一种独特的经验吗?西方美学界对此大体有两种意见。一种认为有不同于其他经验甚至与其他经验毫不相干的独特审美经验,如形式主义美学家克莱夫·贝尔、佛莱以及现象学美学家盖格尔、杜夫海纳等都持此观点。贝尔认为,审美经验中的情感根本不同于生活情感,生活情感是现象的、世俗的、功利的情感,而审美情感则是纯洁的、非功利的、超凡脱俗的情感①。还有一种与此相反的观点,认为并不存在特殊的审美经验,审美经验都是日常生活中各种普通经验的"完善化"和"组织化"。比如杜威认为,超出日常经验的特殊审美经验是不存在的,所谓审美情感,实际上只是许多实际生活经验、情绪等心理冲动的平衡与中和,是"生命与环境不断地失去平衡而又重新建立起平衡,由骚乱走入和谐的时刻是生命最强烈的一刻"②。

两种看似矛盾的观点从不同侧面揭示出审美的两个基本特征。认为审美经验区别于日常经验,是就审美发生状态和成果来说的,它偏重于审美的独立自足性特点。其局限性在于割裂审美与生活、社会和历史的关系,把审美看成玄秘的天外来客。这种观点往往带有宗教信仰式的狂热和理想主义的浪漫色彩,把美描绘成生命全部的最高形态。把审美经验看成日常经验的自然主义者和实用主义者,是就审美的来源和组成而言的,他们旨在剥开审美的神秘面纱,把它和现实世界联系起来,揭示出审美的社会生活化特征。其缺陷在于抹杀艺术与生活的界限,无视审美主体的个性差异,认为美遍地皆是,人人皆可俯拾,这种观点忽略了审美主体的审美情感和审美心灵的作用。

事实上,如果没有独立自足的审美心理结构,也就没有人类的审美现

---

① 参见李醒尘《西方美学史教程》,北京大学出版社,2005,第372页。
② 转引自〔美〕托马斯·门罗《走向科学的美学》,石天曙等译,中国文联出版社,1985,第3页。

象，一切的日常生活经验就不可能成为美的经验，日常生活就仅仅是吃、喝、拉、撒、睡的庸常生活。同样，如果没有丰厚的生活体验，没有日常生活情感和经验的话，人类的审美心理结构也将是一具没有生命的躯壳。这就是美的自足性和美的自足性的相对性。

（一）美既不是认识也不是实践

把审美当作认识或当作实践是当代中国美学的最大误解。早在古希腊时期，柏拉图在《会饮篇》里描述了人们追求美的历程：他由爱上某个具体的美的身体，而思考身体之美如何与其他方面的美相联系，然后他应该学会把心灵的美看得比形体美更为珍贵；经过心灵之美，他会被进一步导向思考法律和体制之美；再进一步，他的注意力从体制被导向各种知识，使他能看到各种知识之美，"这个时候他会用双眼注视美的汪洋大海，凝神观照，他会发现在这样的深思中能产生最富有成果的心灵的对话，能产生最崇高的思想，能获得哲学上的丰收，到了这种时候他就全然把握了这一类型的知识，我指的是关于美的知识"[①]。柏拉图把美当作认识手段，看成引领人们的心灵走向最高理念的工具。这就是西方认识论美学的基础。自此以后，西方一直把美当作一种认识，即使到了鲍姆加登时期，他虽然为美学命名，但其本意并不是今天我们所说的美学，而是感性学。所谓感性学，是他根据西方哲学研究的历史和特点而提出来的。他认为西方一直都在研究人的理性，忽略了作为低级认识的感性活动，因此要求建立一门像研究理性的哲学一样的感性学，去研究人类认识的完善过程，也就是说鲍姆加登是把美当成不完善的认识来提议的。几千年来，美一直处于哲学认识论的格局中。

这种局面只有到了康德那里才有改观。康德第一次把美从认识和道德中剥离出来，赋予美以独立地位，美学在他手里真正成为一门独立的学科。康德认为审美是人类心意机能——情感的特殊状态，它介于认识与意志之间。这是康德对判断力研究的结果。他认为判断力作为一种先天立法能力，具有在普遍与特殊之间寻求关系的功能，与不同的先验原理相结合，会产生不同的认识效应。如果判断力通过知性综合地把握感性内容，这就是规定性判断力；如果通过形式的合目的性原则来审美地把握感性内容，就是反思性判断力。反思判断是从特殊中来发现普遍规律，这是最容易被误解

---

① 《柏拉图全集》（第2卷），王晓朝译，人民出版社，2003，第253~254页。

的地方。这种从特殊中发现的普遍规律并非是要符合概念，而是要符合目的。吉尔伯特说得比较清楚，他说："发现普遍规律所需要的，是适合性原则或图式。图式，或康德所说的主观的目的性（subjectivepur po-siveness）或终极性，是意指自然与我们相呼应的微妙而又不为人们所察觉的那种联盟；是表示人的心灵与内容无限丰富的自然似乎均由对方所构成；是表示各种史诗般的难解情景的许多方面均相吻合。"① 那么图式是什么呢？图式就是图形，"它有助于我们的心灵捕捉一种可以知觉到而用文字决不能表达、但完全符合这一图形的意义"②。反思判断力具有沟通认识和道德、知性和理性、理论和实践、自然和自由的中介作用，但是审美"和实际的利害无关，因此不同于实践的功利活动；它和概念无关，因此不同于逻辑的理论活动；它和目的无关，因此不同于道德上的善"③。康德自己也说："如果我们只是按照概念来评判客体，那么一切美的表象就都丧失了。"④ 虽然从总体来看，康德还是把美置于认识论之下，因为主观的合目的性，根本说来是比照认知图式来说的，让人们觉得好像是符合了某种多样性的统一。事实上康德那里有两种认识，一种是"一般认识"，一种是"特殊认识"。特殊认识是指客观对象的某种特性和知性概念的联结，就是我们常说的认识，而一般认识是指审美判断。审美判断之所以叫作一般认识，是因为它不是把事物的属性和与某种确定性概念的联结，而是给人这样一个表象：诸认识能力协和一致。另外，康德是在桥梁、纽带意义上来谈美，不但区分出美与认识、伦理的关系，而且还揭示出审美与人类其他心意机能之间的复杂关系。

美也不是实践。实践在西方也是一个古老的概念。在古希腊，实践基本上是指道德实践活动，亚里士多德在哲学上使用这一概念主要是指人的伦理行为和政治行为。到了近代，实践被定义为技术性的物质生产。特别是在德国古典哲学里，一方面继承了亚里士多德把实践作为伦理活动，另一方面在更高一层的心灵领域里把实践与先验的道德律令联系一起，把实

---

① 〔美〕吉尔伯特、〔德〕库恩：《美学史》（下），夏乾丰译，上海译文出版社，1989，第440页。
② 〔美〕吉尔伯特、〔德〕库恩：《美学史》（下），夏乾丰译，上海译文出版社，1989，第450页。
③ 蒋孔阳：《德国古典美学》，安徽教育出版社，2008，第90页。
④ 〔德〕康德：《判断力批判》，邓晓芒译，人民出版社，2002，第55页。

践当作是对自由意志的遵循，实践"被赋予前所未有的历史感和逻辑力量"。实践的意义虽然较为复杂，但概括起来主要有这样三类：第一类是征服自然、改造自然，为整个社会生活奠定基础的物质生产实践，这也就是从亚里士多德到康德再到海德格尔所说的技术性实践，是马克思所说的生产劳动；第二类是变革现实社会关系参与公共事务的社会实践，此即马克思所说的"革命实践"，与亚里士多德所说的伦理、政治行为大体相当，与康德的"遵循自由概念"的实践有相关之处；第三类是日常人生实践，包括日常生活交往、文化学术活动、艺术审美活动等，这接近于海德格尔所说的此在在世、与世界存在者及其他此在"打交道"①。如果对这前两类的共性做一个抽取的话，可以看出无论哪类实践，都是通过某种具体的行为，把人的思想、意志有目的的作用于对象。这是实践最根本的特点，但这些特点无论从哪方面来说都与审美相对立，因为审美不是一种具体的行为，审美运用的不是思想和意志，审美之前也没有明确的目的。而就第三类来看，既然实践包括日常交往、文化学术活动和艺术审美活动，那么实践对审美没有任何特殊意义，它根本不能解释人类的审美现象，否则审美活动和日常交往以及文化学术活动在实践上是相同的。因此把美看作实践，必然陷入这样的悖论之中：如果实践是指人类的生产活动，那么在经验上看来，审美显然与生产劳动大相径庭；如果把实践看作人的生存方式，如此宽泛的实践概念对于美的解释来说显然无效。

　　我们可以举一个例子，看看实践论美学的一个致命的"死循环"。实践论美学很少直接说美是实践，因为这种说法不攻自破，他们取一个中介，也是他们的核心命题，即"自然的人化"。"自然的人化"分为"内在自然的人化"和"外在自然的人化"，通俗来讲，就是人在制造工具和使用工具的生产劳动实践中，作为自然的人被"人化"了，同时作为自然界的自然也被"人化"了。那么"人化"从何而来？假设原始社会中，有一个人第一个把石头磨成工具，在这一瞬间，石头变成工具，石头成为"人化"的东西，不再是自然的石头，而人又制造出工具，也被"人化"了，不再是那个不会制造工具的"自然人"。难道说在天地宇宙间存在一个神秘的"人"？当那个"自然人"拿起"自然的石头"，在两者相接触的一瞬间就产生了化学反应，宇宙间那个神秘的"人"降落人间，依附于石头和人的

---

① 参见朱立元主编《西方美学范畴史》（第1卷），山西教育出版社，2006，第218页。

身上？如果真是这样的话，倒证明了柏拉图的"理式"的正确性。出现这样矛盾的主要原因是我们忽略了人所特有的先天心理结构，把实践当成先天地而生的东西，当成在人类之前就存在的东西。要知道，人是首先拥有"属人"的心理结构（哪怕最原始的）和"属人"的基本能力后才有实践的可能，才能发展为真正的人。现代实验表明，有许多动物都会制作简单的工具，大猩猩还被我们教会钉钉子、骑自行车，但这些动物永远也发明不出宇宙飞船，制造不了飞机、轮船和计算机，因为它们的心理结构、生理结构被先天地决定了。

（二）美没有本体性

现在问题来了，我们不是在讨论要回到"美自身"吗？还说康德为"美自身"划边定界，并列出"美自身"的三个基本构成要素。美既然有"自身"，那么就必然有本体，为什么还要质疑美是否有本体呢？这里包含对"自身"一词的误解。我们说过，"美自身"并不是一个实体，康德虽为"美自身"划定边界，说它是一个无利害愉悦的对象，但这种愉悦是主观的，既没有时间规定性，也没有空间占有性。另外，笔者所说的回到"美自身"是指回到美的问题上来，这种加了引号的自身并不是说必定有个实体才叫自身，而是针对当代中国美学研究缺陷和误区提出来的，是要求当代中国美学牢牢地把握住无利害愉悦的对象，把握住主观的合目的性形式，把握住想象力等这些基本纬度，而不能空泛无稽，不顾及美的基本特征，盲目追逐社会、政治、文化思潮，将美任意比附。

美有没有本体问题，是指是否存在最终决定美的一个普遍、永恒的东西，不管这个东西是主观的还是客观的。美本体与美本质密切相关，但并不是一般意义上的本质。按照传统定义来说，本质是指众多属性中最根本的属性，就此来看美是有规定性的，美因而有本质。本体则是指决定美的那些属性的最终根据或美的本原问题，如柏拉图认为美就是对理念的分享，因此"美的理念"就是美的本体。可见，西方美学对美本质的探讨是和本体密切联系的。拿当代中国美学来说，"后实践美学"大都把生命、超越、自由等作为本体，这是他们对美的自由性、超越性和生命性等一般本质的误解，因为本原是最终的必然决定的根据。如果生命是美的本体，那即是说一切生命活动就必然是美；如果自由是美的本体，那也是说所有对自由的追求都是美；同样，如果认为超越是美的本体的话，那就是说一切对现实的超越都是美。事实并非如此，我们的生命活动如吃饭是美吗？我们追求自由如推翻王权必然是美吗？我们超越现实如参禅打坐是美吗？

就经验来看，我们很少用"这是一个美什么"的句式去表述美，如"这是一片美树林"，"这是一座美山"或"这是篇美小说"。相反，我们倒常常用"某某东西真美"这样的句式。前一种句式具有陈述性，是在描述一个具体存在的事实，后者是感叹句，表达一种情感。这个基本经验说明，美根本说来还是一种主观情绪的表达，就像"这东西真好""这啤酒真爽""那人真棒"一样，"好""爽""棒"只是一种赞美之情。那为什么没有"好学""爽学""棒学"，偏偏要有"美学"呢？这个问题在康德那里得到了解决：因为所有像"好""爽""棒"那样的情感愉悦都是与物体的实在有关，是一种利害关系，而"美"是不与任何外物实存和个人利害相关，只是一个无利害愉悦的对象。可见，否认审美的无功利性的观点与基本经验相悖。

那为什么有的东西美，而有的东西不美？这个问题我们当然不可能解决，它是美学有待继续探讨的问题。但有一点是肯定的：那东西的某种属性在主体内心中激起了一种特殊的情感，并且这种属性并不必然对应着同样的情感。比如"天上一轮满月"，在许多人看来是亲朋聚会、家人团圆的象征，而李白却借它抒发孤独、悲怆之意（《月下独酌》），有时又引起他浓烈的思乡之情（《静夜思》）。再比如一棵参天大树，人们都投以赞美之情，其实有人看到它的万古长青，有人看到它的伟岸挺拔，还有人看到它斑驳的树皮或者投向大地的浓荫。同一事物也可引起相反的情感，面对浓烟滚滚的高大烟囱，经济学家赞美人类创造的奇迹，而环保主义者却把它看作人类生存的恶魔。这些都说明美只在人心中，外物只是引起情感的条件。

就理论来看，康德给了我们极好的解释。在康德以前，西方哲学划分为理论哲学和实践哲学两个部分，康德认为这种划分方式是对的，但原来的实践哲学部分不但包含道德实践，还包括按照自然概念的实践，如生产劳动等。康德认为这是混乱的，他因此对实践哲学进行改造，排除本来属于理论哲学的实践规范，将它们限定在理论补充领域，而让他的实践哲学清晰地被规定为仅仅是自由意志和道德规律的哲学。这样一来，康德把哲学重新划分为依据自然概念的理论哲学和依据自由概念的实践哲学两个部分。判断力正好是一个处于知性和理性之间的中间环节，成为两个领域的连接方式。

康德说："我们全部认识能力有两个领地，即自然概念的领地和自由概念的领地；因为认识能力是通过这两者而先天地立法的。"① 知性通过自然概念来立法，属于理论性的。理性通过自由概念来立法，属于实践性的。而判断力作为两个领域的连接方式，不能成为理论哲学和实践哲学的任何部分，只是在必要时附加于任何一方，而不可能包含自己特有的先天立法权。所以康德只规定了自然形而上学和道德形而上学两大部分，作为连接两个领域作用的判断力本身并不构成一个独立的领域，它没有自己立法的根据，当然就不会有本体。康德只为知性认识（第一批判）和理性伦理规定了本体。前者的本体是自然世界，它是物理现象的本原和根据。后者的本体是灵魂，它是人类精神现象的最高和最后实在。而上帝是统一物理现象和精神现象的最高方式。世界、灵魂和上帝三大本体就是康德的"物自体"。可见，就审美领域来说，它只起到联结作用，而且并没有独立的本体，只是在间接意义上与认识本体和实践本体相关联。

从判断力的先验原则来看，判断力既然是一种能力，它就应该有自己"行使能力"的先验原则。美的奥秘就在于判断力，就在于判断力的先天原则，即自然的形式的合目的性原则。规定性判断力从属于知性所提供的普遍先验规律来判断，它不需要自己思考一条规律，但反思判断力是从特殊上升到一般，它没有"标准可以执行"，于是就凭借自己的能力"自己给予自己"，但这种"自己给予自己"并不是胡乱地给予，它必须遵守判断力这个身份，它的身份就是服从认识，要完成一个多样性的统一。就像一位老师，虽然学校没有颁布给他具体的上课标准，让他自己"拿捏"，无论他最后自己制订出怎样的标准，至少是要符合课堂要求和老师身份的。于是"那些特殊的经验规律，就其中留下来而未被那些普遍自然规律所规定的东西而言，则必须按照这样一种统一性来考察，就好像有一个知性（即使不是我们的知性）为了我们的认识能力而给出了这种统一性，以便使一个按照特殊自然规律的经验系统成为可能似的"②。这就是主观的形式的合目的性原则，就是判断力为自己立法。

这条原则是主观的、"好像"的，是形式的，因此和愉快不愉快的情感相联结。当想象力提供一个表象，并没有被判断力根据知性的普遍规定判断为某一种认识时，而是由反思判断力判定为合主观目的，即好像是服从

① 〔德〕康德：《判断力批判》，邓晓芒译，人民出版社，2002，第8页。
② 〔德〕康德：《判断力批判》，邓晓芒译，人民出版社，2002，第14~15页。

了最高知性，而形成了一个多样性统一。这时想象力和知性协和一致的游戏，从而产生愉悦感，而这个愉悦既不和对象的实在相联系，又不和主体的欲求相关，因而是一个无利害的愉悦，这就是美。所以，美虽然有知性活动参与其中，但它是知性的自由活动，是知性和想象力的自由游戏，它包含许多不确定的概念，而不是某一明确的概念。另外主观形式的合目的性不是客观质料的合目的性，合的不是内在的客观目的，因而自然本体不是美的本原和根据。

我们可以看出美大致有三个特点。第一，美是表象和情感刹那间的结合，具有瞬时性和冲击性。刘勰说"神思方运，万涂竞萌，规矩虚位，刻镂无形"（《文心雕龙·神思》），就描述出审美发生时审美情感主导一切，瞬间同自然山川契合，而万物失位的状态。第二，美具有主观性和形式性。审美表象不再受到客观对象实存所束缚，是一种建基于生命共同体之上的主观愿望，认为人人都会如是观的一种可普遍传达的内心状态。第三，美具有不稳定性。按照康德的说法，审美是朝向认识和道德的，一旦某个概念占据统治地位，就由审美状态走向认识状态，审美就结束了，即严羽所说的"羚羊挂角，无迹可求，故其妙处莹彻玲珑，不可凑泊，如空中之音，相中之色，水中之月，镜中之象"（《沧浪诗话·诗辨》）。

以上诸特点说明：美既不取决于认识领域的自然本体，也不取决于实践领域的自由本体，它独立自足地发生在情感领域，是一种特殊的意向性结构，一种独特的内心状态；美本身也没有本体性，因而不是某种本体决定下的必然发生和恒定出现的现象，而是想象力和知性的瞬间契合，是不关对象实存、不关主体利害的独立自足的形式。当代中国本体论美学，由于忽略了美的独立自足性，没有顾及"美自身"，把美的一些基本属性如自由性、生命性、超越性等误解成美的本体，不可避免地夸大了美，把美当作自由、生命、超越、存在等本体所决定的必然现象或本质现象。

（三）审美不是人生自由，也不是人生全部

当代中国美学言必称自由。在实践论美学中，把自由理解为随着实践的深入，人类"向必然王国挺进"的自由，这是劳动的自由，是战胜规律的自由，是创造的自由。这种自由观是认识论美学的总观点。而"后实践美学"走上了一条更为宽泛的道路，把自由理解为人生的自由，理解为摆脱现实的自由，因而大谈理想，大谈超越。杨春时的一段话很有代表性，他说："现代人类为了摆脱自己的生存困境，确实需要一个精神家园，因此

也需要建构 ·个乌托邦。但这个乌托邦既不是什么社会乌托邦，这个神话已经失去魅力；也不是什么情感乌托邦，它同样已失去神圣性，而是审美乌托邦的性质。审美本来就超越现实，实现了人的终极追求，具有乌托邦的性质。它能够在物质丰富、精神匮乏的现代社会，为人类建立一个精神家园。"①

杨春时这段话里有三点笔者不敢苟同。其一把情感与美对立起来，说人类现在需要一种乌托邦，但不是情感乌托邦，而是审美乌托邦，审美如果不与情感相关会是什么？这就显示出"后实践美学"面对"美自身"的虚弱性。其二，把乌托邦看成人的一种精神寄托，笔者认为有必要而且有创意，但他认为这个乌托邦只能容得了美，其他的都不配居留于此，这是典型地把美看作人生全部的错误。如果真要这样，那我们的理想在哪里？我们的信仰在哪里？美能抚慰我们整个心灵吗？其三，说审美是超越现实的。"超越"是"后实践美学"的关键词，但我们知道信仰有超越性，因为它有与此岸相对的彼岸空间，是一个完整的心灵创造的世界，是稳定的；理想也有超越性，因为它是建立在现实基础之上的。比如笔者此刻倾力写作，就是建立在现实生活之上，是在追求基于现实的一种理想，是精神独立思考和自由表达的需要，也是事业和理想的需要，更有生活需要的成分。可是，审美就其具体行为来说，是变幻不定的瞬时间行为，审美基于什么，又往何处超越？假如孔子面对江水，哀叹"逝者如斯夫"是一种大情感，是所谓超越的，那么"我住长江头，君住长江尾，日日思君不见君，共饮长江水"是不是审美超越？如果是，那么我们就不需要理想和信仰，只要生活在哥哥妹妹的幻象之中就可以超越了！

当代美学之所以出现这样尴尬的问题，根本原因在于对"美自身"的忽略，因而才会望文生义，把审美自由等同于人生自由，把审美自由当成人生的最高境界，继而看成人生的全部。不可否认的是，审美的确涉及自由，但自由是一个广泛的概念，它在政治领域、经济生活领域、社会生活领域都有不同的规定性。而就实践论美学或"后实践美学"来看，他们所说的自由不外乎两种意思：一种是利用规律进行生产创造的自由；另一种是摆脱社会现实的物质羁绊的最高的心灵自由，是精神自由。既然是自由，而自由又是神圣的理想，人们自然就会把审美想象成人生的最高形态，当

---

① 杨春时：《走向后实践美学》，安徽教育出版社，2008，第236页。

作生命的全部。审美自由到底是怎样一种自由？我们先来看看康德的论述。

邓晓芒把康德的自由概念分为先验自由、实践自由和自由感三个层次①。先验自由是实践理性的根据，它是世界的一个开始，但不是时间意义上，而是因果关系上的开始，它是自行开始一个因果系列的原因性，通过理性而赋予人的实践活动。实践自由包括"自由的任意"和"自由意志"。所谓"自由的任意"指的就是技术实践上的实践规则，其含义是人的"任意"是由自由来控制的。人和动物都有"任意"，但动物的"任意"是完全服从于感性冲动的强迫，人的"任意"则可以通过自由来独立调节这种感性冲动的强迫。比如我们捕杀猎物，感性冲动迫使我们不择手段地占有一切猎物，但"自由的任意"告诉我们，为了以后捕食需要，应该放掉那些怀孕的或幼小的猎物。由此可以看出"自由的任意"还没有摆脱感性欲求，只是片面地使用理性，使理性为自己某个较长远的欲求或利益服务，这是实践的规则。而与"自由的任意"不同的"自由意志"却不受感性干扰，使理性本身具有超越一切感性欲求之上的尊严，所以它所获得的自由是真正一贯的、永恒的自由，是在更高层面上的，它就是"道德律令"。

第三个层次是自由感，其主要表现就是审美。所谓自由感就是对自由的感受或感觉，但为什么康德在《判断力批判》中反复说到"自由"而不是"自由感"？如"自由的愉悦""感到完全的自由"，诸认识能力的"自由游戏""自由的和纯粹的鉴赏判断""想象力的自由合规律性""自由的和不确定的合目的性的娱乐""各种表象力的自由活动"等。邓晓芒认为，那是因为在康德看来，作为反思判断力中所出现的情感领域中的"自由"只是"反思"带出来的，不能算是严格意义上的自由，"我们在审美鉴赏（感受美和崇高）时反思到自己的自由本体，但审美的对象只不过是一种'象征'或'暗示'，我们所感到的自由和我们所激发起来的情感都只是以'类比'（analog）的方式引导我们去发现自己真正自由（道德）的手段"②。也就是说，审美的自由只是一种"类比"或象征性的，并不是真正的自由。邓晓芒的这种分析完全符合康德的意思，因为康德在"审美判断力的辩证论"中提出了"美作为德性的象征"的命题。所谓"象征"就是一种类比关系。比如我们做出一个审美判断，产生了愉快的情感，这情感实质就是

① 邓晓芒：《康德哲学诸问题》，生活·读书·新知三联书店，2006，第192页。
② 转引自邓晓芒《康德哲学诸问题》，生活·读书·新知三联书店，2006，第200页。

我们认为别人也一定会觉得愉悦。这里面其实有一种对人类共通感的认同，而真正能够共通的，就是那种道德律令主导下的道德，所以从这方面来看，审美是一种可以和道德类比的东西。

再从康德的"自由的三个层次"来看。在康德的先验自由和实践自由之间，有一个"自由的任意"，即技术实践上的实践规则。从上面的论述可知，它低于道德律令，是一种与外在欲求有关的自由。审美既然是"类比的自由"，那么它属于哪一个层面的呢？康德认为，"作为自由的任意的熟练技巧与无目的的纯粹审美鉴赏有一个交叉点，这就是特种的'美的艺术'，即一种'以愉快的情感作为直接的意图'的艺术，其目的只是'使愉快去伴随作为认识方式的那些表象'，以达到情感的普遍传达"①。可见，在康德看来"审美自由"与"自由的任意"基本属于一个层面，它们都低于纯粹实践理性即自由意志，属于较低一层的自由。

总之，审美自由并非人的自由本体，只是人的自由本体在经验中的"象征"或"类比"，而且就其"类比"的本质来说，它要低于"自由意志"，是较低一级的技术实践上的实践规则。劳承万说："审美所借助的毕竟是一种幻相，美学的自由感只能实现于心灵，而不在现实。"② 也就是说，康德所认为的自由应该是"道德自律"的自由，是伦理自律的心中自由，而审美自由只是一种靠不住的"幻相"。康德的自由观有神秘主义倾向，但他并不把审美自由看成是人的最高自由，这是很有见地的。这从审美经验中也可以看出来。比如我们去峨眉山游玩，按照"后实践美学"看来，这应该是一次追求自由的超越之旅。从准备出发，到旅途中乘车、吃饭、购物、找旅馆、购买来回车票，然后不停地拍照，甚至随时有可能发生一些小小的不愉快，最后身心俱疲地回到家中，如果按三天的时间计算，在72个小时里面，身处青山绿水，雾霭流岚，面对叠嶂峰峦，古木细草，我们能保证其中有一个小时是在凝神静观的审美吗？也许偶尔会有瞬间的审美情感体验，但我们自己根本无法把握那种来无影去无踪的寂然无我、天地神人合一的审美状态。就此看来，那些所谓的自由、超越似乎只是一种理想性的虚诳。

西方自由概念十分具体。古希腊人就把城邦自治与个人自由权利紧密

---

① 邓晓芒：《康德哲学诸问题》，生活·读书·新知三联书店，2006，第201页。
② 劳承万：《康德美学论》，中国社会科学出版社，2001，第234页。

联系在一起，发展出民主和自由的政治体系。文艺复兴时期，他们在人神对抗中发展出主体生存自由和人性自由。近代以来，自由主义理论相当成熟，内容广泛而具体。自由主义者斯皮兹（David Spitz）为自由概括出十种理论精神，分别是："1. 尊崇自由甚于其他价值，即使是平等及正义也不例外；2. 尊重'人'而不是尊重财产，但不能忽视财产在促进人类福祉方面的积极作用；3. 勿信任权力，即使权力出自多数亦然；4. 不要相信权威；5. 要宽容；6. 坚信民主政治；7. 尊重真理与理性；8. 承认社会必然发生变迁的事实；9. 勿耻于妥协；10. 最重要的是保持批判精神。"① 马克思主义实践哲学从人的实践出发，把自由理解为对必然的掌控，即人的认识的自由。可见，西方自由概念的内容相当具体、明晰。康德把自由意志看作最高级的自由，而对审美自由持不信任的态度，当然与西方自由主义的精神实质有关，只是他致力于在人类学的高度上为人类自由精神找到最终根据。

　　相反，我们对于自由的理解要虚幻得多，带有许多蒙昧的理想主义色彩。出现这种误解的根本原因除传统文化的影响外，还与当代社会政治文化环境有关。受政治意识形态的影响，我们对人生自由的理解全部来自于席勒的"两种冲动说"和车尔尼雪夫斯基的"美是生活"说。并且还有许多对它们误读的成分，如席勒的"冲动"说，只是在康德心意机能三分法基础上稍加发挥，旨在强调审美对于联结理性和感性的作用，目的是说明要克服传统理性主义偏爱，充分重视人的感性生活，理性和感性的完整才是真正的、完整的人。但我们并没有把席勒的美学思想放在西方文化发展的历史进程中去理解，而是望文生义，把他的"完整"理解诸如完整的人性、要做一个完整的人等，带上了道德主义说教色彩。容格曾批评过席勒的"游戏说"，他说："游戏冲动的规则将会导致一种'压抑的释放'，这种释放遂会造成'对迄今所取得的所有最高价值的鄙弃'以及'文化的灾难'，质言之，造成'蒙昧主义'。"② 容格的警示有其合理性。我们试图去评判人的哪种能力在创造人类文明的活动中做出的贡献最大会是很愚蠢的，同样过分夸大审美，特别是"游戏"的审美，带有呼唤野性主义的味道，会给人类经过漫长的历史过程而形成的价值观念带来毁灭。至于车尔尼雪夫斯基，其《艺术与现实的审美关系》的逻辑极为混乱，然而由于他含混

---

① 参见钟璞《美学自由主义》，湖南人民出版社，2008，第101～102页。
② 〔美〕马尔库塞：《审美之维》，李小兵译，广西师范大学出版社，2001，第57页。

地提到"生活"二字，正好契合了我们现实主义文艺观和主流意识形态的需要，于是不假思索地将其奉为美学"圣经"。

（四）小结

"审美的独立自足性"是指美和审美有其自身的指向，它是一个自治过程。它以审美的意象化结构为中心，主体的情感想象与其创造物达到高度完满地融合，其主要表现形态为审美过程的瞬间即时性、情感的强烈专注性、不稳定性和个体主观性。

审美的独立自足性决定了美与认识和实践的根本区别，说明美并不是一个决定于本体的具有稳定性和必然性的现象。而当代中国美学恰恰在这些方面陷入误区。尽管有些人也看到了美学的这些陷阱，但由于没能坚持"美自身"的向度，总是在克服一种偏颇后再入歧途。刘士林认为，对于美学来说，它虽然也是一种符号化活动，但与知识论系统中的活动又有所不同，一方面，因为它不是与人的生存活动密切相关的工具性符号，不能指向客观世界，也不能够从客观角度进行验证；另一方面，它虽然是一种判断力，能够做出趣味性的判断，但又与人的意志决断不同，它不像伦理判断那样，直指人内在的主体性，并由此直接影响人的现实实践行为①。这里显示出刘士林的清晰与高度。遗憾的是，在他区分出审美与伦理、认识之后，却一股脑儿地把审美交给"感性的澄明"。

审美的瞬间性、个体主观性和非稳定性决定它还不能全部担负起规训人类精神生活的重担。艾耶尔在《语言、真理与逻辑》一书的第六章中说，所有的价值判断，无论是道德判断、审美判断或任何其他的判断，本质上不过是情感的表达，最多是在要求别人能够赞同他的态度。李斯托威尔也说："美就其最本质的特征来说，是人类灵魂面临事物的一种特殊态度，是在艺术领域或艺术观众身上所发生的一种经验。那就是说，严格说来，美在宇宙中，只存在于创作活动或欣赏喜悦的某个瞬刻。"② 但后实践美学家却完全忽略了美的这些特征，带着古典的理想色彩，把美描述成人的全部生命的最高价值，这是当今中国美学集体的乌托邦，他们利用审美幻象掩盖了人类生活的真实性。

---

① 刘士林：《当代美学的本体论承诺》，《文艺理论研究》2000 年第 3 期。
② 〔英〕李斯托威尔：《近代美学史评述》，上海译文出版社，1980，第 237 页。

二 美的独立自足性的相对性

然而美真的那么渺小无能吗？它孤独地蛰居于人类的知性与理性之间，潜伏在变动不居的情感背后，当人类知性的余光洒向它时，它受惠于想象力的恩宠，缓缓地沿着理性和道德的标杆前行。如果真是这样的话，那些在泥土中深埋几千年的秦始皇陵兵马俑为什么会震撼灵魂，难道它们仅仅是一具具没有生命与灵气的泥制陶人吗？莎士比亚的戏剧为什么会让我们寝食皆废、爱不释手？在你遭遇生存的悖谬时，哈姆雷特对"生存还是毁灭"的追问会给我们生命的领悟。我们在制造工具和使用工具刨土播种、捕鱼狩猎满足口腹之欲的同时，还创造了绘画、雕塑、博物馆、公园、电影院、歌剧院等艺术形式和艺术专用场所，为生活编织出韵味与灵动，去满足精神的需要。而且，从某些方面来看，美似乎的确与我们不能有片刻的分离。我们的生活日用品，每一件都有美的踪迹。服饰、家具这些耐用品是如此，那些转瞬即逝的东西又何尝不是。面包上我们印出花纹，盘中餐要摆出造型，即使是一杯香茶，服务员也会在杯口上略加点缀。

这些经验事实告诉我们：审美虽然不是生活的全部，却是生活中不可缺少的部分；审美是瞬间的，但就我们整个生活来说却是永恒的；审美是个人主观心灵的产物，却有着社会化普遍要求；审美是无目的的，但往往结合着崇敬与激动。如此说来，我们依据上文得出的审美自足性结论是不是无效了呢？这涉及审美的先天结构与审美的历史生成问题。许多人在这方面对康德存有误解。如史蒂文·夏威诺说："对康德来说，美没有根基，它不能给我们以承诺，并且它还把规范和价值推向怀疑甚至危险的境地。"[1]康德有历史感，他后来的著作就表明了这一点。三大批判只是一种先验批判，不能有经验性的东西。事实上，康德在道德上为先验哲学预留了通往社会、历史的缺口。就美学来看，我们所说审美有其自身的自足性，是相对康德的先验审美论的规定而言，如果我们沿着康德的道德缺口走出来，走向社会和历史，就会发现审美自足性是相对的。

所以，审美独立自足性是就审美的纯粹心灵结构而言，旨在强调它有自己的领域、范围和规范性，是就它与认识、道德的区分而言。这个纯粹

---

[1] Steven Shaviro, *Without Criteria: Kant, Whitehead, Deleuze and Aesthetics* (Massachusetts: Massachusetts Institute of Technology, 2009), p. 1.

的心灵结构带有一种个体、生理学的意义，它空洞没有内容，然而不能说毫无意义。我们在上一节已经指出，它是审美的模具，审美的可能性、特殊性、奥秘性无不发端于此，美学研究应该以此为向度，以此为追求，以此为规范。但模具终归是模具，它需要外界材料来充实，需要风云变幻的自然万物来填充，需要丰富多彩的社会生活来激活。就像蛋糕一样，没有制作糕点的模具，面粉永远不会自我成型。同样，没有面粉，模具也是没有生命的空壳。精巧复杂的审美心灵结构只有与社会人生相结合，与大千世界密切相关，才有社会美、自然美的内容。所以说，审美的独立自足性是相对于它与人的认识和美德的区分来说的，审美自足性的相对性则是强调它与认识、与道德的联系。这才是美的辩证法。

审美指向更高的道德修养，因而由道德突破了其自足性，走向了自然、社会。

古希腊文化中，美与善几乎是统一的。苏格拉底在功用上把美和善统一起来；亚里士多德虽然认为善是以行为为主，而美在不活动的事物身上也可见到，但在《政治学》中却认为"美是一种善，其所以引起快感正是因为它是善"①。其后，人们一边从某一方面把美与善分开，又从某些方面把美与善联系起来，认为美与善是不可分的。如托马斯·阿奎那就说"美与善是不可分割的，因为二者都以形式为基础"，他旋即又对美和善进行了区分："但是美与善究竟有区别，因为善涉及欲念，是人都对它起欲念的对象，所以善是当作为一种目的去看待的，所谓欲念就是迫向某种目的的冲动。美却涉及认识功能，因为凡是一眼见到就使人愉快的东西才中（配）做美的。"② 英国经验主义美学家往往偏重于把美和善联系起来，例如他们认为美感和道德感都属于人的内在感官。

中国审美文化也大致如此。孔子评《韶》乐时说"尽美矣，又尽善矣"，评《武》乐为"尽美矣，未尽善也"。那是因为《韶》既真实地表达内心深处的颂赞之情，又符合"尧舜以圣德受禅"的"仁德"思想；《武》虽然表达出开国的生命力量，但包含肃杀张扬之气，与仁德不符，因而"尽美"但"未尽善"。在做出美善区分的同时，孔子也认为善会影响美，他说"知者乐水，仁者乐山"。后来被汉代学者发挥成"比德"理论，认为

---

① 北京大学哲学系美学教研室编《西方美学家论美和美感》，商务印书馆，1980，第41页。
② 北京大学哲学系美学教研室编《西方美学家论美和美感》，商务印书馆，1980，第66页。

人们在欣赏自然山水时带有选择性，自然能否成为主体审美对象，取决于它是否符合审美主体的道德观念。中外审美理论说明美与道德有着内在的紧密关系。

康德在人的心灵结构上深刻揭示审美与道德的关系。他一方面把审美同道德和认识划分开来，一方面又把它看成是认识和道德、自然和自由之间的中介桥梁，从而实现了真正意义上的真、善、美的统一。需要注意的是，就道德的实现可能来说，这个桥梁是单向的，是由道德通向自然知识的单向桥梁，这主要表现在康德并没有把自然和自由、理论理性和实践理性看成两个对等平行的东西，而是把道德作为中心和制高点，把自由意志作为人的最高意志，表现出对道德本体的极大崇信，而对自然知识却做出了严格的限制，认为人只能认识现象界，不能认识物自体。所以张志扬说康德的"第一批判即《纯粹理性批判》是'未来'形而上学的'导论'，它的作用是'消极的'、'限制性的'，意在为科学知识划分界限，说明传统形而上学走入歧途的根源所在，为形而上学的重建清扫道路。第二批判即《实践理性》是重建形而上学的核心，它的作用是'积极的'、'建设性的'，意在以自由为基础和核心，以伦理学为形式，建立一个真正体现人的价值与尊严的道德世界观。第三批判即《判断力批判》是前两部批判的'综合'，道德世界观的完成，意在以'判断力'作为理论理性与实践理性的中介，把作为道德存在的人视作世界的终极目的，以目的论的形式构造一个完整的形而上学体系"①。

我们可以用较为通俗的语言把康德的意思改写出来：整个世界是一个大的法则系统，趋向一种"目的"，人和万物都要遵从这个目的，遵守天地宇宙间的大法则。不过在这个"目的"里面，人与自然却表现出不同的本质。自然万物屈从于自然法，"目的"就是它的现实性根据，比如动物和植物就是按这个样子生长，食物链就要这样形成，世界好像是上天有意安排的一样。人类理性本身的目的虽然属于自然"目的"的一部分，但它能够按照其自身的法则活动，能够自己规定自己的行为，这就是"道德法则"，"道德法则"因而成为整个自然"目的"的高级表现形式。然后再来看判断力的联结。判断力是以"自然的形式的合目的性"为先验原则，所谓"自然的形式"是和"自然的目的"相对的，指的是不依照自然的规律来说的，

---

① 张志扬：《康德的道德世界观》，中国人民大学出版社，1995，第16页。

只是"形式上的"。所谓"合目的"指的是"合"了天地宇宙间的那个大"目的",而"道德理性"又是那个大"目的"的一种高级的表现形式,所以通过反思判断力所"反思"出来的东西,只是在"形式"上合了那个大"目的",就"象征"或"类比"为较高表现形式的"道德理性"。这就是康德所谓的"美是道德的象征"。美在形式上和道德连结了起来。

从判断力的"自然的形式的合目的性"先验原则来看,美"象征"道德,美指向最高的道德。我们再从道德方面来看审美对于道德具有什么意义。

我们知道,人类只能认识现象而不能认识理性本体,即自由意志,因而自然概念领域不可能对自由概念领域起作用,所以我们不可能去认识为自己立法的理性的自由。因而"自由领域"的实现不是在经验、感觉领域里的个人自由行动,比如我们自由地满足自己的物质欲望,顺手牵羊把别人的东西据为己有,而只能是超感觉主体的自由行动,即"道德自我意识的主体的理性所理解的自由行动"①,比如看见别人的钱包掉在自己面前,马上就会有一条实践信念警告自己不应该占有,这就是道德自我意识主体的自由裁决活动,是自由意志在经验中的实现。

但是,康德认为这种最高的道德自由意志并不能很好地在经验世界中实现。他说,由于"人类本性的弱点,也因为普遍的道德感情对大多数人的心灵的影响力微不足道,为了完善道德,造物主就把普遍道德感情的辅助动机灌注到我们身上来。这些辅助动机能唤起一些无原则的人去从事善行,同时给予另一些信守原则的人以更有力的向善的推动和向善的意向"②。这个辅助动机就是康德所说的"精细感情",它包括崇高感、美感和荣誉感,它们分别对应着真正的道德、名义上的道德和道德的虚饰之光。

真正的道德体现了最高的自由意志原则;名义上的道德不出于最高的普遍原则,只是出于善心,并不是真正的道德;道德的虚饰之光根本体现不出道德原则,因它而产生的行为毫无道德价值。康德通过崇高感和美感把审美与道德联系起来,认为真正的道德就是符合普遍的最高实践理性原则的道德,而名义上的道德只能是一种良好的精神品质,它主要包括"怜悯"和"迎合"。康德说,从严格意义上来讲,"它们本质上不属于道德信

---

① 〔苏联〕阿斯穆斯:《康德的哲学》,蔡华五译,上海人民出版社,1959,第76页。
② 〔德〕康德:《对美感与崇高感的观察》,《康德美学文集》,曹俊峰译,北京师范大学出版社,2003,第23页。

念"①，因为你为了怜悯不是出于普遍的仁爱之心，"迎合"只是在小圈子之内，按照自己的意愿行动，它们都不是由善良的意志引起的。但康德认为，"他们是优美可爱的良好的精神品质"，"这种意愿本身是美好的"②。这就是"美感"，即我们常说的优美感。可见，在情感上美和道德联系了起来。

我们可以举例说明。比如送钱给讨饭的乞丐、在车站帮助别人搬运行李、到社区做义工等，这些都是名义上的道德，都夹杂着生活经验的认识，是后天学习得来的，而不是真正的道德意志。因为后天生活经验告诉了我们，那些没钱的乞丐会挨饿，那些搬运不了行李的人希望得到别人帮助，社会提倡我们到社区做义工等，而不是先天的道德律令直接"命令"的。但我们不能认为这些行为毫无用处，事实上，它"好像"是最高的道德意志在起作用，是一种美好的精神品质，是属于辅助动机的"精细情感"，有助于道德意志在经验世界里实现，所以我们觉得他们是美的，美因而指向最高道德或意志自由。需要注意的是，康德是指在情感上美与道德的相通性，也只有在情感上美与道德才联系起来，这一点往往引起我们误解，认为美就是道德，就是自由。

也是在情感上，崇高感和真正的道德贯通起来。道德情感是什么呢？康德在《实践理性批判》中把道德情感称作敬重感，他说："因此这种情感也就可以称之为对道德律的一种敬重的情感，……它就可以被称之为道德情感了。"③ 道德情感，即敬重感，就是由内心深处的理性引起的，所以康德说，我们只是把它"冠以道德情感之名"④，它在任何时候都是针对人的，而不是针对事物的。针对事物的我们称之为爱好。

崇高感是由内心深处理性引起的。我们知道，美是涉及对象的形式，被看作某个不确定的概念，而崇高是无形式，被看作某个不确定的理性概念的表现，是主体的想象直观与无限理性理念之间由不适合到适合过程中而激起的内心情感。正是因为崇高的对象实际上就是内心的理性理念，它所激起的情感和同样是实践理念激起的道德情感相通起来。康德说，我们

---

① 〔德〕康德：《对美感与崇高感的观察》，《康德美学文集》，曹俊峰译，北京师范大学出版社，2003，第21页。

② 〔德〕康德：《对美感与崇高感的观察》，《康德美学文集》，曹俊峰译，北京师范大学出版社，2003，第21~23页。

③ 〔德〕康德：《实践理性批判》，邓晓芒译，人民出版社，2003，第103页。

④ 〔德〕康德：《实践理性批判》，邓晓芒译，人民出版社，2003，第104页。

往往错误地把崇高的对象看成自然对象，这是不对的，因为一个违反了我们的表现力和判断力目的的对象不可能让我们对它投以赞许态度，所以崇高只能在人的内心中，是由人的理性理念引起的。他说："正直的崇高不能包含在任何感性形式中，而只针对理性的理念。"① 崇高是怎样与理性相关联的呢？康德认为，审美判断力在评判美时将想象力在其自由游戏中与知性联系起来，以便和一般知性概念协调一致。同样，审美判断力在把一物评判为崇高时，是把想象力和理性联系起来，以便在主观上和理性理念协和一致，从而"产生一种内心情调，这种情调是和确定的理念（实践理念）对情感施加影响将会导致的那种内心情调是相称的和与之相贴近的"②。这清楚地说明了，崇高感和实践理念引起的情感即道德情感相似或相近甚至相关。

康德直接把崇高感和道德情感（即敬重）联系起来，他说："对自然中的崇高的情感就是对于我们自己的使命的敬重，这种敬重我们通过某种偷换而向一个自然客体表示出来（用对于客体的敬重替换了对我们主体中人性理念的敬重），这就仿佛把我们认识能力的理性使命对于感性的最大能力的优势向我们直观呈现出来。"③ 崇高感体现了最高的普遍道德原则，康德在《对美感与崇高感的观察》一文中，将它称之为"人性尊严的优越感"。康德说："真正的道德只能建立在原则上，而且这些原则越具有普遍性，道德就变得越崇高和高尚。这些原则不是抽象思辨的定理，而是活在每个人的灵魂中，是对于比怜悯和殷勤更深远的感情的领悟。"康德接着带有总结性地说："我觉得，如果我说这就是'人类本性的美的情感'和'人类本性的尊严和情感'，那我就说出了一切。前者是普遍仁爱的根源，后者是普遍尊重的根源。"④

理性的自由意志在现实中表现出来必须通过情感，而正是在情感上，审美和道德联系起来。道德原则的贯彻就是通过人的优美感和崇高感来进行的。在康德看来，美虽然不是道德，但道德的实现是通过审美情感来推动的。所以，审美在形式上可与道德相"类比"，而在实质上又通过情感和

① 〔德〕康德：《判断力批判》，邓晓芒译，人民出版社，2002，第83页。
② 〔德〕康德：《判断力批判》，邓晓芒译，人民出版社，2002，第95页。
③ 〔德〕康德：《判断力批判》，邓晓芒译，人民出版社，2002，第96页。
④ 〔德〕康德：《对美感与崇高感的观察》，《康德美学文集》，曹俊峰译，北京师范大学出版社，2003，第23页。

道德贯通。前者如果说"美是道德的象征"的话，那么后者我们则可以说"审美是道德的辅助实现"。这是康德深刻的地方，许多人在指责康德美学的形式主义和主观主义，却没有看到康德在道德论那里，把审美推向了经验和感觉世界，推向了社会，美在这里才大有作为。美因此一方面联系着自然和社会，我们为其划分出自然美和社会美，另一方面又通过情感与人的最高理念联系起来。

结语　主潮之外的异质声音

我们依据"美自身"为观察角度，批判地扫描了当代中国美学由机械反映论到实践论再到本体论这一思维范式转换过程，进而指出当代中国美学由于过分关注于主流意识形态，要么摘录某些经典文本的只言片语在美学名义下恣肆发挥，要么带着本土的古典理想（甚至是名士气）沉浮于西方现代或后现代文化浪潮中，把美看作全部生命的最高价值，因而出现了偏离美、遗忘美甚至"泛化美"的现象。由此，我们企望当代中国美学克服历史局限性，回到美自身的领域，面对美自身重新发问，真正建立起以美自身为规范、为追求、为向度的美学思维方法、话语方式和思想形态。

回到美自身的领域是我们针对当代中国美学研究的缺陷和失误提出的，但这并不是一个凭空臆造的口号，而是在中国现代美学史中找到的根据，是历史事实启发的结果。当我们沿着现代美学的发展进程追踪溯源，回到20世纪初期，就会捕捉到令人眼前一亮、颇受启发的历史事件——王国维所开启的，以蔡元培、吕澂和早期朱光潜等人为承续的，美自身独立发展的现代审美主义路向。这一路向后来虽然被社会革命的狂热所抑制，被主流意识形态斥为异端而遮蔽于历史车轮的迷蒙烟尘中，但它此隐彼显，续而不断。它在当代美学论争中以主观论美学的形态，向客观论美学和社会论美学发起挑战，显示出美自身冲决意识形态及美学迷误的批判性和顽强性。

我们先来看王国维。他较早为中国输入西方美学思想，引进康德、叔本华、席勒和尼采的美学观点，写出《红楼梦评论》《论古雅之在美学上之位置》等重要美学论文。他用新的思维模式和西方现代哲学美学理论摧毁了中国美学的传统形态，毋庸置疑地成为中国现代美学的奠基人和创始人。这些在学术界已经取得较为一致的意见，笔者在此不再赘述，只在整个中国传统文化的大背景下，讨论王国维为何热衷于引进西方哲学、美学，其初衷是什么。事实上，王国维正是带着某种初衷和理想，以一种融贯中西的姿态，为中国现代美学奠定了一块真正从美自身出发而研究美的稳固基石。

第一，王国维对中国传统文化功利主义态度持坚决的批判态度，认为只有除此弊端，充分维护学术的独立品质，中国学术才能健康发展。这无疑是王国维独具慧眼而又最为深刻的地方。笔者在讨论认识论美学发生的思想基础时已缕述中国文化传统谋求"政文合一"的求实致用性原则，王国维认为，要想学习西学，必须首先破除这一劣根性。他在《论哲学家与美术家之天职》一文中说，纵观我们的哲学史，凡哲学家没有不想成为政治家的，孔子、墨子、孟子、荀子直至汉、宋、明代诸子都是这样；即使广为称颂的大诗人如杜甫、韩愈、陆游等反复抒发的又何尝不是其政治抱负！因而，就哲学来说，我国没有纯粹的哲学，只有形态颇为完备的道德哲学和政治哲学。诗歌中也充满了咏史、怀古、感事、赠人之题目，上百篇中难得找到一篇真正的抒情叙事作品；至于较为纯粹的戏曲小说，也往往以惩劝为目的。最后王国维谆谆告诫道：若夫忘哲学、美术之神圣，而以为道德、政治之手段者，正使其著作无价值者也。愿今后之哲学美术家，毋忘其天职，而失其独立之位置，则幸矣！① 后来哲学、美学的发展事实证明，王国维的告诫和担心具有前瞻性，同时也表明他对中国传统文化的深刻洞察。

因而王国维认为，中国学术不仅要取西方的观点和思想，还要求其本质和精神。他在《论近年之学术界》一文中，尖锐地指出当时的人们在接受西学过程中的狭隘功利主义态度。他说严复的《天演论》所追捧的不过是"英吉利之功利论及进化论之哲学耳，其兴味之所存，不存于纯粹哲学，而存于哲学之各分科"；康有为、梁启超、谭嗣同等人的翻译或介绍，都"不过以之为政治上之手段"。至于最无功利的文学，也不注重自己的价值，"而唯视为政治教育之手段"。现在，我们必须摒弃急功近利的学术态度，学得西学的独立精神，"视学术为目的，而不视为手段而后可"②。王国维认为，学术探讨的是宇宙人生的大问题，而不像自然科学或政治学那样，去解决一个个具体的实际问题，它无为而无不为，是无用之用；认为学术只

---

① 姚淦铭、王燕主编《王国维文集》（下部），中国文史出版社，2007，第 3 页。
② 姚淦铭、王燕主编《王国维文集》（下部），中国文史出版社，2007，第 21 页。

有真伪之辨，而与政治无关。

王国维是以西方学术独立精神为参照，批判中国"政文合一"学术体制的第一人。他从中西文化的深层次比较中，要求首先输入西方学术精神，而不是去模仿西学皮相，接受一两个具体实用的观点。只有从根本上克服传统思维方式的局限性，才能促成中国学术的真正发展。就此来看，王国维是中国现代思想的发端者。

第二，带着这种清除功利主义学术观的目的，王国维醉心于介绍西方哲学和美学。他在《文学小言》中说："一切学问皆能以利禄劝，独哲学与文学不然。"① 他一方面看到实用主义学术观对中国学术的影响，另一方面他要大力介绍不以"利禄劝"的西方哲学和美学，以此来抗衡中国学术研究的积弊。他在《论哲学家与美术家之天职》的开篇中说："天下有最神圣、最尊贵而无与于当世之用者，哲学与美术是已。天下之人嚣然谓之曰'无用'，无损于哲学、美术之价值也。至为此学者自忘其神圣之位置，而求以合当世之用，于是二者之价值失。夫哲学与美术之所志者，真理也。真理者，天下万世之真理，而非一时之真理也。其有发明此真理（哲学家），或以记号表之（美术）者，天下万世之功绩，而非一时之功绩也。唯其为天下万世之真理，故不能尽与一时一国之利益合，且有时不能相容，此即其神圣之所存也。"② 王国维认为，哲学、美学看似无用，实则揭示了普遍真理，所求的不是一时一事之用，而是整个人生之用，这是哲学、美学与社会、政治的实用之学的根本区别。王国维的学术追求很具有针对性。

第三，在批判了中国传统实用功利主义学术观，并阐述了哲学、美学的本质后，王国维把叔本华"唯意志论"与康德审美无利害说、美在形式说结合起来，放置于中国传统哲学美学思想中并做出创造性发挥。他在《孔子之美育主义》一文中说：

> 美之为物，不关于吾人之利害者也。吾人观美时，亦不知有一己之利害。德意志之大哲人汗德（按：今通译为康德），以美之快乐为不关利害之快乐（disinterested pleasure）。至叔本华而分析观美之状态为二原质：（一）被观之对象非特别之物，而此物之种类之形式；（二）观

① 姚淦铭、王燕主编《王国维文集》（上部），中国文史出版社，2007，第16页。
② 姚淦铭、王燕主编《王国维文集》（下部），中国文史出版社，2007，第3页。

者之意识，非特别之我，而纯粹无欲之我也（《意志及观念之世界》第一册，二百五十三页。按：指英译本）。何则？由叔氏之说，人之根本在生活之欲，而欲常起于空乏。①

王国维的逻辑是这样的：叔本华认为，自然宇宙本质在于意志，人的本质也在于为迎合那永不餍足的意志欲望而不断地苦苦追求，当一个欲望被满足后，另一个欲望随之而起，这样人就处于"满足与空乏，希望与恐怖之中"，这样一来，人类就永远无法获得福祉与宁静。但审美刚好是形式的，它摆脱了外界客观事物实相的缠绕，又是无利害的，与个人生活欲求无关，因而可以帮助人们摆脱生活的痛苦，获得超功利的愉悦。

审美无利害说、审美形式说和生活之欲说是王国维美学的三个中心点，他的美学思想都由此演绎发挥而出。他依此评《红楼梦》说，"凡此书中之人有与生活之欲相关系者，无不与苦痛相终始"，因而《红楼梦》是"彻头彻尾之悲剧也"②；他依此论文学本质，说"文学者，游戏的事业也"③；他依此谈美育教育，批判中国"一切学业，以利用之大宗旨贯注之，治一学必质其有用与否，为一事，必问其有益与否"④；他依此论词，说"词以境界为最上。有境界则自成高格"⑤。

王国维学术独立思想和审美主义美学观互为依存、相互促进。他一方面希图通过倡导西方思辨哲学和美学的无功利特点，改变中国求实致用的文化观念；另一面强调只有破除狭隘的功利主义学术观，才能有哲学、美学的发展。他在《论近年之学术界》中说："学术之发达，存于独立而已。然则吾国今日之学术界，一面当破中外之见，而一面毋以为政论之手段，则庶可有发达之日欤？"⑥ 这不能不说是王国维的远见卓识。20 世纪 40 年代，主流政治意识形态开始侵入美学领域，纯粹美学领域的唯物唯心之争

---

① 《王国维哲学美学论文辑佚》，佛雏校辑，华东师范大学出版社，1993，第 254 页。
② 王国维：《〈红楼梦〉评论》，姚淦铭、王燕主编《王国维文集》（上部），中国文史出版社，2007，第 7 页。
③ 王国维：《文学小言》，姚淦铭、王燕主编《王国维文集》（上部），中国文史出版社，2007，第 16 页。
④ 王国维：《孔子之美育主义》，姚淦铭、王燕主编《王国维文集》（下部），中国文史出版社，2007，第 94 页。
⑤ 王国维：《人间词话》，姚淦铭、王燕主编《王国维文集》（上部），中国文史出版社，2007，第 76 页。
⑥ 姚淦铭、王燕主编《王国维文集》（第三卷），中国文史出版社，1997，第 39 页。

成了美学家阶级立场的划分标准，用诸如封建士大夫阶层、资产阶级唯心色彩、食利者美学等政治批判代替了美学批判，美学开始偏离了"美自身"。

从上面的描述可以看出，无论从哪种意义上来说，王国维都是中国现代美学的创始人。他不仅仅把美学作为一门独立学科进行介绍，建议在大学的哲学、中文、外文等系开设美学课，更重要的是，他独具慧眼，系统地区分出社会、政治一时一事的功用之学和无用之大用的真理之学，批判了中国求实致用的功利主义文化传统，成为中国现代美学的良好开端，使中国现代美学在它的初始阶段能够立足于"美自身"的领域。

无独有偶，蔡元培的美学思想也来源于康德。他著有《哲学大纲》，在其中的"价值论"一编中列有"道德"、"宗教思想"和"美学观念"三个方面的内容，清晰地把美学与认识、道德等区分开来。他说："美学观念者，基本于快与不快之感，与科学之性于知见、道德之发于意志者，相为对待。科学在乎探究，故论理学之判断，所以别真伪；道德在乎执行，故伦理学之判断，所以别善恶；美感在乎赏鉴，故美学之判断，所以别美丑，——是吾人意识发展之各方面也。"[①] 蔡元培不仅区分了三种心意机能及其不同结果，更重要的是，他还区分道德、科学和美学在社会生活和人生进化中各自不同的价值。他说，意志论揭示出我们的生活的核心内容是道德，而科学哲学的发展促进了人类进化，美学观念"使吾人意识中，有所谓宁静之人生观，而不至于疲于奔命"[②]。蔡元培一方面认为美有其独特的价值，另一方面又认为它和道德、科学的价值是平等的，这是十分深刻的。如果把它和20世纪90年代以来"后实践美学"盲目夸大人类审美活动，把美看成人的最高存在、人生命的全部和生命的最高理想作一比较，可知中国现代美学发展了近半个世纪之后，反倒离"美"越来越远，这不能不令我们反思。

关于美感和美本质，蔡元培说：康德立美感之界说，一曰"超脱"，谓全无利益关系也；二曰"普遍"，谓人心所同然也；三曰"有则"，谓无鹄的之可指，而自有其赴的之作用也；四曰"必然"，谓人性所固有，而无待乎外铄也。[③] 蔡元培立足于康德的审美四契机说，分析了为什么人们常常把美混同于认识和道德。他说，美学家在谈美时，有人把美归为感觉，有人

---

① 王元化主编《蔡元培学术论著》，绿林书房辑校，浙江人民出版社，1998，第253页。
② 王元化主编《蔡元培学术论著》，绿林书房辑校，浙江人民出版社，1998，第254页。
③ 王元化主编《蔡元培学术论著》，绿林书房辑校，浙江人民出版社，1998，第253页。

把美当作理性认识，还有人把它纳入宗教道德领域，其主要原因是美感表达出来的是生活内容，而"感觉伦理道德宗教之属，均占有生活内容之一部，则其错综于美感之内容，亦固其所"①。审美、认识和道德面对的都是生活，在内容上必然会交叉重叠，但不能据此就把美等同于认识。这是蔡元培的真知灼见。可没过多久，"新美学"就宣称美是种类中显现出的一般，是典型，而把美完全看作认识。

在王国维和蔡元培开辟的美学道路上继续前进的还有早期朱光潜和吕澂。吕澂接受的是立普斯的美学思想，注重从心理学角度去研究美，因而他和早期朱光潜一同构成中国现代心理学美学的重镇。吕澂根据"移情说"，提出"美的态度"说。所谓美的态度，就是观赏者把主体情感移入对象时，不计较个人利害关系而只取静观的态度。当情感移入与静观两者紧密切合时，就获得了美的态度。吕澂的"美的态度"说很有启发意义。首先他认为"美的态度"是一种不同于日常生活经验的特殊态度，"因为人们关于'美'的方面种种活动，都从对于世界，人生的特别态度而来。这既不像理论推求的'理论的态度'，也不像计较利害的'实践的态度'"②。如果没有这"美的态度"，而拿日常生活经验去观赏艺术，那只是种种物质的杂合，不仅与别的物品没有什么不同，甚至还会被米开朗琪罗雕塑出来的《摩西》像吓跑。其次他还认为"美的态度"在审美活动中占据根本性的地位。一旦我们持有"美的态度"，艺术品和自然、社会等都可以成为我们的审美对象。"我们用'美的态度'鉴赏艺术品固然辨得一种艺术，用同样的态度去对待人事，自然也没有什么不是艺术"③。吕澂的"美的态度"说很好地揭示出为什么同一对象，有的人觉得美，有的人却觉得不美，或者同一对象有时觉得美而有时又觉察不到美的原因。我们传统的审美文化中也有"万物静观皆自得"的警句，陶潜的"结庐在人境，而无车马喧，问君何能尔，心远地自偏"诗句，也都道出主观审美态度对于审美活动的重要性。后来由于我们把主观、客观同阶级立场和革命倾向挂钩，吕澂这一极具启发意义的美学观在朱光潜之后没能继续深入发展。

吕澂提出"美的态度"说，其实就是美感经验，这种经验的心理运行机制是什么，吕澂没有发挥，而这恰恰是朱光潜后来所做的工作。朱光潜

---

① 王元化主编《蔡元培学术论著》，绿林书房辑校，浙江人民出版社，1998，第253～254页。
② 吕澂：《美学浅说》，商务印书馆，1923，第21页。
③ 吕澂：《美学浅说》，商务印书馆，1923，第48页。

《文艺心理学》就是综合西方心理学美学，着力分析"美感经验"问题的。吕澂《美学概论》和《美学浅说》分别写于 1921 年和 1923 年。而朱光潜决定撰写《文艺心理学》是在 1929 年，完成于 1931 年前后，当时他正在法国读书。我们姑且不论有没有材料证明朱光潜是否受到吕澂启发，一个铁定的事实是中国现代美学正在按照其自身的逻辑行程健康前进。

吕澂和朱光潜对于美感经验的分析，标志着中国现代心理学美学的初步建立。当代中国美学呈献出哲学美学和心理学美学双塔互映、同步发展的景观，显示出美学健康多元发展的态势，同时也表明中国现代美学沿袭王国维的良好开端，把审美主体和主体的审美心理活动作为焦点，深入揭示主观情感的审美创造奥秘，沿着"美自身"的向度奋勇开掘的精神。从一定意义上来说，这是王国维、蔡元培等人哲学美学精神的深化。

与审美主义相辉映的艺术理论和艺术实践也有一个追求"自身"独立的良好开端，其表现形式就是 20 世纪 20 年代初期"艺术派"对"人生派"的批判与斗争。"人生派"宣称将文艺当作高兴时的游戏或失意时的消遣已成过去，认为文学对于人生是一种很切要的工作，要求文学艺术关注社会问题，思考人生意义，发挥唤醒民众、激励人心的作用。"人生派"的艺术观引起了受西方唯美主义和现代主义思潮影响的"艺术派"的警觉，他们标榜艺术的无目的性，强调文学要忠实地表现作者自己的内心要求，推崇文学创作的"直觉"和"灵感"。成仿吾在《新文学之使命》中说，"文学上的创作，本来只要是出自内心的要求，原不必有什么预定的目的"，"如果我们把内心的要求作一切文学上创造的原动力，那么艺术与人生便两方都不能干涉我们，而我们的创作便可以不至为他们的奴隶"①。郁达夫在《小说论》中也明确反对艺术的目的性，他说，"因为目的小说（或宣传小说）的艺术，总脱不了削足就履之弊；百分之九十九，都系没有艺术价值的"，"何以'目的小说'，都会没有价值的呢？就是因为它要处处顾着目的，不得不有损于小说中事实的真实性的缘故。原来小说的生命是在小说中事实的逼真"②。为艺术而艺术并非要求文艺要脱离社会和人生，而是为了让艺术从封建社会"文以载道"观的桎梏中解放出来，获得自身的尊严，不再去做歌功颂德的奴隶。它和"人生派"相互牵制，构成中国现代文学

---

① 转引自吴中杰《中国现代文艺思潮史》，复旦大学出版社，1996，第 76 页。
② 转引自吴中杰《中国现代文艺思潮史》，复旦大学出版社，1996，第 76 页。

的良好的运行机制,使文艺既能保持自身独立性,而又能脚踏实地。周作人在《新文学的要求》中也指出了这一点,他认为"艺术派"促进了艺术的进步,保持了艺术的独立价值,但把人生当作为艺术而存在,不甚妥当,而"人生派"容易讲到功利里边去,以文艺为伦理工具,变成一种坛上的说教。他说:"正当的解说,是仍以文艺为究极的目的;但这文艺应当通过了著者的情思,与人生的接触。换一句话说,便是著者应当用艺术的方法,表现他对于人生的情思,使读者能得艺术的享受与人生的解释。"①

随着社会革命和民族解放运动进一步展开,"经世致用"文化传统占据主流,倾向于抽象玄思的美学被迫换上社会学和政治学服装一同参战入伍,王国维捍卫的学术的独立性原则分崩瓦解②。1937 年,周扬发出建立新美学的呼唤,要求"新的美学首先要克服美学和现实的分离,表示自己和现实之不可分离的联系。现实的历史的运动和斗争是新的美学的基础"③。社会的革命的实用主义思想侵入美学领域,蔡仪根据列宁反映论哲学思想,建立起"新美学",并批判朱光潜说,"他的文艺理论的基础,显然是以没落中的地主阶级的士大夫意识为主","是现实主义的反对者",他宣扬文艺让心灵得到自由,情感得到健康的宣泄和怡养等,"正和封建统治者安慰自己糜烂了的灵魂、麻醉被压迫的农奴的反抗意识之宗教上的神的世界是一样的"④。"新美学"通过政治批判,迅速确立起在中国美学领域的统治地位,成为中国美学新的出发点。1956 年朱光潜发表《我的文艺思想的反动性》,

---

① 转引自吴中杰《中国现代文艺思潮史》,复旦大学出版社,1996,第 61 页。
② 大部分学者在评判这个问题时仍持骑墙态度,认为在民族危亡的关头,一切学术服务于时代和社会的需要情有可原。笔者认为这是对学术本质的误解。王国维曾说过,学术服务的是宇宙人生的长远目标,是无用之大用,而那些近期的、现实的事情自有相关的实用之学来解决,两种都不可偏废。如果没有大用来观照,实用之学只能是短视的,会出现阶段性的失误甚至错误,这已被历史所证明。而如果没有实用之学来执行,那种"大用"的学术也是空洞的没有具体意义的玄学。所以我们既要有摆脱苦难、关注现实的实用之学,更要有服务宇宙众生的思辨之学。后者是前者的总体方向和指导,前者是后者的具体实现和落实。前者就像人的大脑,后者就像我们手中的工具,当我们的大脑不会思考时,手中的工具不但不能很好地工作,往往还会伤及自身。在民族危急的关头,学术需要一个独立的空间来沉思,来指明大方向(人的终极方向),而在和平富裕的年代,更要有独立的学术沉思去做批判,让人按照人的方向很好地前进。18 世纪落后、分裂、屈辱的德国却涌现出众多无与伦比的思想巨匠正好说明了这一点。那些"玄虚无实用"的深刻思想,为后来欧洲思想和革命的进步奠定了长久性基础。
③ 《周扬文集》(一),人民文学出版社,1984,第 224 页。
④ 蔡仪:《论朱光潜》,《美学论著初编》(上),上海文艺出版社,1982,第 443~445 页。

标志着王国维、蔡元培、吕澂和早期朱光潜等人开创的美学研究路径被抑制，美学成为标榜唯心或唯物的工具，成为表述自己阶级立场的旗帜，虽然表面上出现论争式的繁荣，实质则是在一元（客观）主导下而艰难求索。

但是，由王国维开端的沿着"美的路向"掘进的美学精神没有"气绝身亡"，它在当代是以吕荧和高尔泰为代表的主观论美学为主要表现形式。主观论美学显示出强烈的批判精神，由于和主流意识形态相参差，成为当代中国美学的异质声音。主观论美学所表现出来的批判策略和美学精神由边缘向中心渗透，一定程度上起到反拨和校正当代中国美学发展过程的偏颇和失误的作用，构成当代中国美学"向美而动"热情的一部分。

在蔡仪《新美学》出版后第五年即 1953 年，吕荧以"美是观念"说批判蔡仪的"美是典型"说。虽然吕荧在论辩方式上仍局限于唯物、唯心，甚至强辩自己所说的"美的观念"本身就是客观的，并批判蔡仪，说他仅仅把唯物论作为一个前提，"当从这个前提前进一步的时候，它就离开了唯物论，陷于理论上的混乱，走上了唯心论的歧途"等，但是吕荧批判了蔡仪"把美看作超越人的生活和人的意识的客观存在；而且也从超社会超现实的观点来看人，把人看作不属于任何历史时代、任何社会、任何阶级的客观存在，一种生物学上的种类"，是"生物学与庸俗社会学的混合物"①。现在看来，吕荧的批判方式和美学观点有着社会历史的局限性，但他紧紧抓住蔡仪取消审美的主体意识，取消人在审美中地位这一重大缺陷，提出了社会意识在审美中的作用问题，从而促成美学的"社会论"转向。从此以后，人们开始从社会意识和社会存在方面研究美，人们向美自身的领域迈进一步，这不能不说是吕荧对当代中国美学的贡献。

这种批判精神在 20 世纪 80 年代初期再次彰显出来，那就是高尔泰等对以李泽厚为代表的实践论美学的批判，笔者在前文已做过分析，此处不再赘述。对实践论美学的批判，促成了"后实践美学"的产生，从理论上说，这是中国当代美学研究回归美自身领域的良好契机。但由于几十年的深深迷误和思维惯性，我们竟带着古典的理想主义情怀，追随并误读西方现代哲学美学思想，根本地忘掉了美的自身规范。美学再一次陷入危机之中。

描述至此，某些读者可能会指责说，所谓异质声音不就是主观主义和唯心主义的美学吗？不就是审美主义和非功利主义的美学思想吗？不就是

---

① 吕荧：《美学问题》，《中国当代美学论文选》（第一集），重庆出版社，1984，第 13~15 页。

唯美主义、形式主义的文艺思潮吗？所谓回到美自身的领域，不就是要重新回到这样的领域吗？

对此笔者有必要稍稍重复前文来做出进一步说明。

我们说过，美学的正确发展方向应该是在坚持审美独立自足性的基础上，在看到审美独立自足性的相对性，在牢牢把握美的基本特征后，再去研究美与社会、现实和人生的关系，这样的美学才有根基，才能得到科学的规范。但是由于当代中国美学过分地受制于政治意识形态牵制，把情感、主观、想象、形式等以唯心主义之名打入反动阶级阵营，取消审美的独立自足性，使美学成为社会学和政治学的附庸。我们因而要求美学研究要翻转过来，不再去空泛地谈论社会、历史和人类，而是要回到美自身的领域，回到王国维等人做出的良好开端，在美的向度上向美自身发问，基于此再去关注美与人类历史和社会文化的关系，美学才能有目的、有方向、有规范地正确发展。

所以，回到美自身的领域就是要求美学把美的领域、美的特征和美的属性作为一种约束和自律，充分尊重审美的独立自足性特征，而不管它到底是什么主义。只有这样，才能扭转当代中国美学内容不明、指向模糊所导致"泛美论"的现象，消除当代中国美学不顾及美的特征，盲目追逐社会文化思潮，毫无节制地把美笼而统之的归于存在、生命、自由、超越等错误。只有在"美"这一向度上，美学才能同根多元地发展，审美的独立自足性及其相对性才能真正构成一对矛盾，它们之间才能既有斗争又有同一，既有争端又相互牵制，进而保证美学论争和美学讨论不会偏离"美"这个方向。

20 世纪的西方美学可以说是"乱花渐欲迷人眼"，表现主义、自然主义、形式主义、现象学美学、解释学美学、接受美学等层出不穷，但它们是有根的，它们的根在康德那里。康德在很大程度上为西方现代美学奠定了基础，使后者无论怎样发展变化，都能大致在美自身的领域里。从表现主义来看，克罗齐的核心是"直觉"，科林伍德讲的是情感和想象。自然主义美学代表人物桑塔耶那把美定义为客观化的快感，认为美是主体把一种积极有价值的快感投射到观赏事物上面，即快感客观化的结果。西方现代美学或者从情感、形式、直觉、知觉、想象等出发，或者紧紧地以艺术为讨论对象，都在康德所指引的方向上，各自牢牢抓住一点，发挥出种种不同的美学流派。

　　反观当代中国美学，我们机械地理解马克思主义关于哲学上唯物和唯心的论断，把它滥用到美学上来，认为美学所说的主观、心灵、情趣等都是唯心的，是个体的、反历史的，是资产阶级和士大夫们拥有的反动没落的东西。即使在今天，一些声称自己如何超越了主客二分思维模式的美学家们在评判西方美学思想时，还常常指责这个是唯心的，那个是主观的。我们的误解何其巨大，历史对我们的思维方式和评价方式所造成的影响何其深远。这无不说明我们提倡美学研究回到"美自身"的领域不仅有历史根据性，也有历史和现实的针对性。而今，中国美学要想真正地走向世界，与世界其他先进美学思想展开平等的交流和对话，就必须广泛借鉴吸收西方先进的美学思想，有效开掘并继承中国古典美学成果，而做到这些的关键就是正本清源，回到美的自身，摆脱和消除"非美化"的"泛美论"倾向。现在是我们正视历史、反省自己、睁开双眼、广采博取、走出迷误的时候。这既是历史的警醒，也是时代的呼唤。

参考文献

一　著作、文集

[1]《马克思恩格斯全集》（第2、42卷），人民出版社，1979。

[2]《马克思恩格斯选集》（第1－4卷），人民出版社，1972。

[3]〔德〕马克思：《1844年经济学哲学手稿》，人民出版社，2000。

[4]《列宁选集》（第2卷），人民出版社，2004。

[5]毛泽东：《在延安文艺座谈会上的讲话》，人民出版社，1975。

[6]〔古希腊〕《柏拉图全集（第1－4卷）》，王晓朝译，人民出版社，2003。

[7]〔古希腊〕《柏拉图文艺对话集》，朱光潜译，人民文学出版社，1963。

[8]〔古希腊〕亚里士多德：《形而上学》，商务印书馆，1959。

[9]〔德〕黑格尔：《小逻辑》，贺麟译，商务印书馆，1980。

[10]〔德〕黑格尔：《美学》（第一卷），朱光潜译，商务印书馆，1981。

[11]〔德〕黑格尔：《哲学史讲演录》（第1－4卷），商务印书馆，1978。

[12]〔德〕文德尔班：《哲学史教程》（上、下），罗达仁译，商务印书馆，1993。

[13]〔美〕梯利：《西方哲学史》，葛力译，商务印书馆，1995。

[14]〔英〕罗素：《西方哲学史》（上、下），何兆武译，商务印书馆，2003。

[15]〔德〕策勒尔：《古希腊哲学史纲》，翁绍军译，山东人民出版社，2007。

[16]〔法〕高宣扬：《德国哲学通史》（第1－3卷），同济大学出版社，2007。

[17]〔德〕施太格缪勒：《当代哲学主流》（上下卷），商务印书馆，1986。

[18]〔美〕斯通普夫：《西方哲学史》（第七版），丁三东等译，中华书局，2005。

[19]汪子嵩、王太庆编《陈康：论希腊哲学》，商务印书馆，1990。

[20] 江子嵩、范明生等:《希腊哲学史》(第1卷),人民出版社,1997。

[21] 张汝伦:《二十世纪德国哲学》,人民出版社,2008。

[22] 俞吾金等:《德国古典哲学》,人民出版社,2009。

[23] 黄颂杰等:《古希腊哲学》,人民出版社,2009。

[24] 〔德〕康德:《纯粹理性批判》,邓晓芒译,人民出版社,2004。

[25] 〔德〕康德:《实践理性批判》,邓晓芒译,人民出版社,2003。

[26] 〔德〕康德:《判断力批判》,邓晓芒译,人民出版社,2002。

[27] 〔德〕康德:《康德美学文集》,曹俊峰译,北京师范大学出版社,2003。

[28] 黄见德:《西方哲学在当代中国》,华中理工大学出版社,1996。

[29] 〔波〕塔塔尔凯维奇:《西方六大美学观念史》,刘文潭译,上海译文出版社,2006。

[30] 〔美〕吉尔伯特、〔德〕库恩:《美学史》(上、下),夏乾丰译,上海译文出版社,1989。

[31] 〔英〕鲍桑葵:《美学史》,张今译,广西师范大学出版社,2001。

[32] 〔英〕李斯托威尔:《近代美学史评述》,上海译文出版社,1980。

[33] 蒋孔阳:《二十世纪西方美学名著选》(上、下),复旦大学出版社,1988。

[34] 蒋孔阳、朱立元:《西方美学通史》(第1-7卷),上海文艺出版社,1999。

[35] 蒋孔阳:《德国古典美学》,安徽教育出版社,2008。

[36] 李醒尘:《西方美学史教程》,北京大学出版社,2005。

[37] 朱立元:《西方美学范畴史》(第1-3卷),山西教育出版社,2006。

[38] 赵宪章:《西方形式美学》,上海人民出版社,1996。

[39] 北京大学哲学系美学教研室编《西方美学家论美和美感》,商务印书馆,1980。

[40] 陈伟:《中国现代美学思想史纲》,上海人民出版社,1993。

[41] 陈望衡:《20世纪中国美学本体论问题》,武汉大学出版社,2007。

[42] 章启群:《百年中国美学史略》,北京大学出版社,2005。

[43] 阎国忠:《走出古典——中国当代美学论争述评》,安徽教育出版社,1996。

[44] 薛富兴:《分化与突围:中国美学1949~2000》,首都师范大学出版社,2006。

[45] 戴阿宝、李世涛:《问题与立场:20世纪中国美学论争辩》,北京师范

大学出版社，2006。

[46] 陈辽、王臻中：《中国当代美学思想概观》，江苏教育出版社，1993。

[47] 彭锋：《引进与变异：西方美学在中国》，首都师范大学出版社，2006。

[48] 汝信、王德胜主编《美学的历史：20世纪中国美学学术进程》，安徽教育出版社，2002。

[49] 四川省社会科学院文学研究所编《中国当代美学论文选》（第一、二集），重庆出版社，1984。

[50] 梁启超：《梁启超全集》（第三卷），北京出版社，1999。

[51] 姚淦铭、王燕主编《王国维文集》（上、下部），中国文史出版社，2007。

[52] 佛雏校辑《王国维哲学美学论文辑佚》，华东师范大学出版社，1993。

[53] 王元化主编《蔡元培学术论著》，浙江人民出版社，1998。

[54] 傅斯年：《中国古代思想与学术十论》，广西师范大学出版社，2006。

[55] 李大钊：《李大钊全集》（第1、2卷），人民出版社，2006。

[56] 冯雪峰：《冯雪峰文集》（上），人民文学出版社，1981。

[57] 梁实秋：《梁实秋批评文集》，珠海出版社，1998。

[58] 梁漱溟：《东西文化及其哲学》，商务印书馆，1997。

[59] 朱光潜：《朱光潜全集》（第1-20卷），安徽教育出版社，1993。

[60] 朱光潜：《西方美学史》，人民文学出版社，2003。

[61] 朱光潜：《朱光潜美学文集》（第1-3卷），上海文艺出版社，1983。

[62] 吕澂：《美学浅说》，商务印书馆，1923。

[63] 周扬：《周扬文集》（第1-2卷），人民文学出版社，1984。

[64] 蔡仪：《蔡仪文集》（第1-10卷），中国文联出版社，2002。

[65] 蔡仪：《美学论著初编》（上、下），上海文艺出版社，1982。

[66] 《美学论丛》编辑部编《蔡仪美学思想研究》，中国展望出版社，1986。

[67] 李泽厚，刘纲纪：《中国美学史——魏晋南北朝编》（上、下），安徽文艺出版社，1999。

[68] 李泽厚：《李泽厚哲学美学文选》，陈望衡编，湖南人民出版社，1985。

[69] 李泽厚：《李泽厚哲学文存》（下编），安徽文艺出版社，1999

[70] 李泽厚：《美学论集》，上海文艺出版社，1980。

[71] 李泽厚：《美学三书》，安徽文艺出版社，1999。

[72] 李泽厚：《中国古代思想史论》，天津社会科学院出版社，2003。

[73] 吕荧：《吕荧文艺美学论集》，上海文艺出版社，1984。

［74］高尔泰：《论美》，甘肃人民出版社，1982。

［75］高尔泰：《美是自由的象征》，人民文学出版社，1986。

［76］周来祥：《美学问题论稿——古代的美、近代的美、现代的美》，陕西人民出版社，1984。

［77］蒋孔阳：《美在创造中》，广西师范大学出版社，1997。

［78］邓晓芒：《康德哲学诸问题》，三联书店，2006。

［79］邓晓芒：《冥河的摆渡者——康德的判断力批判》，武汉大学出版社，2007。

［80］曹俊峰：《康德美学引论》，天津教育出版社，2001。

［81］张志扬：《康德的道德世界观》，中国人民大学出版社，1995。

［82］劳承万：《康德美学论》，中国社会科学出版社，2001。

［83］〔苏联〕阿斯穆斯：《康德的哲学》，蔡华五译，上海人民出版社，1959。

［84］〔德〕叔本华：《作为意志和表象的世界》，商务印书馆，1982。

［85］〔德〕尼采：《悲剧的诞生——尼采美学文选》，周国平译，三联书店，1986。

［86］〔德〕尼采：《查拉斯图拉如是说》，楚图南译，湖南人民出版社，1987。

［87］〔德〕尼采：《权力意志》，贺骥译，漓江出版社，2000：253－257。

［88］〔意〕克罗齐：《美学原理　美学纲要》，朱光潜等译，人民文学出版社，1983。

［89］〔德〕海德格尔：《存在与时间》，陈嘉映、王庆节译，三联书店，1987。

［90］〔法〕杜夫海纳：《美学与哲学》，孙非译，中国社会科学出版社，1985。

［91］〔美〕托马斯·门罗：《走向科学的美学》，石天曙等译，中国文联出版社，1985。

［92］〔美〕巴雷特：《非理性的人——存在主义哲学研究》，段德智译，上海译文出版社，2007。

［93］〔美〕马尔库塞：《审美之维》，李小兵译，广西师范大学出版社，2001。

［94］〔德〕韦尔施：《重构美学》，陆扬、张岩冰译，上海译文出版社，2006。

［95］〔英〕费舍斯通：《消费文化与后现代主义》，刘精明译，译林出版社，2000。

［96］〔英〕伯林：《浪漫主义的根源》，吕梁等译，译林出版社，2008。

［97］项维新、刘福增：《中国哲学思想论集》（总论篇），台北水牛出版社，1976。

［98］陈晏清、阎孟伟：《辩证的历史决定论》，中国社会科学出版社，2007。

［99］俞宣孟：《本体论研究》，上海人民出版社，2005。

［100］朱立元：《走向实践存在论美学》，苏州大学出版社，2008。

［101］潘知常：《反美学》，学林出版社，1995。

［102］潘知常：《生命美学》，河南人民出版社，1991。

［103］杨春时：《生存与超越》，广西师范大学出版社，1998。

［104］杨春时：《走向后实践美学》，安徽教育出版社，2008。

［105］张弘：《西方存在美学问题研究》，黑龙江人民出版社，2005。

［106］张玉能等：《新实践美学论》，人民出版社，2007。

［107］张贤根：《存在·真理·语言—海德格尔美学思想研究》，武汉大学出版社，2004。

［108］章辉：《实践美学：历史谱系与理论终结》，北京大学出版社，2006。

［109］汪济生：《实践美学观解构—评李泽厚的美学四讲》，上海人民出版社，2007。

［110］钟璞：《美学自由主义》，湖南人民出版社，2008。

［111］刘若愚：《中国的文学理论》，中州古籍出版社，1986。

［112］洪子诚：《中国当代文学史·史料选：1945－1999》，长江文艺出版社，2002。

［113］温儒敏：《中国现代文学批评史》，北京大学出版社，1993。

［114］吴中杰：《中国现代文艺思潮史》，复旦大学出版社，1996。

［115］王永生：《中国现代文论选》（第3册），贵州人民出版社，1984。

［116］董学文：《西方文学理论史》，北京大学出版社，2005。

［117］曹维劲等：《中国80年代人文思潮》，学林出版社，1992。

二　外文文献

［1］Steven Shaviro. *Without Criteria：Kant，Whitehead，Deleuze and Aesthetics*，Massachusetts：Massachusetts Institute of Technology，2009.

［2］Tom Rock. *In Kant's wake：philosophy in the twentieth century*. Massachusetts：Blackwell，2006.

三　期刊论文

［1］陈本益：《用存在去解释和对存在的解释》，《河南师范大学学报》

2004 年第 1 期。

[2] 郭留柱：《也谈什么是本质》，《山西大学学报》（哲学社会科学版）
1993 年第 1 期。

[3] 胡友峰：《中国当代美学方法论：误区与出路》，《西北师大学报》（社
会科学版）2008 年第 3 期。

[4] 姜振文：《谁的"日常生活"？怎样的"审美化"？》，《文艺报》2004
年 2 月 5 日。

[5] 李志逵：《要实事求是地评价历史上的唯心主义》，《人民日报》1980
年 6 月 20 日。

[6] 刘士林：《当代美学的本体论承诺》，《文艺理论研究》2000 年第 3 期。

[7] 刘悦笛：《存在主义东渐与中国生命论美学建构》，《山西大学学报》
（哲学社会科学版）2005 年第 7 期。

[8] 鲁枢元：《评所谓"新的美学原则"的崛起——"审美日常生活化"
的价值取向析疑》，《文艺争鸣》2004 年第 3 期。

[9] 潘知常：《向善·求真·审美——审美活动的本体论内涵及其阐释》，
《河南师范大学学报》（哲学社会科学版）1997 年第 2 期。

[10] 潘知常：《再谈生命美学与实践美学的论争》，《学术月刊》2000 年第
5 期。

[11] 汝信：《人道主义就是修正主义吗？——对人道主义的再认识》，《人
民日报》1980 年 8 月 15 日。

[12] 陶东风：《日常生活的审美化与文化研究的兴起——兼论文艺学的学
科反思》，《浙江社会科学》2002 年第 1 期。

[13] 陶东风：《日常生活审美化与新文化媒介人的兴起》，《文艺争鸣》
2003 年第 6 期。

[14] 王德胜：《视像与快感——我们时代日常生活的美学现实》，《文艺争
鸣》2003 年第 6 期。

[15] 王岳川：《走出后现代思潮》，《中国社会科学》1995 年第 1 期。

[16] 徐友渔：《后现代思潮与当代中国》，《开放时代》1997 年第 4 期。

[17] 薛富兴：《20 世纪后期中国美学概观》，《南开学报》（哲学社会科学
版）2006 年第 1 期。

[18] 杨春时：《超越实践美学，建立超越美学》，《社会科学战线》1994 年
第 1 期。

[19] 杨春时：《走向本体论的深层研究》，《求是学刊》1993 年第 4 期。

[20] 叶森明：《试论"文以载道"的文化内涵》，《殷都学刊》1991 年第 4 期。

[21] 俞吾金：《马克思哲学本体论思路历程》，《学术月刊》1991 年第 11 期。

[22] 张芝：《美是"人的本质力量对象化"吗》，《学术月刊》1981 年第 3 期。

[23] 赵红梅：《客观主义：古希腊美学的方法论原则》，《湖北大学学报》（哲学社会科学版）1999 年第 1 期。

[24] 朱立元：《"实践"范畴的再解读》，《人文杂志》2005 年第 5 期。

[25] 朱立元：《"实践美学"的历史地位与现实命运》，《学术月刊》1995 年第 5 期。

[26] 朱立元：《实践美学哲学基础新论》，《人文杂志》1996 年第 2 期。

[27] 朱立元：《我为何走向实践存在论美学》，《文艺争鸣》2008 年第 11 期。

[28] 邹广文：《康德的审美心理机能理论及其影响》，《吉林大学社会科学学报》1986 年第 6 期。

后　记

　　本书是在博士论文基础上修订完成的，因而要首先感谢我的博士导师陈本益先生，没有他的启发，就不会有这个选题，自然也不会有这本著作。

　　现在还清晰记得第一次与陈老师讨论选题的情况。那是一个四月天，我们俩坐在西南大学行政楼旁停车棚的石磴上，当时我自恃心里有几个美学名词，就侃侃而谈后实践美学及新实践美学所大书特书的生命、自由、超越与存在等问题。陈老师听完我慷慨激昂的陈述后，没有立即表态，只是要求我先思考一个简单的问题：就个人审美经验来看，美是不是实践，是不是生命、自由与超越，在我们一天生活中，有多少时间在审美，美又是怎样给自己带来超越的。说实在的，这些问题我从来没有思考过，从来没有把书上的原理与生活经验结合起来，我只是坐在书桌前阅读，沉浸于美学概念的逻辑演绎之中，陶醉于思想观念的冲突博弈里，从来没有想过要去质疑什么。陈老师告诫我读书也好，做学问也好，一方面要吸纳别人的思想成果，另一方面切忌道听途说、人云亦云，凡事必须寻根究底、溯本求源，在甄别与判断中，形成自己的观点与认识。最后老师要我不要急于定题，先把 20 世纪以来中国美学思想发展线索弄清楚，把他讲授的《判断力批判》读通透，等真正有了自己的领悟以后再和他讨论。

　　陈老师的话很好地启发了我，当我不再流连于中西美学那纷扰的表面现象时，竟渐渐多少有了些自己的领悟。现在的美学家赋予美以无所不能的功用，它像玩转于孙悟空手中的金箍棒，通天入地，打魔杀妖无所不能。他们说美要去关注人世间的"杀戮、疯狂、残暴、血腥、欺骗、冷眼、眼泪、叹息"，让美担负起守卫人类精神家园、守望世界的圣职；他们说随着人类自然生存方式的瓦解，现在的生存方式让人类受制于物质需求，审美具有超因果决定的性质，因而审美就是自由，就是超越现实的途径和形式。可是，就生活经验来说，审美怎么能够关注杀戮、疯狂、眼泪和叹息呢？优美的旋律可以让独裁者放弃权力？动人的舞蹈能够让侵略者放下干戈？海伦的美不是还引起了持久的战争和灾难吗？欣赏绘画、阅读文艺作品时那瞬间心无所驻的状态就是自由，这种自由相对于现实生活，其意义何在？

这仅是我的一些经验感受，里面也有庸俗化理解的成分，要凭这点感受写成毕业论文，还有十万八千里的路要走。陈老师鼓励我说，只要坚持从事情的本身出发，肯定不会出现什么大问题，现在的任务就是弄懂康德对美的先验阐释，找到一种大家普遍认可的经典理论，以之为基础，由此作为观察点，对当代中国美学做一次系统的清理。

论文写作前后持续近两年时间，其间遇到许多不可预测的困难，哪怕是一个最常见的概念都不得不翻阅资料，追根究源地重新审视。顺畅时滔滔不绝，一泻千里，迷惑时只能对着屏幕发呆，勉强写出几十个字，随后又不得不全部擦除。在最困难的时候，陈老师总是提供无私的帮助。他出于一种对真理探索的兴趣，兴奋地给我讲解康德那些艰涩抽象的概念，细心点拨，耐心开导，有一次他还在深夜十一点多给我打来电话，告诉我他对某一问题的最新领悟，无不显示老师时刻也在思考我所遇到的问题。康德思想像电火花一样，点燃我奋勇探索的激情。焦虑和困惑无须多言，而真正留在记忆中的却是思想的喜悦。我第一次发现，当自由思考的结果在深夜伴随着清脆的键盘声变成文字时，真有一种浴火重生的感觉。海德格尔曾说是胡塞尔给了他"眼睛"。是的，当我们拥有另一种眼光，换一个角度时，世界都改变了。我当然不敢比照海德格尔的话去说陈老师给了我眼睛，但不可否认的是，他手把手教会了我怎样独立思考。从这方面说，博士论文的思考和写作过程远比论文本身更有意义。

这里还要感谢我的父母。在我读书期间，他们给我带孩子，不仅要照顾孩子的生活起居，还要供养她、教育她。最令我痛心的是，在我博士毕业刚刚两年，还没有意识到要好好孝敬他们时，父亲就因心脏病突然去世。他是一名教师，谦逊优雅，不求我们兄弟姊妹做官发财，只是殷切期望我们多读书、会思考、有学问。我中年离职读书，他全力支持并以我为荣。我骄傲有这样的父亲，我将此书献给我敬爱的好父亲，慈祥的好母亲。

　　最后，论文能够修订成书，还要感谢社会科学文献出版社的编辑们，他们的专业水平与敬业精神令我感动。当我收到校对稿，满眼望去是各种颜色的修改笔迹时，曾一度打击了我的自信，原稿中许多错别字和误用的标点符号，都是在我写作中毫无察觉的。

　　能力有限，书中难免有错讹之处，敬请各位读者批评指正。

图书在版编目（CIP）数据

回到美自身的领域：对当代中国美学的反思／梁光
焰著. -- 北京：社会科学文献出版社，2017.11
ISBN 978 - 7 - 5201 - 1308 - 3

Ⅰ.①回… Ⅱ.①梁… Ⅲ.①美学 - 研究 - 中国 - 现
代 Ⅳ.①B83 - 092

中国版本图书馆 CIP 数据核字（2017）第 209436 号

回到美自身的领域
——对当代中国美学的反思

著　　　者／梁光焰

出 版 人／谢寿光
项目统筹／宋月华　童雅涵
责任编辑／周志宽　李惠惠

出　　　版／社会科学文献出版社·人文分社（010）59367215
　　　　　　地址：北京市北三环中路甲 29 号院华龙大厦　邮编：100029
　　　　　　网址：www. ssap. com. cn
发　　　行／市场营销中心（010）59367081　59367018
印　　　装／北京季蜂印刷有限公司

规　　　格／开本：787mm×1092mm　1/16
　　　　　　印张：14　字数：235 千字
版　　　次／2017 年 11 月第 1 版　2017 年 11 月第 1 次印刷
书　　　号／ISBN 978 - 7 - 5201 - 1308 - 3
定　　　价／89.00 元